自然文库
N a t u r e
S e r i e s

RARE EARTH

WHY COMPLEX LIFE IS UNCOMMON IN THE UNIVERSE

稀有地球

为什么复杂生命在宇宙中如此罕见

［美］彼得 · D. 沃德　唐纳德 · 布朗利 著

刘夙 译

RARE EARTH:

WHY COMPLEX LIFE IS UNCOMMON IN THE UNIVERSE

by Peter D. Ward and Donald Brownlee

献给

尤金・休梅克

和

卡尔・萨根

目录

平装版序言 …………i

第一版序 …………v

引言：天文生物学革命与稀有地球假说 …………ix

宇宙中的死亡地带 …………xxii

稀有地球因素 …………xxiv

第一章　为什么宇宙中可能广布着生命 …………1

第二章　宇宙的宜居带 …………15

第三章　建造宜居地球 …………36

第四章　地球生命的初次登场 …………58

第五章　如何建造动物 …………89

第六章　雪球地球 …………123

第七章　寒武纪爆发之谜 …………135

第八章　集群灭绝与稀有地球假说 …………171

第九章　板块构造令人意外的重要性 …………206

第十章　月球、木星与地球生命 …………238

第十一章　检验稀有地球假说 …………262

第十二章　评估概率 …………278

第十三章　星际信使 …………300

参考文献 …………312

译后记 …………341

索引 …………351

平装版序言

2002年11月12日，美国国家航空航天局（NASA）艾姆斯研究中心的约翰·钱伯斯（John Chambers）博士在华盛顿大学天文生物学研究组开了一场研讨会。参会的大约100位听众全神贯注地听着钱伯斯把行星系如何形成的计算机研究结果描述出来。他的研究目标，是要回答一个乍一看很简单、实则不然的问题：假如恒星的大小与我们的太阳相当，那么新形成的行星系有多大可能产生类似地球的行星？在钱伯斯看来，“类似地球”意味着这颗行星是岩石构成的，表面有水，公转轨道位于恒星的“宜居带”中。宜居带是个既不太热又不太冷的内侧区域，距离恒星相对较近，可以让行星表面的液态水保持几亿年——生命演化很可能就需要这样长的时段。就为了回答这样一个行星系中能孕育多少类似地球的行星的问题，钱伯斯在运算能力强大的计算机组成的阵列上运行了高度复杂精巧的建模程序，花费了数千小时。

在这场研讨会上公布的结果令人震惊。模拟计算显示，在与中心恒星保持“正确”距离的轨道上运转的石质行星虽然易于形成，但是最后拥有的水量却有很大的变化范围。在宜居带中构建行星的物质，既包括在本地形成的干物质，又包括从距离恒星较远、必须被散播到内侧区域来的含水物质，它们大多以彗星的形式存在。如果没有含水的彗星来撞击，那么那些地球模仿者就始终只能是模仿者——它们永远不会含有任何水分。

这个模型显示，如果处于中间位置的行星——也就是在相当于太阳系的巨行星木星和土星位置上的行星——要小得多的话，那么这种向内侧送返水分的机制会运行得最好。在我们太阳系这样的行星系中，把水运往一颗内侧的、类似地球的行星表面的效率是相对较低的。然而，在这种中间行星非常小、可能只有天王星或海王星那么大的行星系中，水的递送却相对频繁。但与此同时，另一个问题又出现了：在这样一个行星系中，含水彗星的撞击频率也很高；不仅如此，小行星的撞击率也很高，以致任何演化出来的生命可能很快就会被清除。而且令人惊奇的是，导致这一问题的并不只是小行星撞击和由此造成的火球、尘暴、流星雨和“核冬天”。过多的含水撞击事实上也会造成过犹不及的效应：太多的水会让行星完全被水覆盖，而这样的环境不利于我们的地球上发生现在所见的多姿多彩的演化。地球似乎是块举世无双的宝石——在这颗石质行星上，不仅液态水可以存在很长时间（这既是因为日地之间有合适的距离，又是因为它拥有能够调控温度的板块构造式“温度调节器”），而且其上所见的水量正好能形成一片健康的海洋——既不太少，也不太多。我们这颗行星似乎位于银河系中一个宜人的区域，在这里彗星和小行星的轰炸是可以忍受的，而宜居带的行星通常都可以增长到地球大小。银河系中——可能也是任何星系中——这样一处“地产”对生命来说是优质的。当然，也是稀有的。

我们作为《稀有地球》的作者，也在那场研讨会的听众之列。我们二人中的一位曾举手提问：这个发现，对可能存在的类似地球的行星的数目——也就是那些不光有水和细菌生命，还有复杂多细胞生命的行星的数目——意味着什么？钱伯斯挠了挠头。“嗯，”他赞同地说，“这当然会让它们变得稀有。”

这场报告还有另一个地方也给我们留下了深刻印象。钱伯斯如实地讲到了具有板块构造的行星是宜居环境的必需条件，也讲到了集群灭绝的影响。我们知道，板块构造提供了维持行星温度调节机制的一种方法，可以让行星几十亿年都保持一个恒定的温度。我们也知道，集群灭绝可以随时骤然终结一颗行星上的生命，而集群灭绝的数目可能与行星在星系中的位置等天文学因素相关。在《稀有地球》第一版于 2000 年 1 月出版之前，这些观念全都未曾公开出现在有关行星宜居性的讨论之中。如今，它们竟然已经成了常见论题，这让我们颇为满意。我们的假说认为，细菌这样的生命在宇宙中可能非常常见，但是复杂生命却相当稀有。这个观点可能是正确的，也可能不正确。但我们设法把新的系列证据带到争论中，这些证据在那时一度有争议，但现在已经相当主流；对于这个事实，我们倍感快慰。

《稀有地球》的第一版在科学界很多人士那里引来了赞同之声。因为这本书对复杂生命的出现频率采取了崭新的观点，由它所激发的讨论经常冲出科学交流的领域（这是我们本来希望讨论能够进行的领域），而进入宗教、伦理学和科幻文艺的竞技场。自从这个版本出版以来，科学又有进步，但是这几年来我们所看到或发现的东西并没有一样能让我们改变看法。最引人注目的进展之一，是人们在持续不断地发现围绕其他恒星运转的新行星（现在这个数字已经超过了 100 颗）。虽然这些发现表明行星普遍存在，但它们也展示了行星系有很大的复杂性和变异性，想要制造一颗稳定的类地行星是很困难的。已经发现的这些系外行星中大部分是巨行星，其轨道特性已经排除了它们是表面覆盖着水而具有长期稳定性的“地球”的可能性。

因此，这个平装版仅有的改动，就是订正了几个很糟糕的、有的还挺滑稽的笔误和错误。我们坚持最初的评估，并自豪地看到《稀有地球》还在持续引发热烈的争论，甚至被写入了一些教材中。

彼得·D. 沃德，唐纳德·布朗利

2003 年 2 月于西雅图

第一版序

写作本书的念头，是在美国华盛顿大学教职工俱乐部的一场午餐谈话中萌发的，然后我们就把它写出来了。很多发现都促使我们意识到，复杂生命在宇宙中并不像现在人们普遍假想的那样无处不在。我们在讨论中清楚地认识到，我们两个人都相信这样的生命并没有广泛地分布，于是就决定写一本书来解释我们这样想的原因。

当然，我们无法通过逻辑证明，与地球上的动物生命类似的生命在宇宙中其他地方确实是稀有的。在科学中，先验的证明是很少见的。我们只是考察了地球历史，然后尽力把我们所了解到的情况加以概括推广，在这个意义上，我们的论述是后验的（*post hoc*）。我们明显受到了所谓“弱人存原理”（Weak Anthropic Principle）的约束，也就是说，我们作为太阳系中的观察者，在确定引发我们自身存在的生境或因素时有强烈的偏见。换句话说，在样本量只有 1 的时候，做数理统计是非常困难的。但在我们的论辩中，我们仍然持有一种坚定的立场，虽然很少有人把它清楚地说出来，却有越来越多的天文生物学家接受了这种观点。可以说，我们构想了一个统计学上所谓的“虚无假设”，与很多科学家以及与他们类似的媒体所宣扬的观点对立。在他们看来，在酒吧间打斗、对道德高谈阔论、会吃人、能给人教训、流着紫红色血液、鼓着眼睛的聪明或愚鲁的智慧怪物就在那儿等着你去会晤，甚至简单的蠕虫状动物也普遍存在，等着你去发现。然而，虽然宇宙中有不计其数的恒星，但是我们可能是唯一的动物，至少也只是少数动物之一。所谓的“平庸原理”——认为地球只是千千万万个栖息着高等生命的类似世界之一——应该有个针锋相对的观点。这就是本书的写作缘由。

写作这本书很像跑马拉松。当我们在蜿蜒的赛道上前行时，有很多人不断为我们提供支撑体力的信息“能量棒”，我们想要对所有这些人表达谢意。我们最应该致以谢忱的两位是哥白尼（Copernicus）出版社的杰里·莱恩斯（Jerry Lyons）和我们的编辑乔纳森·科布（Jonathan Cobb）：莱恩斯在这个出版项目上投入了很大兴趣，而科布在许多尺度上对这个项目做了精细调节，既修订了全书的基本结构，又改正了我们使用的大量分裂不定式。

很多科学界的同事让我们受益良多。加州理工大学的约瑟夫·基尔什文克*通读了全书手稿，花了不计其数的时间与我们深入讨论各种各样的概念，他的知识和天赋让我们晦暗的思想变得清晰。吉莱尔莫·冈萨雷斯改变了我们有关行星和宜居带的很多观点。西华盛顿大学的索尔·汉森（Thor Hansen）向我们描述了“停止板块构造”的想法。我们地球科学系的同事——包括戴维·蒙哥马利、斯蒂夫·波

* 这里没有给出姓名原文的科学家，在后文都有提及。——译者注

特（Steve Porter）、布鲁斯·纳尔逊（Bruce Nelson）和埃里克·切尼（Eric Cheney）——与我们讨论了很多主题。我们非常感谢华盛顿大学的维克托·克雷斯审读和批评了有关板块构造的那一章。动物学系的罗伯特·佩因（Robert Paine）让我们避免犯下与多样性有关的严重错误。很多天文生物学家花时间与我们讨论了这门学科的许多方面，其中包括NASA艾姆斯研究中心的凯文·扎恩利，他耐心地解释了他的立场——几乎与我们相信的所有观点都相反——由此显著地拓展了我们的理解深度和广度。我们要感谢宾州州立大学的詹姆斯·卡斯廷与我们长时间讨论了行星和行星形成。同样要致以谢意的还有加州大学斯克里普斯分校的古斯塔夫·阿伦尼乌斯（Gustav Arrhenius）、华盛顿大学的伍迪·萨利文（Woody Sullivan，天文学家）和华盛顿大学海洋学院的约翰·巴罗斯。芝加哥大学的杰克·塞普科斯基慷慨地提供了最新的灭绝数据；哈佛大学的安迪·诺尔通过电子邮件提出了批评；山姆·鲍林（Sam Bowring）花了一个下午与我们分享他有关地球历史上主要事件发生时间的数据和想法；阿道夫·塞拉赫与我们谈论了埃迪卡拉动物群和生命的最早演化；道格拉斯·厄温让我们对二叠纪—三叠纪灭绝有了较深入的了解；加州大学伯克利分校的詹姆斯·瓦伦丁和杰里·利普斯（Jere Lipps）也让我们见识了他们对前寒武纪晚期和动物演化的深刻理解；戴维·雅布隆斯基描述了他有关形体构型演化的观点。我们极为感谢戴维·劳普与我们讨论了灭绝问题，还为我们提供了档案材料；还有斯蒂芬·杰·古尔德，非常感谢他在西雅图的一个雨夜，在一条长长的意大利式餐桌旁边聆听并批评了我们的观念。感谢华盛顿大学的天文学家汤姆·奎因阐释了倾角变化速率，感谢加州理工大学的戴维·埃文斯与我们讨论了前寒武纪冰期。康韦·莱奥维（Conway Leovy）向我们介绍了大气问题。我们还与耶鲁大学的鲍勃·伯纳（Bob Berner）讨论了与大气随时间演化有关的问题。约翰斯·霍普金斯大学的斯蒂文·斯坦利让我们深入了解了二叠纪—三叠纪灭绝。沃尔特·阿尔瓦雷斯和亚历山德罗·蒙塔纳里（Allesandro Montanari）也与我们谈论了K-T灭绝。鲍勃·佩平（Bob Pepin）则让我们对大气效应有了更深的理解。

澳大利亚大学的罗斯·泰勒为我们提供了有用的信息，杰夫·马西和克里斯·麦克凯讨论了文本的要素。加州大学圣克鲁斯分校的林潮讨论了拥有“坏”木星的行星系的命运。最后我们要感谢阿尔·卡梅伦惠允我们使用他有关月球形成的研究结果。

彼得·D. 沃德，唐纳德·布朗利

1999年8月于西雅图

引言：天文生物学革命与稀有地球假说

无论哪一天晚上，都有一大堆外星生命频频出现在全世界的电视机和电影院屏幕上。不管是“星球大战”系列、“星际迷航”系列还是《X 档案》，传达的意思都是很明白的：宇宙中充斥着外星生命形式，有多种多样的形体构型和智力，仁慈程度也各不相同。我们的社会对外星生命显然十分迷恋，不仅期望其他行星上有生命，甚至还期望宇宙中能出现大量智慧生命，创造出外星文明。

对宇宙中其他地方存在智慧生命的这种估测偏差，部分是源于人们希望（也可能是害怕）它们存在，部分则是源于天文学家弗兰克·德雷克（Frank Drake）和卡尔·萨根（Carl Sagan）的一部现在很有名的著作，他们在此书中对我们所在的银河系中可能存在的先进文明数目提出了一种估测方法（即德雷克方程）。用这个方程加以估测的基础，是先对以下数目进行合乎学理的评估：银河系中行星的数目，其中可能有生命栖息的行星所占的比例，以及不仅存在生命而且已经发展出文明的行星所占的比例。德雷克和萨根得出了一个惊人的结论：智慧生命在整个银河系中应该普遍存在，广泛分布。事实上，卡尔·萨根在 1974 年估计，光是我们银河系这一个星系，就可能有 100 万个文明。考虑到我们银河系也只不过是宇宙中数以千亿计的星系之一，宇宙中的智慧外星物种的数目必然极为庞大。

银河系中存在 100 万个由智慧生命创造的文明，这是一个激动人心的观点。但它可信吗？德雷克方程的这个解隐含了一些需要检验的假设。其中最重要的一点是，它假定生命一旦在某颗行星上起源，就会演化出更高的复杂性，最终就会在很多行星上发展出文明，达到巅峰。当然，这正是我们的地球上所发生的事。在这里，生命起源于大约 40 亿年前，然后从单细胞生物演化出具有组织和器官的多细胞生物，最终出现高等植物和动物。然而，这样一种生命史——复杂性不断增加，直至演化到动物级别——是演化所不可避免的结果吗？它真是一种常见现象吗？如果它实际上只是一种非常稀有的结果呢？

在本书中，我们会论证，不光是智慧生命，就连最简单的动物在银河系甚至整个宇宙中都是极为稀有的。我们并没有说生命是稀有的——只是说动物是稀有的。我们相信，微生物或与之形态类似的生命在宇宙中普遍存在，有可能比德雷克和萨根预计的还要普遍。然而，复杂生命——高等植物和动物——可能要比人们一般所假定的稀有得多。简单生命有普遍性，复杂生命具稀有性，我们把这两个预言合起来称为“稀有地球假说”。在后面的章节中，我们会解释这个假说背后的理由，说明它可以如何检验，还会指出如果这个假说是准确的，那么它对我们的文明意味着什么。

我们对地外生命的热切搜求才刚刚开始，但我们已经进入了一个非凡的发现时代。这是一个激动人心的时代，展现着新知识的曙光，自欧洲人乘着木帆船抵达新世界以来可能就没再有过这样的景象。我们也正在抵达新的世界，以日新月异的速度获取数据。旧思想在衰亡，新观念随着每一幅新的卫星图像或每一项深空探测的结果起起伏伏。在有关宇宙中的生命的众多假说里，生物学或古生物学的每一项新发现都支持或打击了其中的某些假说。这是一个不同寻常的时代，一门新的科学——天文生物学——正在诞生。它重点关注的对象是宇宙中支持生命的条件。这个新领域的研究者有年轻人也有老人，他们拥有多种多样的学科背景。在新闻发布会上很容易见到他们的脸上露出极为热切的神情，就像在“火星探路者”获得实验结果、南极冰原上发现火星陨石、从木星卫星那里收集到新照片之后的新闻发布会上所见的那样。在通常彬彬有礼的科学会议上，情绪激动到极点；有人声名大振，有人却名誉大损；人们的希望就像在乘坐过山车，科学共识以令人目眩的速度推进和抛弃。我们是一场科学革命的见证者，而就像任何科学革命中的情况一样，最终总会有胜利者和失败者——对观念及其支持者来说都是如此。这非常像最初发现 DNA 结构时的 20 世纪 50 年代前期，或刚刚确定板块构造和大陆漂移概念的 20 世纪 60 年代。当年这两个事件都引发了科学革命，不光让与它们直接相关的学科发生了完全重组，很多与之有关联的学科也不得不做出调整，而且还打破了学科之间的边界，让我们能够用新方法审视我们自己和周边的世界。对于目前这场最新的科学革命—— 20 世纪 90 年代以降的天文生物学革命——来说，情况也将如此。而让这场革命显得如此惊人的是，它并不是发生在科学的某个分支学科内部，比如 20 世纪 50 年代的生物学或 60 年代的地质学，而是许多不同的学科交叉汇聚的结果。这些学科包括天文学、生物学、古生物学、海洋学、微生物学、地质学和遗传学，等等。

从某种意义上来说，天文生物学是生物学领域的推进，它不再只研究地球生命，也把地球以外的生命包括在内。它迫使我们重新思考地球生命，将它仅仅作为生命运转的单一例子，而不是唯一例子。天文生物学要求我们打破传统生物学的枷锁，始终把整颗行星视为生态系统。它需要我们理解化石历史。它让我们思考漫长的时段，而不只是考虑此地、此时。最为根本的是，它需要我们扩展科学的视野——在时间和空间上都须如此。

正因为天文生物学革命牵涉到如此分散的学科领域，它让学科之间的很多界限解体消融。古生物学家在非洲的岩石中发现的几十亿年前的某种新生命形式，对研究火星的行星地质学家来说可以有重大意义。探测海底的潜水器所发现的化学物质，也可能让行星天文学家的计算为之改观。测定一串基因序列的微生物学家可以影响到在行星地质学家的实验室里研究木卫二（木星的卫星之一）上冻结的海洋的海洋学家的工作。最不可能的学术联系正在建立，曾经把科学隔绝为僵硬畛域的那些可畏的学术壁垒正在被打破。来自不同学科的新发现都瞄准了天文生物学的那些核心问题：生命在宇宙中有多普遍？它在哪里能存活？它能留下化石记录吗？它有多复杂？乐观主义者和悲观主义者在反复较量，电子邮件来来往往，学术会议一场一场匆匆召开，新获得的发现让研究项目迅速转向。人们抱着刻骨铭心的激动之情，为之如痴如醉，久久不能自已。研究者都沉迷于一种愈加坚定的信仰：生命在地球以外存在。

天文生物学革命让人颇感意外，因为它部分是从人们绝望之后的科学废墟上重新生发出来的。早在20世纪50年代，著名的米勒—尤里（Miller-Urey）实验就表明有机物很容易在试管中合成出来（这是模拟了早期地球环境），科学家因而认为他们已经快要发现生命起源的过程了。在这之后不久，人们在一颗刚坠落的陨星中发现了氨基酸，表明生命的原料在宇宙空间中存在。很快，射电望远镜的观测也证实了这一点，在星际云中发现了有机物的存在。构建生命的基本零件似乎遍布宇宙。显然，地外生命的存在具有现实可能性。

当“海盗1号”（*Viking I*）宇宙飞船在1976年抵达火星时，人们曾经抱有很大希望，觉得第一种地外生命——至少是间接表明它存在的信号——要被发现了（见图I.1）。然而，“海盗1号”并未发现生命。事实上，它发现了不利于有机质存在的条件：极寒，有毒的土壤，水分的缺乏。在很多人心目中，这些发现击破了地外生命可在太阳系里发现的所有幻想。对新生的天文生物学领域来说，这是一场毁灭性打击。

差不多这个时候，还发生了另一个让人沮丧的重要事件。对太阳系外行星的第一批严肃的研究全都得到了负面结果。虽然很多天文学家相信其他恒星很可能也普遍有行星围之运转，但这仍然只能是个抽象的推理，因为在运用地面望远镜搜索之后，没有任何证据表明在我们太阳系之外还有其他行星存在。到20世纪80年代早期，人们对这个领域出现真正进展已经不抱什么希望，因为我们似乎连环绕其他恒星运转的行星都探测不出来。

然而，也就是在这个时候，一项新发现为今天由天文生物学家普遍运用的多学科交叉方法铺平了道路。1980年，学界宣布恐龙并非因渐进的气候变化而灭绝（这是人们长期所持的观点），而是遭受了一颗小行星在6500万年前撞击地球带来的灾变效应的毁灭性打击，这成了科学上的转捩点。天文学家、地质学家和生物学家第一次有了理由，

图 I.1　珀西瓦尔·洛威尔（Percival Lowell）在 1906 年的著作中绘制的火星地图。有人认为图上的线状物是由火星人建造的灌溉渠。

得以就一个与他们的学科都有关系的科学问题彼此展开严肃交谈。来自这些在此之前还彼此隔离的领域的研究者发现，他们竟和一群陌生的科学家同坐一桌——所有人都是被同一个问题吸引而来：小行星和彗星可以导致大灭绝吗？如今已经过去了 20 年，这同一批与会者中有一些人正在着手研究一个更大的问题，就是要看看地球以外的行星上生命现象到底有多普遍。

火星上没有生命以及无法找到太阳系外行星这两件事，一度让那些已经开始把自己视为天文生物学家的学者灰心丧气。然而，这个领域不仅涉及太空中的生命，也涉及对地球上的生命的研究。正是人们向内的打量——考察地球本身——让希望的火花重新点燃。天文生物学之所以能东山再起，很大程度上并非源于天文观测，而是因为在

20 世纪 80 年代早期，人们发现生命在地球上可以存在于比以往所想严酷得多的环境中。无论是深海还是地表以下的深处，都有一些微生物生存于极端的温度和大得要命的压力中，这个发现让人豁然开朗：如果生命可以在地球上这样严酷的条件下存活，那为什么在其他行星、我们太阳系的其他天体或遥远恒星的其他行星和卫星上——或者在它们*里面*——就不能有生命呢？

然而，只是知道生命可以忍受极端环境条件，还不足以让我们相信生命就一定在*那里*。生命不光必须能在火星、金星、木卫二或土卫六之类天体的严酷环境中*生存*，它还必须能在这些地方*起源*，或是传播到那里。我们必须证明生命不仅能在极端环境下生存，也能在极端环境下形成，否则就连最简单的生命能在宇宙中广布都成了奢望。不过在这个问题上，同样也有革命性的新发现为我们带来了乐观的期望。遗传学家近来发现，地球上最为原始的生命形式——也就是那些在我们看来很可能与地球上形成的最早生命更为近缘的生命——恰恰就是那些在极端环境中发现的忍耐性很强的生命类型。对一些生物学家来说，这意味着地球生命是在高温、高压和缺氧条件下*起源*的——这正是在太空其他地方可见的那类环境。这些发现让我们有信心期望生命可能真的在宇宙中广泛分布，哪怕是在其他行星系的严酷环境中。

我们地球上的生命化石记录也是相关信息的主要来源。我们从化石记录中获得的最能说明问题的发现之一，是生命差不多在地球的环境条件刚让它们得以生存的时候就形成了。地球表面最古老的岩石中的化学痕迹提供了强有力的证据，表明生命在大约 40 亿年前即已出现。因此，生命在地球上诞生的时间几乎达到了最早的理论极限。除非这件事完全出于机遇，否则它就意味着原始生命本身的形成——也就是从无生命物质合成——十分容易。也许只要任何行星的温度降到氨基酸和蛋白质能形成并彼此通过稳定的化学键相连的时候，生命就起源了。在这样一个层次上的生命可能一点都不稀有。

遥远的太空也为生命在宇宙中的起源和分布提供了惊人的新线索。1995 年，天文学家发现了环绕离太阳很远的恒星的第一批系外行星。自那之后，我们已经发现了一大批新行星，每年都有更多的行星显露出身影。

曾有一段时间，有些学者甚至认为我们已经获得了地外生命的首个记录。在南极洲冰天雪地的冰原上发现的很多小块陨石，似乎都源自火星，其中至少有一块可能携带着地外起源的细菌状生物的化石遗迹。1996 年的这个发现就像一颗炸弹。美国总统在白宫宣布了这个发现，整个事件激发了人们潮水一般的努力和决心，想要在地球以外发现生命。不过，相关的证据——至少是那块陨石——争议实在太大。

所有这些发现都引向同一个结论：地球可能不是银河系中，甚至可能不是太阳系中唯一有生命的地方。可是，如果在太阳系的行星或卫星上，或是在环绕着宇宙中其他恒星的遥远行星上确实存在着其他生命，那么它是什么样的生命呢？以复杂后生动物为例，这样的生物由许多细胞和彼此配合的器官系统构成，又能表现出某种行为，我们一般就简称之为“动物”，它们出现的概率会是多大呢？对这个问题，同样有一批最新发现可以为我们提供新的见解，而可能最为睿智的洞见又一次来自地球的化石记录。

为地球化石记录中已认识到的演化进展事件更为准确地测定其时间的新方法，加上新发现的过去未知的化石类型，都表明地球上动物的出现在时间上较我们之前所想的更晚，也更为突然。这些发现显示，至少就地球上所见的情况而言，生命并不是以线性的方式逐渐发展出复杂性，而是以跃进的方式突破了一系列门槛，从而实现这种进步。细菌绝不是以稳定的步伐渐变成动物的。相反，这个过程时断时续，常试常错。虽然生命有可能在它刚能够形成的时候就差不多马上形成了，但动物的形成却要晚得多，拖延了很长时间。这些发现意味着，比起生命本身的形成，复杂生命演化出来的难度要大得多，需要非常长的时间才能实现。

人们总是不假思索地以为，生命演化最后的决定性步骤就是演化出我们称为动物的生物；一旦达到了这个演化级别，动物就会经由一段长而连续的过程发展出智能。然而，天文生物学革命已经获得了另一个深刻见解，就是进展到动物阶段是一回事，但维持住这个水平却完全是另一回事。地质记录的新证据显示，复杂生命一旦形成，就要遭受无休无止的一连串行星灾难，它们造成了人们所知的大灭绝事件。这些罕见但具有毁灭性的事件可以让演化的秒表回到原点，复杂生命全毁，只有较简单的生命形式苟活下来。这些发现再一次表明，适宜复杂生命演化和存在的条件要比允许生命形成的条件苛刻得多。这样一来，虽然生命有可能在一些行星上诞生，最终也能演化出动物，但它们很快就会被全球性的灾变所摧毁。

要检验稀有地球假说——生命几乎无处不在，但复杂生命几乎无处存在的悖论——可能最终需要我们前往遥远的恒星。但我们现在连离地球稍远一点的航行都实现不了，哪怕是最近的恒星，与我们之间都有过于辽远的距离，这可能会阻碍我们去考察太阳系以外的行星系。也许这算是个悲观派的观点；可能我们最终能找到以非常快的速度旅行的方式（因此可以到达非常远的地方），比如通过虫洞或其他某些现在尚不知晓的星际旅行方法，从而能够探索银河系，甚至可能探索其他星系。

让我们不妨假设人类已经可以完成某种星际旅行，开始搜寻其他世界上的生命。什么样的星球不仅有生命栖息，还有着类似地球上的动物的复杂生命呢？我们应该寻找哪些类型的行星或卫星呢？可能最好的搜寻办法，是只寻找那些类似地球的行星，毕竟地球拥有这样丰富的生命。不过，我们是否必须找到地球的一个精确的复制品才能发现动物？我们的太阳系和地球究竟有些什么样的条件，让复杂生命不仅能够诞生，而且能如此兴盛发达？我们在下文中会讨论这个问题，这将有助于回答我们提出的其他问题。

稀有的行星？

如果我们能摆脱有关地球和太阳系的主观成见的束缚，试着从真正的“宇宙”视角去观察它们，那么我们也能开始用新的眼光来打量地球及其历史。几十亿年来，地球一直绕着一颗具有相对恒定的能量输出的恒星旋转。尽管生命仍有可能在环境最为严酷的行星和卫星上存在，但动物——比如地球上的这些——需要的并不仅是十分温和的环境，而且还要求这些环境能够在很长时间内存在并保持稳定。正如我们所知，动物需要氧气。但地球花了大约20亿年时间才让产生的氧气积累到足够所有动物存活的水平。如果在这个漫长的发展阶段中（哪怕是在此之后），太阳的能量输出发生了过于剧烈的变化，那么动物在地球上就几乎不会有演化出来的机会。在那些绕着能量输出不够恒定的恒星旋转的行星上，动物的出现机会要渺茫得多。很难想象动物会出现在绕着变星旋转的行星上；甚至在那些绕着双星或三合星系统中的恒星旋转的行星上也很难有这种机会，因为会有较大概率出现那种让行星骤然变热或变冷，从而毁灭早期生命的能量波动。而且，就算复杂生命能在这样的行星系统中演化出来，它恐怕也很难存活太长时间。

我们的地球还有适当的大小、化学成分和日地距离，可以让生命欣欣向荣。有动物栖息的行星与它所环绕的恒星之间必须有合适的距离，因为这个特征决定了行星是否可以让水保持液态，这显然是我们所知的动物得以生存的前提。大多数行星离它们的恒星要么太近，要么太远，都无法让液态水在其表面存在；虽然很多这样的行星上有可能生活着简单生命，但类似地球上的动物这样的复杂生命在缺乏液态水的情况下却无法长期存在。

另一个明显与地球上高等生命的出现和维持有关的因素，是我们有相对较低的小行星或彗星撞击率。我们已经提到，小行星和彗星与行星的相撞可以导致大灭绝。是什么控制了这个撞击率？是行星形成之后行星系中剩余的物质数量在影响着它：运行在与行星相交叉的轨道上的彗星和小行星越多，撞击率就越高，由撞击导致的大灭绝几率也就越大。然而，这可能并不是唯一的因素。行星系中行星的类型可能也会影响撞击率，因而在动物的演化和维持中扮演了未被人们注意的重要角色。对地球来说，有证据表明木星这颗巨行星是“彗星和小行星捕捉者”，是清除太阳系中的宇宙垃圾的重力井，而这些宇宙垃圾本来有可能与地球相撞。木星因此降低了大灭绝事件的发生率，从而可能是高等生命得以在地球上形成并长期维持的首要原因。木星这样大小的行星的存在又有多普遍呢？

在太阳系中，地球是（冥王星之外*）唯一拥有一颗与行星相比并不算太小的卫星的行星，也是唯一拥有可导致大陆漂移的板块构造的行星。我们会试图论证，这两个特性可能都是动物诞生和持续存在所需的关键条件。

一颗行星在它所在的星系中居于什么区域，甚至也起着重要作用。在星系中央满是恒星的区域，超新星爆发和恒星彼此接近的概率都可能高到了让动物发展亟需的长期而稳定的环境无法存续的程度。星系的外侧区域中所含的重元素比例可能过低，而岩石行星的构建需要这些重元素，行星内部也需要重元素衰变放射的热量来加热。就连彗星的撞击率，也可能受到我们所在的星系以及太阳系在星系中的位置影响。太阳及其行星一直在银河系中运行，但其运动总的来说主要在银河系平面内进行，我们几乎不会穿越旋臂。更有甚者，星系的质量也可能影响到复杂生命的演化几率，因为星系大小与其金属含量有关。因此，一些星系在生命的起源和演化方面可能就是比其他星系更有优势。我们的太阳——以及太阳系——的金属含量高得不同寻常。可能银河系根本就非比寻常。

最后，行星的历史与其环境条件一样，可能也部分决定了哪些行星会让生命进展到动物阶段。有多少行星，本来有可能发展出丰富的动物生命，拥有难能可贵的历史，却因为偶然事件丧失了这种潜力？小行星撞击行星表面可以导致生物大灭绝的灾难性后果。附近的恒星可能爆发为灾难性的超新星。随机的大陆板块汇聚也可能造成冰期，

---

* 2006 年 8 月召开的国际天文联合会大会通过了“行星”的新定义。按此定义，太阳系只有八大行星，冥王星不再被视为行星，而归入“矮行星”。本书原著出版于 2000 年，因此在书中多处仍称冥王星为行星，特此说明。——译者注

通过偶然的大灭绝事件除灭动物。也许很大程度上只能靠运气。

自从波兰天文学家尼古拉·哥白尼把地球从宇宙中心挪开，放置在环绕太阳运转的轨道上之后，地球就遭受了一轮又一轮的贬低。我们不再居于宇宙中心，而只是栖息在一颗小小的行星上；它所环绕的恒星也又小又平凡，位于银河系中一个不起眼的区域——这是如今已由所谓“平庸原理”（Principle of Mediocrity）确立的观点；按此观点，地球绝不是唯一存在生命的行星，而是许多这样的行星中的一个。人们对其他智慧文明的数目有种种估计，从 0 到 10 万亿个不等。

然而，如果稀有地球假说是正确的，那么它会逆转这种去中心的趋势。万一拥有高等动物的地球实际上在银河系的这个区域里——比如说在最近的 1 万光年内——独一无二，最为另类呢？万一地球比这还要特殊，是银河系中甚至整个可见宇宙中唯一有动物的行星，宛如一座动物堡垒，孤立在只沾染着微生物的茫茫沧海间呢？如果真是这种情况的话，当智人因为漫不经心的管理把动植物逼上灭绝的境地时，宇宙会因为每个物种的灭绝而再次遭受多大的损失呢？

欢迎您登上这条孤舟。

宇宙中的死亡地带

早期宇宙　最遥远的已知星系过于年轻，没有足够的金属让地球大小的内行星得以形成。其他危险还包括类星体之类的高能活动和频繁的超新星爆发。

球状星团　虽然它们含有的恒星数可达100万，但它们的金属都过于贫乏，无法形成地球这么大的内行星。其中与太阳质量相当的恒星已经演化成巨星，对内行星上的生命来说过热。恒星的相遇则会扰动外行星的轨道。

椭圆星系　恒星的金属也很贫乏。与太阳质量相当的恒星已经演化成巨星，对内行星上的生命来说过热。

小星系　大多数恒星的金属也很贫乏。

星系中心　高能过程会妨害复杂生命。

星系边缘　很多恒星的金属也很贫乏。

具有“热木星”的行星系　巨行星向内的旋进会驱动内行星落入中央恒星。

其中的巨行星具有高偏心率轨道的行星系　　对高等生命来说环境太不稳定。一些行星会被抛向宇宙空间。

未来的恒星　　铀、钾和钍可能过于稀少，无法提供足够的热量驱动板块的构造运动。

稀有地球因素

到恒星的合适距离　复杂生命所需的生境；近表面处存在液态水；距离远到可以避免潮汐锁定。

合适的恒星质量　足够长的寿限；没有过多的紫外线。

稳定的行星轨道　巨行星不会导致轨道的混沌性变化。

合适的行星质量　能够保留大气层和海洋；热量足够驱动板块构造运动；固态或熔融态内核。

类似木星的邻近行星　清除彗星和小行星；距离既不过近又不过远。

一颗火星　作为邻近的较小行星，在需要时可以作为生命之源，给类似地球的行星“播种”。

板块构造运动　二氧化碳—硅酸盐温度调节；构建大陆；促进生物多样性的形成；产生磁场。

大洋　不太大，不太小。

较大的卫星　有合适的距离；可以稳定行星倾角。

合适的倾角　季节变化不过于剧烈。

大撞击　几乎没有大撞击。在初期发展阶段之后没有导致全球性大灭绝的撞击。

合适的碳含量　　足够生命所需，又不至于引发失控的温室效应。

大气性质　　能为植物和动物维持合适的温度、成分和压强。

生物演化　　通往复杂植物和动物的成功演化途径。

氧的演化　　光合作用的“发明”。既不过多又不过少；在合适的时间演化出来。

合适的星系类型　　足够的重元素；不太小，不是椭圆星系或不规则星系。

在星系中的合适位置　　不位于中心、边缘或星系晕中。

无法预测的因素　　雪球地球；寒武纪爆发；惯量交换事件。

第一章　为什么宇宙中可能广布着生命

这串生命之链存在于漆黑而冰冷的深海中，完全不需要阳光这种人们以前认为所有地球生命都喜爱的东西——这个事实可以引出惊人的推论。如果生命能在这样的地方兴盛繁荣，依赖以地热为基础的复杂化学过程为生，那么在那些几乎无法得到我们的母星——太阳的光芒滋养的行星上，生命也可能在类似的条件下存在。

——罗伯特·巴拉德（Robert Ballard）

《探索》（*Explorations*）

全球大洋的表层水域温暖明亮，富含生命；但就在这层水域下方几千米*处，却是一个环境要严酷得多的地方——深洋底。广大的深层水域几乎不含氧气，也完全无光。深洋底的大部分地方都是养分贫瘠的沙、泥或缓慢沉淀出来的锰结核。这里的温度比冰点高不

* 原书在不同章节分别用了英制和公制单位。为方便中文读者理解，英制单位都已换算为公制单位。——译者注

了多少。即使在洋盆的平均深度之处，每平方厘米的物质也要承受至少422千克的水压。出于这些原因，只有少量高度特化的生物种群可以依赖从上面很远处缓慢沉落的碎屑生存，把它们作为食物。除此之外，深洋底的大部分地方都是生物的荒漠，人们长期认为这里就是没有生命的单调地域。

然而，在地球所有大洋的底部都能见到一种类型的环境，既不平坦，也非荒凉之地。在洋底有成串成串的活火山喷口，排成长达数千千米的线状山脊，我们称之为大洋裂谷。大块的大洋板块构成了洋底的岩石基底，裂谷就坐落在这些板块的交界处，形成连绵的水下山脉。就是在这种深邃、黑暗而压力巨大的地方，新的大洋地壳无时无刻不在诞生，从地下喷涌而出。在裂谷这里，洋底相互远离，向外扩张；正是在这样一个冰冷和黑暗无边无垠的洋底世界中，洋壳的扩张造成了构造板块的缓慢运动，我们称之为大陆漂移。这里似乎是地球上最不适合生命存在的环境。然而恰恰相反，这里充满了生命。

在无休无止的地震中，炽热的熔岩从这些裂谷的地下区域涌出，遭遇冰冷的海水。这些出于炽火的大团熔岩一旦碰到低温海水，就迅速冷却下来，变成形态古怪的枕状黑色岩石。在地球上没有别的地方像这里有如此令人难以置信的极端环境——在海面3.2千米之下400个大气压的重压下，1100℃的熔岩遇到了0℃的海水。这是能量极为充沛的暴力之域，高度矿化的湍急熔岩流像河水一般从地底涌出，仿佛从地狱嘶嘶外溢到地上的酒饮，从中沉淀出巨大的金属立柱。然而，就在洋底这番可怕的场景中，却存在着另一个更为神奇的现象——海底雪。海底雪不是飘落在陆地上的那种柔和的东西，而是一大团白色物质，从海底裂缝中喷出，然后缓慢沉落在扭曲狰狞的洋底上。这种“雪”实际上是生命，是由数以十亿计的微生物组成的团絮，它们就生存在这些喷口涌出的灼热而有毒的溢流中。这是几乎没有任何人见过的彻底黑暗的世界，只有很少的人类个体能够坐在微小的深海潜艇中探测这样的深渊，但生命就在这里寂静地存在、繁盛，散放着空灵的飞雪。

嗜好极端的生物

大洋火山裂谷周边的环境可以用一个词来描述：极端。这里极热，这里极冷，这里有极端的压力、极端的黑暗，还有极毒的废水，都是听上去不适合任何生命生存的条件。然而就在最近二十年里，海洋学家和生物学家勇敢地冒着葬身海底的危险，乘着他们小小的潜艇到这样深的地方长途旅行，由此获得了许多惊人的发现。人们完全没想到会发现古怪的管状蠕虫和蛤类，但这好歹还在情理之中，因为它们生存于火山喷口周围温暖的海水中。比这更令人意想不到的是，生命竟然不光生存在喷口周围，甚至干脆就生存在喷口里面。就在这些滚烫的大锅中，海水处于过热状态，水温对任何动物来说都太高了，但其中却有种类非常丰富的微生物在生长、繁盛。在这样一个以前认为堪比火星的不毛之地，毫无疑问确有生命存在。

正是地球上的这类环境，也许隐含着火星之类的地方可能存在地外生命的最重要的线索。如果如此严酷的热液喷口都能栖息着生命，为什么火星、木卫二（木星的一颗卫星）或更遥远的不计其数的行星上那些不宜居的生境就不能呢？生命确实存在于深海中的热液喷口里，正如它也存在于其他那些乍一看荒凉无比、却在不久前也发现了生物的生境中——比如地下深处的寒冷玄武岩、海冰、温泉以及强酸性的水池中。这些微生物因为生存于这种不友好的地方，而被称为“嗜极生物”，意即“嗜好极端的生物”。

天文生物学革命带来的最重大的变革之一，就是发现生命在极端环境中也丰富多样。它为我们带来希望，表明微生物生命有可能在太阳系和银河系中存在，甚至可能普遍存在。因为地球上现在已知有嗜极生物存在的很多环境在太阳系的其他行星和卫星上也都存在，条件非常相似。

有关嗜极生物的大部分研究关注两种类型的生境，其一是上面描述过的海底热液喷口，另一是陆地上类似的热液喷口：间歇泉和热池。这两种生境都是由火山作用创造的，它们相应地为我们提供了理解地球深处的窗口。生命要比我们所想的更坚忍。如果细菌一样的生物可以栖息在高温间歇泉中，那么它们也能生活在地壳深处黑暗而炽热的地下冥界中。深洋中的热液喷口以及陆地上火山地区的温泉和间歇泉都是这些生存于地球深处、此前未知的微生物组合能够得到观察和取样的地方。它们也让我们得以窥探其他行星和卫星上可能存在地外生命的那些区域。

最早发现的嗜极生物并不是深海环境中的那些，而是生活于美国黄石国家公园的间歇泉中。在20世纪70年代早期，微生物学家托马斯·布罗克（Thomas Brock）及其同事在那里发现了“嗜热”的嗜极生物，是一些可以忍耐60℃以上温度的微生物；之后不久，他们又发现了可以在80℃的环境中生存的微生物。自那以后，从全世界多个地点的温泉中分离出了多种类似的嗜好极热的微生物。在此之前，人们还相信不会有任何种类的生命能够在60℃以上的温度下生存，就好像人们至今仍然相信不会有任何多细胞生物（比如动物或复杂植物）可以忍耐 50℃以上的温度。然而，很多温泉嗜极生物可以在 80℃以上的温度中繁盛生长，其中一些更可以在水的沸点——100℃之上的温度下生存。与之形成对比的是，大部分细菌的最佳生活温度是 20—40℃。这些温泉嗜极生物的发现激发了人们在深洋热液环境中寻找类似微生物的兴趣。

深海喷口有三个环境特征，以前认为对生命有害，它们是高压、高热和无光照。因为大洋深处的巨大压力，水可以被加热到温度超过它在地球表面的沸点。在这些环境中出现的最高温度可达 400℃以上。这种富含矿物质的过热水流碰到喷口周围接近冰点的海水时会迅速冷却，尽管在喷口周围也能找到温度仍在 80℃以上的大片水域。

海底热液喷口系统覆盖了洋底广阔的地段，可能是地球上最为独特的生境之一。然而，因为它们又远又深，直到 20 世纪 70 年代，人们才知道它们的存在。自从“阿尔文号”（*Alvin*）等深海潜水器开展航行以来，这些生境已经得到了深入研究。喷口附近的水体一度被认为过热而不适宜生命生存，现在则知道其中栖息着多样的微生物生命，它们似乎又为生活在喷口周围的一群更大的生物提供了食物。因此，数量丰富的微生物构成了这种既不需要光又不需要植物之类光合生物的深海食物链的基础。在我们所熟悉的大部分生态系统中，作为其中食物链基部环节的是吸收二氧化碳和光、通过光合作用产生活细胞的生物。光因此成为让生命得以生长的能量来源。很多嗜极细菌不需要光。它们从硫化氢和甲烷之类化合物的降解中获得所需的能量，完成新陈代谢。不仅如此，这些生物在地球历史早期就演化出来了，这意味着我们这颗行星上最古老的生命——按此类推，还有其他行星上的最古老生命——可能是化学驱动的，而不靠光提供动力。这说明光可能不是生命诞生的先决条件。

这些发现最让人意想不到的一面，可能在于这些地域中的很多细菌不光能在 80℃以上的温度中生存，甚至还需要这样的高温才能繁衍。在洋底热液喷口中发现的一种生物，在 105℃以上的水温中才达到最佳繁殖状态，而且在温度高达 112℃的海水中仍然能够繁殖。

最近，在这些环境中又发现了更为惊人的嗜好极热的生物。1993 年，华盛顿大学的约翰·巴罗斯（John Baross）和乔迪·德明（Jody Deming）发表了一篇题为《深海喷烟口：窥探地下生物圈的窗口？》（Deep-sea smokers: Windows to a subsurface biosphere?）的论文。在该文中，这两位海洋学家进一步指出，地球内部是能够在高压和远超水的沸点、可达 150℃的高温下生存的微生物的家园。他们管这些微生物叫"超嗜热生物"。这个大胆的预言已经获得了支持。英国布里斯托尔的约翰·帕克斯（John Parkes）就在从深海钻取的岩芯中发现了在 169℃仍毫发无损的微生物。生命生存的温度上限是多少呢？微生物学家现在提出的理论认为，生命有可能在高压环境中忍受 200℃的高温！

虽然这些嗜极生物中有一些属于分类学上正式划分为"细菌"的分类群，但其中大部分却属于另一个叫"古菌"的分类群。古菌实在是生物中的"铁人"。它们不光在沸水中欣欣向荣，还能依赖硫和氢之类对其他生物有毒的元素生存。现生生物中这个主要类群的发现本身就在生物学领域掀起了一场大变革，因为我们有个名为"生命之树"的悠久模型（见图 4.1），是从最古老生命到最复杂生命的理论化的演化途径，而古菌的存在让我们几乎要把这个模型推倒重建。

古菌

生物学家早就认识到物种可以编组为不同等级的类群。这些单元由代代传递的谱系联结在一起，也就是说构成较高等级的所有种都拥有一个共同祖先。种可以编组为属。[我们人类这个种就与其他已经灭绝的人形生物共同组成人属（*Homo*），这也就是说包括智人（*Homo sapiens*）、直立人（*Homo erectus*）和能人（*Homo habilis*）在内的人属的所有种都有同一个共同祖先。] 属又编组为科，科构成目，目构成纲，纲构成门，门构成界。界在过去被定义为最高等级的类群，所以它们就不再编组为更高的单元。这个等级系统在 18 世纪由伟大的瑞典博物学家卡尔·林奈（Carl Linnaeus）所构建，它的最早一批应用者只承认两个界：动物界和植物界。但因为生物学家发明了显微镜并能娴熟运用它们，又对植物有了更深入的理解，后来他们就把界的数目增加到了 5 个：动物界（Animalia）、植物界（Plantae）、菌物界（Fungi）、原生动物界（Protozoa）和细菌界（Bacteria）。然而，古菌的发现把这一切都改变了。它们是如此与众不同，让科学家只能构建一套全新的生物分类体系。

古菌曾长期被人忽视，因为它们和细菌非常相似。然而，一旦分子生物学家有能力分析它们的 DNA，事情就很清楚了：这些微小的细胞和细菌并不相同，正如细菌与最原始的原生动物迥然有别一样。伊利诺伊大学的生物学家卡尔·沃斯（Carl Woese）因此提出了生物分类的一个新等级——域，置于界之上。在这个新的分类体系中，5 个界分属 3 个域：古菌域（Archaea）、细菌域（Bacteria）和一个名为真核域（Eucarya）的新类群，其中包括植物、动物、原生生物和菌物。

古菌域本身又分成两个此前未曾建立的界：泉古菌界（Crenarchaeota）和广古菌界（Euryarchaeota）。前者由嗜热的种类构成，后者也包括一些嗜极生物，但主要成员是在新陈代谢过程中会把甲烷（沼气）这种有机物作为生物副产物释放出来的种类。大多数古菌是厌氧菌，它们只能生存在没有氧气的地方。这个特征让它们成为地球上最古老生命的主要候选者，因为地球在刚形成时并没有游离的氧气。

虽然在温泉环境中已经发现了很多类型的古菌，但很明显，它们在其他地下环境中也能生存，包括坚固的岩石内部。早在20世纪20年代，表明生命有可能在地球表面以下几百至几千米的深处存在的最早线索就已出现。那时，芝加哥大学的地质学家埃德森·巴斯廷（Edson Bastin）正对一个问题感到好奇：为什么从油井深处抽提出来的水中会有硫化氢和碳酸氢盐？巴斯廷知道，这两种化合物普遍可由细菌制造，但油井中的这些水却来自又深又热的环境，似乎远不足以让那时已经发现的任何细菌在其中生存。巴斯廷得到了微生物学家弗兰克·格里尔（Frank Greer）的协助，他们一起成功地把这些深层水体中的细菌在实验室中培养出来。遗憾的是，那个时代的其他科学家拒绝承认他们的发现，认为这只不过是样品被输油管道污染的结果。把地质学与微生物学联系在一起的首次跨学科尝试就这样夭折了，如此激动人心的发现竟被忽视了50多年之久。

直到20世纪70—80年代，当科学家开始研究核废料场周边的地下水时，他们才终于开始严肃地考虑生命能在地球深处生存的可能性。随着钻孔越打越深，人们也不断在长期认为深度太大、无法支持任何生命生存的地方发现栖息其中的微生物。不过，在这么深的地方发现的微生物是真的生存在那里，还是只是采样设备在向下钻探的过程中从近地表区域带到底下的污染物？到1987年，这个问题有了明确答案。由美国能源部组织的一个多学科的科学家团队建造了一种专门的取芯装置，能够在不可能有外源污染的情况下钻到岩石深处提取样品。在南卡罗来纳州萨凡纳河附近一个政府建立的核研究实验室所在地，人们打出了3眼深达450米的钻孔。从中带到地表的样品用于微生物分析之后，很快就发现在如此深的地方确实有微生物存在，无论物种的数目还是个体的数目都很丰富。人们由此发现了生命的全新生境，而巴斯廷和格里尔的先驱性工作也终获证实。

如今，学界普遍承认，地球的物种编目还远不完备——不只是嗜极生物，生命的各大类群中都有众多物种有待发现。然而，我们对地球生命所占据的生境的了解可能同样不完备，知道这一点的人就没那么多了；在地表之下新发现的嗜极生物，就是这种不完备性的证据。如今已经是卫星勘探和全球旅行的时代，但在地球上仍然有很多未探索过的广袤地域，其中栖息着未知的生命，这两件事似乎彼此格格不入，但事实就是如此。如果不考虑儒勒·凡尔纳富于想象力和预言性的小说《地心游记》的话，人类基本就没怎么突破地球的最后一道防线，深入这颗行星上可能拥有最大生物量的区域（没有之一）——地壳深处。

自从在南卡罗来纳州发现深层生物之后，很多研究团队都开始向着地下更深处钻去，试图在地壳内部发现生命生存的“下限”。他们很快发现，地下微生物可以见于绝大多数地质构造中；因此，深层的细菌和古菌世界在地面以下似乎无处不在。到目前为止，已经发现这些生命形式的最大深度约为 3.5 千米，生境温度为 75℃。不过在这样深的地方，微生物的种群密度也比较低。它们可以在多种类型的岩石中生存，既有沉积岩又有火成岩。在行星地壳中，越深的地方温度越高。古菌甚至可以在地球表面以下几千米的多种类型的岩石中栖息。康奈尔大学的地质学家托马斯·戈尔德（Thomas Gold）更进一步，他甚至推测地球表面以下微生物的总生物量可能是地面以上的所有生物的好几倍——不管大小，不管复杂还是简单，统统包括在内。如果真是这样，那么微生物到现在依然是地球上数量最为庞大的生物！

人们所见的嗜极生物最大生存深度纪录不断在刷新。1997 年时这个纪录还是 2.8 千米，但很快就从南非的一个矿井中获得了 3.5 千米深处的标本。这种“深层生物圈”的居民最基本的生存需求是水分、岩层孔洞和养分；其中，岩层孔洞应该大到足以容纳深层微生物的程度。因为嗜极生物适应于压力，在这些极深之处遭遇的高压对它们实际上没有影响。

这些生活于深处的嗜极生物利用的养分来自它们栖息的岩石。在沉积岩中，养分来自岩层在沉积时所捕获的有机物。然后，深层生物圈微生物（生活于沉积岩中的微生物）就利用这种物质，为生命提供必需的能量和有机质。被作为养分利用的还有铁、硫和锰的氧化形式。这样一来，对某些古菌和细菌来说，生活在沉积岩中并不算特别艰难。然而，要想生活在火成岩中，就是件很困难的事了。

玄武岩（熔岩冷却凝固所形成的岩石）之类的火成岩没有（或只有很少的）有机质组分。因此，当华盛顿州的科学家在哥伦比亚河流域的古老玄武岩中发现繁盛的微生物群落时，不免大吃一惊。巴特尔实验室（Batelle Laboratory）的微生物学家托德·斯蒂文斯（Todd Stevens）和詹姆斯·麦金利（James McKinley）在20世纪80年代发现，他们在这些岩石中找到的很多细菌可以为自身制造有机物，利用的原料是从溶解在岩石中的氢气和二氧化碳中直接提取的碳和氢。在其合成过程中会产生甲烷作为副产物，因此这些微生物得名产甲烷菌。这样一来，这些古菌就成了自养生物，也就是可以从无机化合物生产有机物的生物。与此同时，这些自养生物生产的一部分有机物又会被与它们共存的异养微生物——也就是摄取有机物的微生物——所摄食。这样一个生态系统（与洋底喷口群落一样）完全独立于太阳能而存在，独立于地表和光而存在。这些特别的群落因此也被人们称为"史莱姆群落"，其中的"史莱姆"（SLiME）是"地表下岩生自养微生物生态系统"（subsurface lithoautotrophic microbial ecosystem）的缩写——看上去是个挺合适的名字。它们在地壳中这些不仅黑暗、有时还很灼热的区域中生存，这说明阳光并非维持生命的必需品；因此，即使对于能够支持生物的环境范围来说，这些群落也是最重要的发现之一。这意味着哪怕是像冥王星这样遥远而颇为寒冷的星体，也完全有可能在其地壳温暖的内部区域中维持生命生存。远离恒星的行星和卫星虽然有冰冻的表面，但其内部却因为放射性衰变和其他作用释放的热量而较为温暖。

深岩微生物群落可以被它们寄居的岩石封锁数百万年之久。起初，它们经由流动的地下水进入火成岩，但地下水流有时候会断绝，而这些深层微生物却坚持下来并兴旺发达。来自得克萨斯州泰勒斯维尔地区的样品据信已有8000万年历史，其中的生物以极低的速率在生长和演化。它们在恐龙的全盛期被困在坚硬的火成岩中，由此便留了下来，与其他地球生命断绝了一切关系，直到人类挖掘深井才把它们释放出来。这些微生物里面有一些种类已经适应了养分非常稀缺的环境，可以忍耐长时间的饥饿。

嗜极生物不仅能适应灼热、高压的条件，人们还见到其他一些类群生存于对生命来说过于寒冷的环境中。在低于冰点的低温中，所有动物的生命活动最终都会停止。当动物的躯体温度降到冰点以下时，它们可以进入一种生命活动暂停的状态，但此时新陈代谢作用也不再继续。与此不同，一些嗜极生物却可以避免这个问题发生。华盛顿大学的微生物学家詹姆斯·斯泰利（James Staley）在冰山和其他海冰中发现了一组新的嗜极生物。人们曾长期认为这种生境对维持生命来说过于寒冷，但生命仍然有办法在冰中生存。对天文生物学家来说，这个发现与嗜热的嗜极生物一样既激动人心，又非常重要，因为太阳系中很多地方就冻结在冰中。还有其他嗜极生物可以从容应对那些有害于更复杂的生命的化学环境，比如强酸性或强碱性环境，或是非常咸的海水。

与火星的联系

1984 年 12 月 27 日，人们在南极洲的阿兰山（Allan Hills）地区发现了一大块岩石，这就是现在非常著名的火星陨石。在发现它之后，学界对嗜极生物的兴趣越来越浓厚。虽然这块来自宇宙的熔渣在存档编目之后一度被遗忘了 10 年之久，但它最终得到了人们的重新检查，并被确定来自火星。之后，NASA 的一个团队开始探测它的内部，他们在 1996 年 8 月 7 日做出了震惊世界的宣布，声称这块岩石可能在内部嵌有火星微生物化石。

NASA的科学家根据多种证据得出了这个惊人结论，其中最吸引人的是这块陨石中那些小而圆的物体，看上去很像细菌化石。它们难道不是吗？今日的火星表面环境当然对生物极为有害：那里遭受着严酷的紫外辐射，缺乏水分，又有让人僵麻的严寒。“火星探路者号”（*Mars Pathfinder*）的考察似乎也只是确证了这颗行星对生命的敌意——哪怕是有高度忍耐力的嗜极生物也无法生存。可是，火星的地表下面又如何呢？也许生命已经在火星的地下区域中存在，那里有与火山活动中心有关的高温热液，可以在火星上营造小型“绿洲”，一如地球上那些充满古菌的深层生物圈。

而且，就算生命如今在火星上已经彻底灭绝，但以前又会怎样呢？自从1976年“海盗1号”登陆火星之后，科学家就知道，火星在古代曾有比现今厚得多的大气层，表面还有水，至少在一个较短的时段内如此。30亿年前，因为有浓厚的大气层遮蔽，火星可能要比现在更温暖。这样的条件对动物来说可能还是太严酷了些，但根据我们现在了解的地球嗜极生物的情况，早期的火星环境说不定相当适宜微生物在此定居繁衍。嗜极生物需要水分、养分和某种能源。所有这些本来都可能在火星上存在。今天，火星上可能不存在生命。但我们没准能从火星的化石记录中了解到很多东西——这种化石记录可能由火星上类似地球嗜极生物的生命所遗留。哈佛大学的安德鲁·诺尔（Andrew Knoll）曾指出，对于非常古老的岩石来说，火星上的化石记录可能会比地球还要充足，因为在火星上几乎没有侵蚀作用或构造活动，而这会把几十亿年的化石记录删抹殆尽。诺尔甚至还告诉我们要在火星上的什么地方搜寻化石：在一座名为阿波利纳里斯（Apollinaris）的古老火山上——它的山顶能看到发白的斑块，据说那些是由逸出的气体形成的矿物；或者也可以在一个叫达奥峡谷（Dao Vallis）的地方寻找，这是位于另一座古老火山的侧麓上的沟谷，曾经可能有热水从火星内部的热液系统中溢流于此。沉积在这里的矿物可能拥有古老的火星嗜极生物的丰富化石记录。

对“宜居带”的影响

嗜极生物的发现，为稀有地球假说的上半部分提供了主要支持。嗜极生物在地球上那些从前认为过热、过冷、过酸、过碱或盐分过多的地区几乎无处不在，表明生命（至少是微生物形式的生命）可以在比从前所想宽广得多的生境范围中存在。这是支持生命可能在宇宙中广泛分布（因此也可能在太阳系中广布）的最强有力的证据。然而，嗜极生物的发现还有另一个重要影响：它们表明，在允许水于 1 个大气压下以液态存在的温度范围（0—100℃）之上或之下，生命也能存在，这种压强和温度条件可在人们称之为“宜居带”（habitable zone）的地方遇到。嗜极生物让宜居带的最初概念过时了。在我们太阳系中，地表水仅在地球（可能还有木卫二）上存在，所以如果我们假定只在有水的行星上寻找生命的话，那么我们只能得出结论，认为只有这两个星球才能拥有某种类型的生命。嗜极生物的发现要求我们对此重做思考。当我们在第二章中考察宜居带这个概念时，请把这一点铭记在心。

第二章　宇宙的宜居带

地球只要朝太阳的方向——或者朝星星的方向——移动几百万千米，就会让精妙的气候平衡毁于一旦。要么南极冰盖融化，海水淹没所有低地；要么海洋冻结，整个世界被封锁在永恒的冬天之中。

——阿瑟·C. 克拉克（Arthur C. Clarke）

《与罗摩相会》（*Rendezvous with Rama*, 1973）

位置！位置！位置！这是拍摄好莱坞大片的秘诀，也是售卖房地产的秘诀，同时又是生命在宇宙中生存的秘诀。宇宙中的大部分地方显然不利于生命生存，只有很少的地方能为生命提供潜在的绿洲。空旷的空间、恒星内部、冰冷的气体星云、像木星这样的气态行星的“表面”——不用说，这些都是无生命的地方。我们并不确切知道是什么限制了生命能够生存的环境，但只要看一下支持地球生命需要什么条件，便可以为评估宇宙中何处能存在生命提供一个讨论基础。我们，作为一个似乎为我们提供了近乎完美的生境的行星上的居民，看待这个问题的视角自然存在偏差，但不妨让我们就以这样的方式来推断吧。

地球支持生命生存的最为基本的属性之一，毫无疑问是它的位置，它与太阳之间有着似乎十分理想的距离。在任何行星系中都会有一些空间区域，与主星保持着一定的距离，其间可以有天体呈现出与地球目前的状况相似的表面环境。这种最合适的区域，或与恒星最合适的距离，就是定义“宜居带”（天文生物学家常用其英文缩写 HZ 来指代）的基础；在行星系的宜居带中，有可能存在一些拥有与地球非常相似的宜居环境的天体。自从宜居带这个概念提出之后，它就被人们广泛采纳，已经成了几场重要科学会议的主题，其中一场是卡尔·萨根在他的辉煌职业生涯即将走向终点的时候召开的。

就定义来说，所谓宜居带是这样一个区域：中央恒星为其中的行星提供的热量使行星表面有着适宜的温度，处于既不会让液态水海洋冻结，又不超出其沸点（见图 2.1）的范围之内。宜居带的实际宽度，取决于一颗行星到底需要有什么样的环境，才能被我们认定具有“类似地球”的宜居条件。对于无忧无虑地生活在近乎理想的气候条件下的地球生命来说，不管是海洋的丧失，还是全行星范围的深度冻结，这样的极端事件似乎都是完全荒谬不经的怪谈；然而万一地球略靠近太阳，或略远离太阳的话，这两种事件本来就肯定会相应发生。占据着宜居带或行星的“舒适区”，颇类似于在一个寒冷的夜晚坐在一堆篝火旁边。不妨想象你现在身处加拿大育空地区的一个严寒的夜晚，气温低到只有零下 73℃，而你要竭力生存下来。你有一大堆篝火，但如果你睡得离它太近，就会惹火上身，而如果离它太远，又会冻僵。

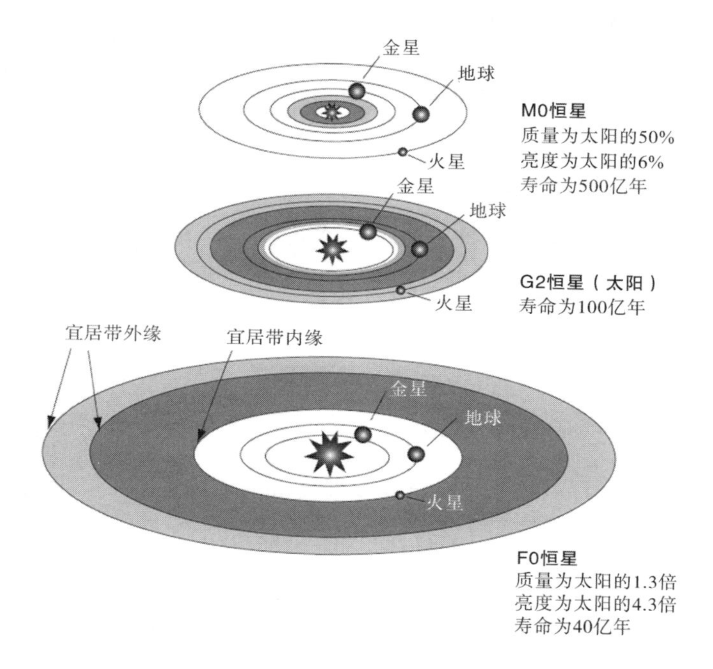

图 2.1　比太阳略轻和略重的恒星周边宜居带位置的估计（基于文献 Kasting, Whitmore & Reynolds, 1993）。图中对宜居带的寒冷外缘有两个估计，其中靠内的边界基于二氧化碳（干冰）开始凝固的温度，靠外的边界则基于火星在其历史早期曾处于太阳的宜居带中这一理论。对宜居带的炎热内缘的估计则依据两个因素，其一是假定金星上的海洋至少在 10 亿年前就全部挥发完毕，另一个是对导致温室效应失控的大气条件的估算。

天文学家在 20 世纪 60 年代首先开展了有关宜居带的讨论。他们认为宜居带的范围由两种效应所限定：宜居带外缘的低温和内缘的高温。我们地球在太空中最近的两个邻居，就是令人唏嘘的绝佳例子，它们说明了在那些虽然靠近宜居带却不在其中的行星上会发生什么事。如果行星离太阳比宜居带更近，它会变得过热，金星就是这种情况。这位邻居的表面热到了几乎可以发光的程度。就算金星曾经拥有海洋，也早就蒸发殆尽，全部流失到太空中了。

在宜居带以外，温度又过低。以火星为例，在它表面以下好几千米深的地方温度都低于水的冰点。如果地球向外移动（或者太阳的能量输出减少），那么地球的大气层会冷到让整个行星被冰覆盖的程度。二氧化碳也会冻结，形成由干冰粒子构成的反射云层，最终二氧化碳会冻结在极冠里。

1978 年，天文物理学家迈克尔・哈特（Michael Hart）做了详细计算，得出了一个惊人的结论。他的工作考虑到了一个人所共知的事实，就是随着时间推移，太阳会逐渐变亮。在大约 40 亿年前，太阳的亮度大约只有现在的 30%。当太阳不断变亮，宜居带也会不断向外移动。在太阳系存在的整个时段内，有一小圈区域可以保证地球如果处于其中，则可以始终处在宜居带内，哈特把这个狭窄的区域称为"连续宜居带"（continuously habitable zone, CHZ）。他的计算显示，如果地球在离太阳远 1% 的地方形成，便可能会在历史时期的某个阶段遭受失控的冰川作用；而如果地球在离太阳近 5% 的地方形成，又可能会遭受失控的温室效应。人们曾经认为这两种情况都是不可逆的。地球一旦冰冻或蒸干，就再不会回到原来的样子。不过，现在人们认为随着中央恒星持续变亮，冰冻的行星也有可能变得宜居。另外，如果地球轨道的形状为更扁的椭圆形，宜居带的界限也会更窄。哈特的计算表明，对太阳来说，连续宜居带竟然如此之狭细，而对于更低质量的恒星来说，连续宜居带压根儿就不存在。这就意味着像地球这样拥有海洋和生命的行星实际上非常稀有。

今天，我们认为哈特给出的连续宜居带过于狭窄了，因为有几个因素他没有考虑。其中之一是名为“二氧化碳—硅酸盐循环”的大规模化学过程的发现，这个化学循环在地球上起着温度调节的作用，让行星的温度一直处在“健康”范围内；即使太阳的加热效应在一个中等范围内变动，这个循环仍然可以维持宜居的行星表面温度。二氧化碳是一种痕量气体，在大气中只占百万分之350；然而它是一种温室气体：它可以吸收红外光，从而延缓热量再次散失到外层空间。正是这种温室效应，让地球的表面温度比没有二氧化碳时的温度高了大约40℃。正如我们在下文中会看到的，二氧化碳—硅酸盐循环（也叫“二氧化碳—岩石循环”）的恒温控制之所以能实现，是因为岩石有风化作用。如果地球变暖，岩石风化也会加快，从而把二氧化碳从大气中吸收掉，而二氧化碳的减少会导致气候变冷。反之，如果地球变得太冷，风化作用和二氧化碳的移除也会变慢，这时火山喷发的二氧化碳在大气层中的不断积累便可让气候变暖。这个杰出的负反馈系统拓宽了连续宜居带的范围，也让它的边界的精确判定变得更复杂，因为人们在整个行星尺度上对二氧化碳—岩石循环的了解还不够全面。利用这个新信息，天文生物学家詹姆斯·卡斯廷（James Kasting）及其同事把宜居带定义为“恒星周边的一个区域，拥有含氮气、水和二氧化碳的大气的（具有较大质量的）类地行星在其中具有合适的气候，适宜依赖水的生命在其表面生存”。他们在1993年估计，连续宜居带的范围是0.95至1.15个天文单位（1个天文单位代表日地平均距离，等于1.496亿千米）。这比哈特的估计要宽得多，但仍然非常狭窄。

宜居带的概念，是天文生物学上非常重要的观念，但处在宜居带之中却并不是生命所需的必要条件。生命可以在恒星的宜居带之外存在。生活在有“理想的”结构设计及物质和能源供应的宇宙飞船中的宇航员，可以在太阳系中几乎任何地方生存，（因此）也可以在整个宇宙广袤空旷的区域中的几乎任何地方生存。不仅如此，嗜极生物的发现也让我们不得不从另一个角度来重新审视宜居带的概念，这个视角与仅仅几年前人们还习惯采取的视角有很大差异。一般定义的宜居带实际上是“动物宜居带”。生活在地下深处、只需要微量化学能和水分的嗜极生物有可能在宜居带以外非常多样的环境中繁衍兴盛，包括行星、卫星以至小行星的地表下区域。木卫二就是一个极好的例子，这颗木星的卫星很可能有地下海洋。木卫二因此有可能是微生物的绝佳生境，尽管它远离传统上定义的宜居带。

我们认为，宜居带的观念应该扩展，把其他生命类型也包括进来。对于类似地球的行星来说，动物宜居带（animal habitable zone, AHZ）是离开中央恒星的一个距离范围，位于其中的类地行星可以保有液态水的海洋，并能将全球平均温度维持在50℃以下。这个温度似乎是个上限，超过50℃动物将无法生存（至少对地球上的动物来说是如此）。因为水在温度高到接近其沸点的行星表面也可存在，一颗行星即使在表面拥有液态水（这是宜居带最初的判定标准），也可能过于炎热而让动物无法生存。因此，比起哈特、卡斯廷及其他天文生物学家使用的宜居带概念来，动物宜居带是恒星周围十分局限的区域。而如果我们想要考虑现代人能够生存的区域的话——比如一颗能种植足够的小麦或水稻，填饱几十亿人肚子的行星——那又会提出一种比这还要狭窄的宜居带类型。比动物宜居带宽阔得多、也更容易确定的宜居带则是微生物宜居带（microbial habitable zone, MHZ），是恒星周边微生物生命可以存在的区域。这在空间范围上几乎是整个太阳系，在时间范围上则是从行星形成后不久一直持续到今天。针对其他主要生命类型的宜居带也可以定义出来，比如高等植物宜居带就会宽于动物宜居带，但窄于微生物宜居带。

尽管宜居带是用到中央恒星的距离来描述，但也必须从时间的角度来思考这个概念。在太阳系中，各种宜居带都有一定的宽度；随着太阳不断变亮，它们也渐渐向外推移。地球最终将被甩到宜居带内侧，此时温室效应会让它变得更像金星。这将发生在距今 10 亿至 30 亿年之后，因此地球最终会在宜居带中停留大约 50 亿至 80 亿年（见图 2.1）。对于质量更大的恒星来说，这个演化过程也快得多。这些恒星的宜居带离它们更远，持续时间也非常短。质量比太阳大 50% 的恒星的寿命会变得非常短，让动物无法采取地球上这种悠闲的演化步伐。

生物演化需要漫长的时段才能达到复杂生物阶段——这些时段处在亿年到十亿年的数量级。因此，动物宜居带和微生物宜居带既是空间范围，又是时间范围。显然，我们在本书中新定义的动物宜居带是限制程度最高的，但吊诡的是，它又能让生命呈现出最大的多样性。地球处在这个宜居带中，而金星（具有地狱般的表面温度）和火星（具有冰冻的表面和稀薄的大气层）已经有几十亿年位于这个宜居带之外了。相对地球轨道来说，金星离太阳要近 30%，而火星要远 50%。以阳光强度来说，金星上的阳光强度是地球的两倍，而火星只有地球的一半。

被甩出宜居带的行星

我们对各种恒星系统的内部相互作用了解得越多，一个事情就越发清楚：行星有时会从中央恒星的控制中挣脱，被扔向黑暗的星际空间。这种行星抛射现象最为普遍的肇因，是巨行星间的相互作用。尽管几十亿年来，我们太阳系中的行星轨道没有明显变化，但它们彼此确实存在相互作用，行星轨道的形状也确实在变化。一般来说，在几十亿年的时间尺度上，行星系并不一定具有引力稳定性。如果土星离木星再近一些，或者木星的质量更大，那么行星之间玩的这种长时段的猫捉老鼠式引力游戏就会导致其中一颗行星向外抛射，最终逃逸到星系之中。如果土星被从太阳系中甩出，那么木星会一直停留在它绕太阳运转的轨道上，但其轨道会是非常扁的椭圆形。在近来发现的绕其他恒星运转的巨行星中，有一些就有高度椭圆形的轨道，其形成原因可能就是曾有另一颗行星在很久以前被抛射而丢失。在两颗恒星（以及它们的行星）彼此绕转的双星系统中，行星也会从中抛射出来。

乍一看，行星从中央恒星那里甩离，似乎对其上的任何生命都是死刑宣判，但这恐怕不是事实。不要忘记，嗜极生物是有可能在冰冷的太空中存活的。这样一个被抛离的世界没有恒星，没有公转，没有“阳光”，其表面可能会达到足以让液氦存在的极冷低温。

从行星系中抛出的任何行星都会处于一种极为怪异的境地，没有邻居，也没有外部热源可以加热它的表面。在这种行星表面能看到的唯一场景，就是永久黑暗的夜空中不断扫过天幕的群星。如此单调的景象会持续数十亿年。任何固态行星的表面都会冷却到极低的温度。然而在行星内部，放射性的内核却仍然在创造暖意。在这种情况下，地下深层的生物圈有可能存活。

虽然被甩离的行星可能对生命很不友好，但对于环绕该行星运行的大卫星来说，生命前景就要好得多了。如果木星连同它的 4 个大卫星因为某种原因被抛入星际空间的话，那么木星有可能会提供一种非常有趣的生境，不光能让微生物持续存在，甚至还可能发生演化。不妨设想一下在类似木卫二这样环绕木星的大卫星上演化的生命。木卫二到太阳的距离是日地距离的 5 倍，所以它只能获得 1/25 的太阳热量，这让它的表面温度接近 150K（−223℃）。这是一个极寒的冰封世界，可能不会有生命存在。尽管它的位置如此辽远，木卫二却被学界普遍视为太阳系中最可能有生命生存的环境之一，因为在它的冰层之下很可能有温暖的液态水海洋。虽然木卫二远离太阳，但在木星和它的其他大卫星引发的引力潮汐效应的作用下，木卫二内部的挠曲能够产生可观的热量。倘若木卫二在冻结的冰壳之下有浩瀚的海洋且已经出现了生命的话，那么在冰冷的星际空间中，这种独特的环境是可以维持下去的。

其他恒星系统的宜居带

把宜居带的概念用到太阳以外的恒星上时，可能会显得极为有趣。恒星的亮度决定了其宜居带的位置，但亮度本身又依赖于恒星的大小、类型和年龄。

对于比太阳质量更大的恒星来说，其各个宜居带的向外推移速率要快得多，持续时间也短得多。恒星质量越大，寿命就越短。太阳在诞生之后大约 100 亿年时间里都能保持相当稳定的状态，但一颗质量比太阳大 50% 的恒星却会在仅仅 20 亿年之后就进入红巨星阶段。一旦一颗恒星变成红巨星，它的亮度就会增加几千倍，宜居带也会急剧退却到远离其最初边界的地方。我们前面已经提到，质量为太阳 1.5 倍的恒星持续的时间可能不足以让动物以地球生命所享受的悠闲步伐演化出来。质量更大的恒星，其各个宜居带也离恒星更远——或者它们可能根本就没有什么宜居带。恒星质量越大就越热，也会辐射出比太阳强烈得多的紫外线。紫外线会破坏大多数生物分子中的化学键，生命必须在紫外线被“屏蔽”之后才能存活。紫外线对于类地行星的大气层来说也会导致灾难性后果。这种大气层的顶端会强烈吸收紫外线，形成潜在的高空热源，导致大气逸失。太阳的有效表面温度是5780K（5507℃），所释放的能量中只有不到10%位于紫外线波段；与此同时，像天狼星之类较热的恒星却把大部分能量通过紫外线辐射出来。大气逸失可能会让环绕大质量恒星运转的类地行星无法形成海洋和大气层。本来大质量恒星的寿限就相对较短，而对环绕它们的行星而言，大气层问题更是雪上加霜。

人们常说太阳是一颗普通的、典型的恒星，但事实并非如此。真正的情况是，95%的恒星的质量要比太阳小，这让我们的太阳系变得稀有。低质量恒星对我们的讨论很重要，因为它们比质量较大的恒星常见得多。对于质量低于太阳的恒星来说，其各个宜居带都位于更靠内侧的地方。

银河系中最普通的恒星在天文学上属于M型，它们的质量只有太阳的10%。这类恒星的光度比太阳低得多，任何环绕它们的行星必须距离母星很近，才能保持温暖状态，让表面的液态水可以存在。然而，离任何天体过近都很危险。如果行星离恒星很近，恒星引发的引力潮汐效应会导致行星同步转动，此时行星每绕恒星公转一周，它也仅能绕自己的轴自转一周。这样一来，行星就永远只能以同一面朝向恒星。（卫星离行星很近时，情况亦是如此。正是这种潮汐锁定，导致月球在任何时候都只能以同一面朝向地球。）这种同步转动会让行星的暗侧变得极为寒冷，大气被冻结起来。在几乎没有昼夜变化的情况下，如果行星拥有非常浓密的大气层，倒是也可能摆脱这种命运，但除非大气中含有过量的二氧化碳，否则离低质量恒星很近的行星肯定会因为大气冻结而不可能适宜生命生存。

因此，我们可以看看银河系中五花八门的恒星，考察一下它们是否能够带来生命的宜居之地，也就是说，是否真的拥有各种宜居带。举例来说，在双星或聚星系统中，两颗或更多颗恒星会在复杂的轨道上跳着永恒的舞步，那么会有宜居的行星围绕这类恒星系统旋转吗？在这种环境中，会有行星拥有稳定的轨道和相对恒定的温度范围吗？行星本身是不是能在这种环境中形成呢？这些问题与地外生命的出现概率高度相关，因为在太阳附近的空间里，差不多三分之二的太阳型恒星都是双星或聚星系统的成员。天文生物学家阿兰·黑尔（Alan Hale）曾经论及双星或聚星系统的宜居性问题，他写道："在估计银河系中具有维持生命的潜力的行星数目时，必须考虑彼此接近、互为伴星的恒星对行星环境的宜居性所产生的效应。"

我们可以考虑两个场景，其一是成员星（双星或聚星系统中的各颗恒星）彼此非常靠近，行星环绕着系统中的所有恒星运行，另一个是成员星相距遥远，行星只环绕单独一颗恒星运转。可是，在这种恒星系统中，行星真的能形成吗？最近有一些研究认为，除非恒星的间距至少是日地距离的 50 倍，即至少是 50 个天文单位，否则行星可能无法形成。但这还没有得到证实。阿兰·黑尔则认为，聚星系统中成员星的距离要么小于 3200 万千米，要么大于 16 亿千米，这样才能保证行星轨道的稳定性。当然，如果行星真的在这种恒星系统中形成了，那么会有两个或多个天体影响它们的轨道。

最紧迫的问题是，行星在聚星系统中形成之后，是否能维持稳定的轨道。生命（至少在地球上）的兴起似乎依赖于长时段的稳定环境，而这就要求行星有稳定的轨道。如果行星的轨道呈高度椭圆形，不时进出连续宜居带，那么虽然它可以让微生物在其上形成，甚至繁茂生长，但其环境却很可能置动物于死地。在聚星系统中，行星可以形成，但其轨道会受到来自多于一颗恒星的不断变化的引力摄动，这最终会导致两种结果，行星要么被抛射出去，要么坠入某颗恒星。

聚星系统作为生命的生境的第二个问题是辐照（行星所获得的恒星能量）。S.H. 道尔（S.H.Dole）在他 1970 年的奠基之作《人类的宜居行星》（*Habitable Planets for Man*）中估计，在不影响宜居性的情况下，行星所获得的平均能量可以有多达 10% 的变动。（这个估计本身也是有争议的：太阳在能量输出上的变动远小于 10%，但就连这样小的波动都可以导致气候发生重大变动，从而剧烈地影响到生命形式的演化。）如果行星的公转轨道位于成员星所在的平面上，那么当一颗恒星被另一颗恒星掩食时，辐照量也会受到影响。

最后，聚星系统中任何行星上的居民都必须面对两颗或更多颗“太阳”的恒星演化问题。我们的太阳会随时间推移而变亮。这种亮度的渐变会让各种宜居带不断向外迁移。如果有两颗或更多颗太阳一起经历着同样的过程，那么我们可以想象，各种宜居带将随时间的变迁而更快地向外推移。这可能不会对微生物产生负面影响，但会妨碍动物的生存。综上所述，聚星系统有可能是能维持生命生存的区域，但可能不是能维持动物生存的地方。比起单独的恒星，它们对动物来说当然是不够宜居的生境。

其他类型的恒星可能就更不适宜了。变星（辐照量呈现快速变化的恒星）显然是很差劲的候选者，难以让行星拥有适宜动物生存的环境（这里要再次提醒大家，假定行星能够形成的话，微生物是有可能产生并坚持下来的）。而中子星、白矮星之类的另类恒星很可能对所有形式的生命都不适宜。

恒星多度（一定体积空间内恒星的数目）非常高的区域又如何呢？疏散星团和球状星团就是这样的地方。疏散星团对动物来说不可能适宜，因为它们太年轻了。大多数疏散星团含有相对较新的恒星，生命——至少是高等植物和动物之类的生命——还来不及在其中演化出来。很多疏散星团，在环绕其所在的星系运转几圈之后就会解体。还有一些疏散星团维持的时间较长，但这些星团也有问题。因为邻近的恒星过于接近，行星轨道会受到摄动，导致行星或被抛射，或进入高度椭圆形的轨道，甚至可能坠入恒星。

在球状星团中，恒星密度极高：有些球状星团可以在跨度为几十到几百光年的空间范围内集中多达 10 万颗恒星。离我们太阳最近的恒星是比邻星，位于 4.2 光年之外。在距太阳 13 光年的范围内总共有 23 颗已知恒星。然而在球状星团中，同样大小的范围内却可能有 1000 颗以上的恒星。以 M15 球状星团为例，在跨度只有 28 光年的空间范围中就集中了 3 万颗恒星。这种星团中的任何行星上都不会有夜晚。在球状星团中可能会有宜居的恒星系统，但周围的恒星数目太多了，这让它们比起那些更分散的恒星来说更危险，也更不容易维持动物的生存；这里有太多的辐射和粒子，非常容易遇到足以影响行星轨道的引力变动。处在密度极高的恒星中时，邻近恒星变成新星（爆炸的恒星）或向周围空间喷吐短波长的“硬辐射”的风险也会增大。球状星团的另一个重大劣势是，它们由老恒星构成（因此缺少重元素），所有恒星的年龄几乎相同。碳、硅和铁之类的“重元素”不仅为生命提供了生境，而且也是构建我们所知生物的原材料，但它们的低丰度却让球状星团中不太可能形成什么类地行星。

就算其中有些恒星确实维持着一些类地行星，这些恒星也太老了，其中那些1倍太阳质量的恒星一定早就演化到各种宜居带已经退至其内行星之外的地步。因此，球状星团可能完全没有生命迹象。这个结论标志着我们对宇宙中生命局限性的理解取得了真正的进步。1974年，由弗兰克·德雷克领导的一队天文学家向M13球状星团发射了无线电信号。他们希望，生活在这个星团的30万颗恒星当中某一颗星球周围的射电天文学家能够接收到这些信息。然而几十年后的今天，我们意识到，当这些无线电信号在距今大约24,000年之后到达M13时，那里不可能有什么人去接收它。如果当年这个实验能够重做的话，他们本来应该把无线电波束对准那些更有可能拥有行星和生命的恒星。

对于其他恒星区域，我们就只能推测了。恒星在持续不断地形成，它们的形成是否也有某些方面有益于或有害于宜居性呢？处在具有新形成恒星的区域中的行星有可能维持生命吗？处在星云之中的恒星系统又如何呢？这些区域对生命来说是无关利害的吗？还是说大量星际气体的存在会对生命的出现或存在产生某种效应？我们的太阳很可能形成于一个低密度的星团中，而这个星团很快即解体，由此避免了木星、土星、天王星和海王星的轨道遭受扰动。

银河系的宜居带

宜居区的概念也能用于我们所在的银河系。本书作者（以及另外几位天文生物学家）推测，仿照恒星周边的宜居带，我们也可以根据离银河系中心的距离标出一定的空间区域作为宜居区。银河系是个旋涡星系（除此之外还有椭圆星系和不规则星系）。在大多数星系中，恒星的密度在中心最高，离中心越远，密度越低。旋涡星系形状如盘（虽然是圆形，但从侧面看去却非常扁）。银河系的直径据估计大约是85,000光年。太阳离银心约25,000光年，所在的区域介于两条旋臂之间，其中的恒星密度比起十分拥挤的银河系中心来要低得多。正如地球有合适的日地距离一样，我们差不多也处在距离银心的同样合适的距离之处，而这是件幸运之事。很偶然地，太阳恰恰位于银河系的“宜居带”。我们认为，这种星系宜居带（galactic habitable zone, GHZ）的内缘可以由恒星、危险的超新星及银河系中心区域的能量源这三者的较高密度所界定；与此同时，支配星系宜居带以外区域的却是完全不同的东西：不是能量的流量，而是能遇到的物质类型。

目前，我们只能对这个宜居区的边缘做些粗疏的界定。它的内缘显然由距离星系中心较近处的天体灾变所界定，但我们还不能估算出这个边界离星系中心有多近。可能它离中心有1万光年，可能比这更远。然而，我们对造成这个内侧界限的力量毕竟还是有些起码的概念。生命是非常复杂而精巧的现象，很容易被过度的炎热和寒冷所摧毁，或是被过多的伽马射线、X射线或其他类型的电离辐射所摧毁。任何星系的中心都兼具这些严酷的环境。

在任何星系中那些致命性的恒星成员里，有一类是名为磁星的中子星。这些坍缩而成的恒星很小，但有惊人的密度，并会向空间放射出X射线、伽马射线和其他带电粒子。因为能量会随距离的平方而衰减，这些天体对地球不产生威胁。然而，越是靠近星系中心，它们的多度也越大。任何星系中心都有大量恒星，其中一些是致命的中子星；我们所知的任何形式的生命都极不可能在它们附近存在。

更大的威胁来自名为超新星的爆炸恒星。恒星变老之后，会烧尽其中的氢，最终向中心坍缩。其中一些恒星这时会以可怕的力量向外爆炸。任何变成超新星的恒星很可能会把爆炸点半径 1 光年范围内的生命彻底荡尽，远达 30 光年处的行星上的生命也会受到影响。星系中心数量巨大的恒星增加了附近出现超新星的几率。我们的太阳和地球之所以受到了保护，只不过是因为周遭的恒星很稀疏而已。

星系宜居带的外侧区域由星系的元素成分界定。在星系最外侧，重元素的浓度较低，因为恒星形成率较低，所以元素形成率也较低。从星系中心向外，比氦重的元素的相对丰度不断衰减。星系外侧的重元素丰度很可能过低，让类地行星无法达成地球这样的大小。就像我们会在下一章中看到的那样，地球拥有一个部分液态的金属核心，其中含有一些可以释放热量的放射性物质。这两个属性可能都是动物发展所需的因素：金属核心可以产生磁场，保护行星表面免受空间辐射的轰击，而来自地核、地幔和地壳的放射性热量可以驱动板块运动，在我们看来这也是在行星上维持动物生存所必需的条件。在星系外侧区域，没有像地球这样的行星存在。

地球不光在银河系中处于稀有的位置，它能够位于一个旋涡星系而不是椭圆星系中，可能也是幸运之事（至少就生命的诞生来说是如此）。椭圆星系是宇宙中几乎没有星尘的区域，看上去也几乎没有新恒星形成。椭圆星系中的多数恒星几乎与宇宙一样老。其中重元素的丰度较低，尽管可能出现小行星和彗星，但是否能形成足够大的行星却值得怀疑。

宇宙中的宜居带和宜居期

由于我们对宇宙的限定与时间有关，我们必须从时间的意义上发问：宇宙中是否有适宜生命的时期？我们在后面的章节中会看到，生命（至少是我们所知的生命）需要的很多元素必须在大爆炸（这是宇宙的起点，在大约 150 亿年前）之后创造出来。有 26 种元素（包括碳、氧、氮、磷、硫、钾、钠、铁和铜）在较高等的生命体的结构单元构建中扮演了主要角色，还有其他很多元素（包括铀之类放射性重元素）是很重要的次要角色，可以在地球深处产生生命间接所需的热量。所有这些元素都是在恒星中心创造的——经常是在爆炸性的恒星，也就是超新星中心创造——而非形成于大爆炸本身，所以可能在宇宙最初 20 亿年或更长的时段内，它们还没有达到足够的丰度。到宇宙诞生 20 亿年之后，它才开始进入时间意义上的“宜居带”。在宇宙的早期历史中还充斥着名为类星体的天体，它们对生命也非常危险。

早期宇宙一定是无生命的，至少没有较高等的生命；不仅如此，在宇宙中出现可以为高等生命提供足够生存支持的类地行星的时间范围也是有限的。地球上有一些地质活动非常重要，可以通过二氧化碳—岩石循环来控制气温，而这些地质活动是由铀、钍和钾原子的放射性衰变产生的热量驱动的。这些元素产生于超新星爆发，而超新星的形成率会随时间推移而降低。在银河系中，现在形成的恒星所含的这些放射性同位素的总量要少于 46 亿年前太阳形成时的数量。现在形成的绕其他恒星运转的行星，即使是纯正的地球复制品，可能也没有足够的放射性热量去驱动板块运动，这是完全有可能发生的事。要知道，板块运动是帮助地球稳定其表面温度的关键过程。

我们对宇宙宜居带的定义以时间为基础，尽管听上去颇具吸引力，但还有点不够让人满意。在宇宙中，除了某些时段之外，是否也有某些空间部分有利于或有害于生命生存？如果我们可以为宇宙绘制地图，那么我们是否能在其中找到适宜和不适宜的区域，就像我们在恒星系统和银河系中所做的那样？换句话说，生命是否在整个宇宙中均匀地分布，还是说它只在某些区域存在，而在另一些区域不存在？我们现在还没法回答这样的问题，但一些值得一提的新发现至少让我们可以初步面对这个问题。

1995 年 12 月，位于绕地轨道上的哈勃空间望远镜花了 10 天时间把它的大望远镜瞄准了空间中的一小片区域。它为大熊座（北斗七星就位于其中）附近的这片天区总共拍摄了 342 张照片。这片被观测到的空间区域极小：从我们的角度看去，它只有满月大小的 1/30。这一小片天区现在被称为“哈勃深空区”（Hubble Deep Field），其目标区域是一片星系。作为一扇窗口，哈勃深空区为我们提供了天空中已知的遥远星系中最丰富多样的信息。

这 10 天的摄影结果里满是激动人心的场面，从某种意义来说是革命性成果。在照片中现身的星系，比以往所观测到的星系还要暗上 3 到 15 倍，也因此是它们的 3 到 15 倍远。在这些照片中可以识别出超过 1500 个星系。从这些暗淡的天体抵达我们这里的光，来自遥远的过去——那个时期远在我们的银河系和太阳形成之前。这些照片中可见的最遥远星系很可能还处在宇宙开始之后最初几十亿年中的某个时刻，它们也因此处于宇宙中哪里都还没来得及出现生命的时刻。这些星系中的任何恒星都不太可能拥有类地行星，因为构建它们的重元素还没有丰富到够用的程度。因此，我们可能见到了生命起源之前的宇宙场景。

哈勃深空区带给我们的另一个重要发现是，古老的星系似乎比年轻的星系更多地具有不规则的形态。较之那些最靠近银河系的星系，在最遥远的星系（因此也是最古老的星系）中有 30% 至 40% 的形态显得怪异或是发生了变形。早期宇宙的星系与较新的星系非常不同。那么，星系形态会影响宜居性吗？宜居性会随时间而改变吗？

还有一个更意外的发现是，这些照片中的许多星系虽然到地球远近不等，但其距离集中分布在少数几个数值附近。星系倾向于聚集为巨大的泡状或片状结构，其间则是广袤的空洞。我们不禁要问，这些巨大的片状结构附近的区域，是更适宜生命生存，还是更不适宜生命生存？各种星系中与宜居性有关的关键因素可能是重元素丰度。在贫金属的恒星周边形成的行星可能过小，无法维持海洋、大气层和板块运动。贫金属行星可能无法支持或维持动物生命，详细原因我们会在后面的章节中探讨。我们已经知道，所有这些星系都缺乏金属，因此可能完全没有动物。

行星宜居性的终结

在地球历史上的几乎全部时间里，生命局限于一些小到肉眼不可见的生物。如果在这样长的时段里对地球做个随意的考察，可能会让人认为这是一颗失败的行星。在其他行星系中，原始生命有可能繁盛，但绝不可能让森林和会飞翔的动物有一丝演化出来的机会。寿命较短的恒星、不稳定的行星大气、轨道或自转轴的变化、大灭绝、天体撞击、壳层灾变、板块构造停止……除了这些之外还有一大堆其他麻烦，其中任何一个麻烦都可能妨碍高等生命的演化，或让它们不能长时间存活。就算是地球自己，复杂生命在其上兴旺发达的时段在它存在的整个时间中也只占最后的10%。

对于环绕其他恒星运转的行星上的较高等生命（如果它们存在的话）来说，也许最可预测的一点就是它们存在的时间是有限的，最终所有这些生命——甚至包括一部分行星本身——都会灭亡。与单个生物体一样，行星及其壮丽的环境也是有寿限的。所有具有生命的行星最终都会重归荒寂。这个最后结局可能由天体撞击、附近的超新星爆发等外源因素引发，也可能由大气层灾变或生物灾变等内部效应引发；即使这些因素都不存在，中央恒星的亮度增大也会给它致命一击。这也将是地球的最终命运：我们这颗行星上的生命最后都会被炽焰烧为乌有。太阳在缓慢变亮。相比地球诞生初期，太阳现在已经变亮了30%。接下来的40亿年间，太阳的亮度还会翻一番。即使生命能活过这场浩劫，它也会很快归于寂灭。距今40亿年后，太阳的大小将开始迅速膨胀，它的亮度会急剧增加。太阳将变成红巨星，就像天蝎座中的心宿二和猎户座中的参宿四那样。在10亿年的时段之内，它的亮度会增加到原来的5000倍。

在这个过程刚刚开始之时，地球的海洋就会被蒸干，我们宝贵的水资源会全部散逸到太空中。在太阳变形为红巨星的最后过程中，它会膨胀到几乎达到地球轨道的程度。宇宙由此又少了一颗生气蓬勃的行星。

小结

通过综合考察太阳周边、银河系和宇宙中动物和微生物的宜居带，我们不可避免地得出了这样的结论——地球实在是个稀有的地方。而这一系列研究中最引人入胜的发现，可能是地球不光在相对太阳的位置上显得与众不同，它丰富的金属含量也不同寻常。我们会在下一章中看到，地球之所以适宜生命生存，是因为它那富含金属的内核对此贡献良多。

第三章　建造宜居地球

地球是迄今为止我们唯一所知有生命栖息的世界。至少在可预计的未来，没有任何其他地方能够让我们这个物种移民过去。

——卡尔·萨根

《暗淡蓝点》(*Pale Blue Dot*)

宇宙中的大多数地方不是太冷就是太热，不是太稠密就是太空旷，不是太暗就是太亮，或是干脆没有支持生命存在的合适元素。只有具有固体表面的行星和卫星可以为我们所知的生命形式提供可靠的绿洲。甚至在具有表面的行星中，大部分也极不适宜。正如我们在本书引言中指出的，在所有我们已经知道的天体中，无论是物理性质还是在支持生命的能力方面，地球都是独一无二的。地球能够成功地为生命提供几十亿年的支持，这是整整一连串物理和生物学过程的结果；有关这些过程的知识，是我们深入了解地外生命出现概率的主要依据。在本章中，我们将描述地球的形成和演化。如果能理解地球如何获得它维持生命的一系列特征，那就可以为我们提供一个参照，来理解生命存续所需的因素，以及生命在其他天体存在的可能性大小。

用地球特征来概括生命所需因素的做法，当然不可避免地充满了不确定性。我们缺乏任何地外生命形式的知识，这让我们不敢轻易相信自己能理解在地球之外支持生命所必须具备的最优环境，甚至对那些最起码的条件的理解可能都会有问题。然而，我们的地球在生命形式的丰富多变方面，展示出的是毫无争议的成功，哪怕在它形成初期，其上肯定没有生命。那么，这种从无到有的变化是怎么出现的？地球有什么样的物理特征，让它能够变成如此生机盎然的状态呢？

就我们所知，地球是宇宙中拥有生命的唯一所在，但是在我们的银河系中，它可能只是数百万个能够供生命栖息的环境之一，而在整个宇宙中这样的生境可能有数万亿个。然而，从我们地球人的偏见出发，地球确实是一颗独具魔力的行星。就我们所知的唯一一种生命类型而言，地球具有许多恰到好处的特性，它在太阳系中合适的位置形成，经历了一系列宏伟而非同寻常的演化过程。它在太阳系中的几个邻居甚至也扮演了极为凑巧的协助性角色，让地球成为生命的适意家园。地球作为生命摇篮，具有近乎理想的本质（nature），这从它诞生前的宇宙史和它的起源、化学组成、早期演化中都能看出来。让地球能支持高等生命的最为重要的因素有哪些呢？答案是：（1）碳和其他重要的构建生命的元素，即便是以痕量存在；（2）表面或近表面处的水；（3）适宜的大气；（4）非常漫长的稳定时期，其间的平均表面温度让液态水可以在地表存在；（5）含量丰富的重金属，既存在于地核中，又在地壳和地幔中广为散布。

地球实际上就是一系列精巧事件的最终产物，这些事件陆续发生于长达大约150亿年的时间跨度中，是地球本身岁数的3倍。其中一些事件会有可预测的结果，而另一些事件的后果要不确定得多，最后造成什么局面取决于机遇。导致生命出现的演化途径包括：宇宙大爆炸和恒星中的元素形成，恒星的爆发，星际云的形成，太阳系的形成，地球的积聚，以及地球内部、表面、海洋和大气的复杂演化过程。如果有某种上帝一般的存在得到机会来规划一系列事件，以复制地球这个“伊甸园”为明确目标的话，那么它面对的将是一项非常棘手的任务。即使有很好的意图，但在自然法则和材料的限制之下，要把地球真正复制出来也是不可能的。在地球的形成中，有太多过程依赖的是纯粹的运气。类似地球的行星当然可以造出来，但每一个产物都会在很多关键方面出现差异。太阳系中形成的行星和卫星具有神奇的多样面貌，就是很好的例证。它们都始于同样的建造材料，但是最终产品却大相径庭。我们更熟悉的动物演化，其中的很多演化路径都有看似随机的复杂分支点；与此类似，导致地球本身形成和演化的物理事件，也要求有一整套精妙而几乎不可复制的条件。

任何建筑工程，都需要在实际工作开启之前准备好建筑材料。地球的形成也不例外。因此，第一步就是把原材料组装起来。

元素的创造

我们在追溯地球的历史时，是从它的起源开始，这是可以理解的；然而，在地球形成之前还有漫长的“史前史”。在这段时期中，最重要的事情之一是化学元素的起源。元素是行星和生命共同的建造单元。我们不妨想一下，现在我们身体里的每个原子，在我们的太阳形成之前曾位于好几颗恒星内部，而在地球形成之后，它们又可能曾是数以百万计的不同生物的一部分，就像是一场宇宙性的轮回转世。行星、恒星和生物体有生有灭，但从一个天体到另一个天体、一个生物到另一个生物的化学元素在根本上却是永恒的。

在地球上的生命之中，除了一小部分原子之外，大部分原子都是在比地球形成早得多的时候通过一系列复杂的天体物理过程产生的。在地球的史前史中，最值得注意的一点是，元素形成的过程在整个宇宙中是一贯的；对大多数行星的建造过程来说，元素的形成提供了十分相似的起始材料，而不管行星具体出现在何处。行星以及栖息其上的生命可能发展出很大的变异，但是它们最初储备的建造零件是相似的，这在很大程度上是因为各种化学元素都有相对较大的丰度。通过考察这段史前史，我们便可以深入理解那些可能在宇宙中的不同地点、不同时间形成的行星和生命环境状况的范围。

导致地球、宇宙中所有其他天体以及（最终）生命的形成的宇宙舞台剧，始于大爆炸，也就是“太初时刻”。几乎所有物理学家和天文学家都相信，大爆炸就是宇宙的实际起源。在一刹那诞生的整个宇宙，开始的时候是让人难以想象的高温、高密度环境，但是后续的膨胀让宇宙迅速降温，也越来越稀薄。在最初半小时内，宇宙的环境已可以造就许多原子。今天仍被用来建造恒星的主要零件原子——氢和氦，有大部分就是那时候形成的；这两种元素的原子构成了宇宙中99% 以上的正常（可见）物质。然而，大爆炸本身创造的化学多样性却很低。除了氢、氦和锂之外，它就基本没再带给我们别的什么元素来填充元素周期表。大爆炸不会产生氧、镁、硅、铁和硫，但地球的质量有 96% 以上却是由这些元素构成的。大爆炸也不会产生碳，这是一种化学性质非常独特的元素，是能够形成复杂分子的“全能型选手”，是所有已知生命的基础。不过，大爆炸确实为所有后来形成的更重、更有趣的元素提供了原材料（氢）。

在最初半小时里，宇宙的温度在 5000 万摄氏度以上。在这种高温环境下，带正电荷的质子（氢原子核）偶尔会具备足够的能量，得以克服与其他带正电荷的质子之间的静电排斥效应而相互碰撞，聚变为氦。这个简单的聚变过程，也是恒星发光发热的奥秘。正因为这个现象，我们的夜空不是漆黑一团，地球的表面没有冰冻，而行星也能够存在；氢聚变，是为地球生命提供动力的能量源泉。这个过程在恒星内部普遍发生，但它也是大爆炸之时的主要核反应。在恒星中，氢聚变产生氦的反应提供了至关重要的长期能量来源，但在大爆炸之时，氦的产生却只是在此之前发生的宏大事件的微小注脚而已。除了是产生新元素的第一个核反应之外，由氢形成氦的过程（热核聚变）对高等生命来说也是一把双刃剑。就好的一面来说，聚变是目前所知的唯一一种可以用在未来的反应堆里、为先进文明提供真正的长期能量来源的物理过程。（就当前的能源消耗速率来看，化石燃料和太阳能可能在几千年内就将无法满足地球上全人类的需求。但在理论上，利用从海洋中提取的氢进行聚变的反应堆却可以提供几乎无穷无尽的能量。）但另一方面，以氢聚变为原理的炸弹，又是在整个行星的尺度上毁灭高等生命的最可能的工具之一。

在大爆炸的时候，氢聚变形成氦是元素生产的穷途末路。从氦开始形成更重的元素的关键过程，在早期宇宙中常见的那些条件之下不可能发生。在温度高得足够形成重元素的时候，原子的空间密度却太低，反应速率过慢。因此，在早期宇宙中不可能形成类似地球的行星，因为它们的形成依赖于比氦重的元素。在宇宙历史长度的最初15% 期间，也就是 20 多亿年的漫长时段里，虽然恒星可以形成，但却没有足够的尘埃和岩石来让它们拥有类地行星。当天文学家用现代望远镜去观测越来越远的天体时，我们实际上看到的是越来越向宇宙早期历史回溯的场面。如果用望远镜能探测到生命的话，我们就会在某个距离之外观察到一片"死亡地带"，也就是说在某个时间之前，宇宙没有生命，没有行星，甚至没有制造它们的元素。

从氦的形成到行星产生，最终再到生命诞生，这段过程的要点在于需在恒星中生成碳和重元素，其中碳是生命赖以成功的关键元素。在大爆炸之后的早期时刻，碳不可能形成，因为正在膨胀的宇宙质量密度太低，让必需的原子碰撞无法发生。碳的形成要等到红巨星产生之后才能进行，红巨星的内核密度已高到足以让这样的碰撞发生。因为恒星只有进入它们寿命的最后 10% 那个时期才会成为红巨星（此时它们已经耗尽了自身核心中的大部分氢），在大爆炸之后，宇宙中曾经有几千万年到几十亿年的时间里没有碳——因此在这段时期中也没有我们所知的生命。

碳的形成需要 3 个氦原子（氦核）几乎同时碰撞在一起，这是一场三向碰撞。当然，实际的情况是两个氦原子先碰撞，形成铍的同位素铍-8；在这种具有高度放射性的同位素衰变之前，它必须再在十分之一飞秒（1 飞秒等于 1 秒的 1000 万亿分之一）之内再与第 3 个氦核碰撞、反应，产生碳。碳原子核由6个质子和6个中子构成，相当于把3个氦核的质子和中子集聚在一起。不过，一旦碳被制造出来，越来越重的元素便可以顺次形成了。更重、更有趣的元素的形成，发生在温度从1000亿摄氏度到1亿摄氏度以上的恒星的狂暴内核中。现在，太阳只能产生氦；但在未来，在它一生最后10%的时间里，它也会产生从氦到铋的所有元素，其中铋是自然界中最重的非放射性元素。比铋更重的元素都有放射性，大部分是由铀和钍的衰变形成的。比铋更重的元素形成于质量在太阳的10倍以上的恒星核心中，需要经历超新星爆发过程，这是一场剧变，恒星的光度在几十天的时间内可以增至原来的1000亿倍。

在大爆炸和恒星中产生的一系列元素，不仅提供了地球和其他类地行星形成所需的元素，而且提供了对生命至关重要的所有元素——形成活体生物及其生境所实际需要的元素。在这些元素中，最为重要的是形成地球结构的铁、镁、硅和氧；在地球内部产生放射性热量的铀、钍和钾；还有碳、氮、氧、氢和磷，它们是主要的“造生”（biogenic）元素，为生命提供了结构和复杂的分子化学现象。元素在恒星内部产生，在恒星之间及它们和星际介质之间又持续不断地循环往复，由此就形成了不同元素之间确定的相对比例，叫做“宇宙丰度”（cosmic abundance），这也是太阳和最为常见的恒星的大致元素构成情况。在这个构成比例中，氢大约占90%，氦大约占10%，其中零星散布着大约各占0.1%的碳、氮和氧，以及大约各占0.01%的镁、铁和硅（见图3.1）。地球本身在铁、镁和硅这几种元素上展示出了类似的相对丰度，并含有一些氧，但只拥有痕量的其他宇宙丰度较大的元素。在地球生命中，占据优势的则是碳、氧、氢和氮元素。

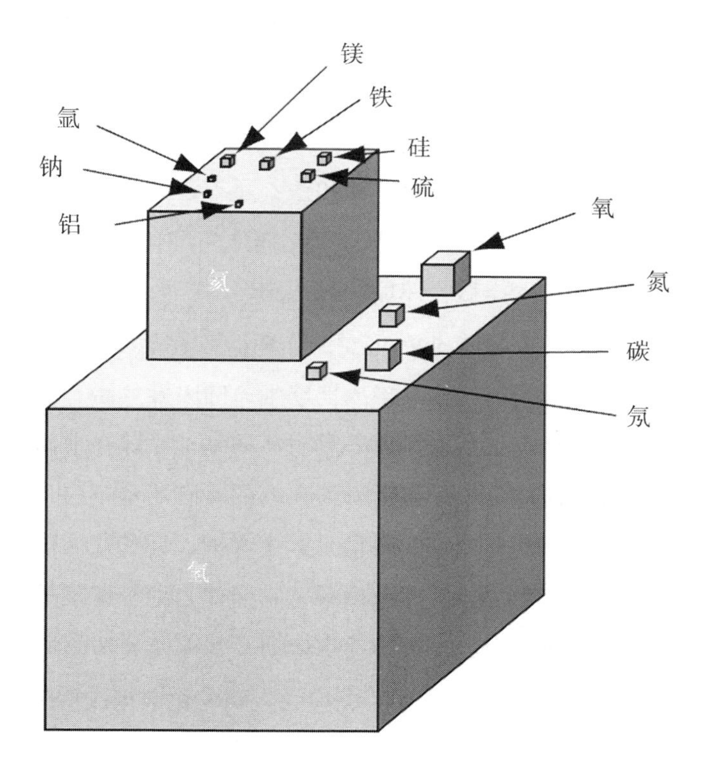

图 3.1 太阳中最丰富的元素的相对比例（按原子数目计）。氢、氦和直接位于代表氢的立方体上面的那些元素，在恒星和类木行星的组成中占据主要地位。类地行星无法有效地积累这些元素，而主要由氧和位于代表氦的立方体上面的那些元素构成。

在地球史前史的几十亿年间出现的元素形成过程，如今在总体上已经得到了充分了解。元素在恒星内部产生；一部分重新释放到宇宙空间中，为一代代的新恒星所循环利用。当太阳及其行星形成时，它们不过就是从这些形成之后反复再生的材料中随机取出的一部分样品罢了。不过，人们相信，化学元素以“宇宙丰度”构成的这种混合物——也就是太阳的化学组成——对于大多数恒星和行星的建造材料来说具有代表性，其中最主要的差别是氢与重元素之比。

形成地球的主要原子是硅、镁和铁，还有让大多数硅和镁以及一部分铁充分氧化的氧（此时它来自氧化镁之类的化合物）。地球的氧含量从质量上来说是45%，但从原子总量上来说是85%。其他元素较为稀少，但有些起到了非常重要的作用。碳在地球上是痕量元素，但正如我们已经提到的，它是构成地球生命的关键元素，其丰富的化学性质让它很可能也是其他任何外星生命的基础。氢在地球上也是痕量元素，但它为地球带来了包括海洋在内的所有的水，这是地球生命不可或缺的液体。其他重要的微量元素还有铀、钾和钍。这些元素的放射性同位素的衰变加热了地球内部，它们作为地心熔炉的燃料，驱动了火山作用、地球内部物质的垂直运动及其表面大陆的漂移。

在科学文献中，“宇宙丰度”是广为人知的化学构成情况，但它的“宇宙性”其实不如这个名称所暗示的那样大。这实际上是“太阳丰度”，因为它是基于对太阳和太阳系组成的测量结果。很多恒星在组成上是类似的，但也有“变异类型”，主要体现在构成地球的较重的元素相对于氢和氦的丰度有所不同。事实上，太阳在化学组成上多少有些与众不同，因为比起附近质量相似的典型恒星，它所含的重元素要多大约25%。在年龄极老的恒星中，重元素的丰度可能低到只有太阳的千分之一。重元素的丰度与宇宙年龄有大致的相关性。随着时间推移，宇宙总体上的重元素含量会增加，所以平均来说，新形成的恒星比起较老的恒星来会更加“富含”重元素。在银河系中，还有系统性变异。位于银河系中心的恒星，比起位于外侧区域的恒星来，就含有更多的金属（这里采取的是金属的天文学定义，指比氦重的所有元素）。

重元素的丰度是稀有地球理论要考虑的因素，因为它会影响行星的质量和大小。如果地球在一颗重元素丰度较低的恒星周围形成，那么它可能会比较小，因为可用于集聚形成地球的碎屑环中的固体物质比较少。较小的尺寸对于行星维持大气层的能力有负面影响，对于火山活动、行星构造运动和磁场也会造成长期影响。如果太阳是更古老的恒星，如果它离银河系中心更远，甚至如果它是一颗典型的 1 倍太阳质量的恒星，那么地球很可能会比现在小。如果地球只是比现在小一点点，它还有能力在如此长的时期内支持生命存在吗？

在太阳系的所有这些特性中，可能最奇异同时也最不被注意的一个特性，就是它竟然如此富含金属。吉莱尔莫·冈萨雷斯（Guillermo Gonzalez）等人最近的研究显示，从这个方面来看，太阳相当稀有。金属是行星的必需特性。没有金属，行星上既不会有磁场，也不会有内部热源。金属还是动物体内重要有机物（比如含铜和铁的血色素）所必需的组分。我们是如何获得这些过剩的金属宝藏的呢？

地球的建造

大爆炸产生的物质，通过在恒星之间的循环流转而富集了更重的元素。与生物体一样，恒星也有诞生、演化和死亡。在恒星死亡的过程中，它们最终成为白矮星、中子星甚至黑洞之类的致密天体。当它们的演化之路接近终点的时候，会把物质喷射回太空中，之后再被新的恒星利用，进一步富集重元素。新恒星，乃是从老恒星的灰烬中诞生。所以我们说，构成地球和其上所有生命——包括我们在内——的每个原子，至少曾经位于几颗不同恒星的内部。就在太阳形成之前，将要形成地球和其他行星的原子已经以星际尘埃和气体的形式存在了。这些星际物质的凝聚形成了星云，星云本身继续凝聚，变成太阳、行星及其卫星。

让我们再仔细研究一下所发生的事情。太阳系的形成过程始于一大片星际物质变得足够冷而稠密，导致内部失稳，在重力作用下向内崩塌，形成扁平的旋转星云——太阳星云。随着星云演化，它很快呈现出新的样子，其中的气体、尘埃和岩石环绕着原太阳（proto-sun）呈盘形分布。原太阳是太阳的一个短暂的幼年期，那时它较大、较冷、质量较小，而且仍在积聚质量。行星就在这片盘状星云中形成，而星云本身只存在了大约 1000 万年，之后其中的大部分尘埃和气体要么形成了大型天体，要么从太阳系中逸出。

如果能考察一下环绕着其他年轻恒星的类似星云，我们将可以获得大量信息。然而，它们离我们太远，范围又太小，以至于其细节特征无法直接由望远镜成像。不过，地基望远镜和空间望远镜都揭示了几条线索，表明一些新形成的恒星周围有原恒星盘存在。在这些证据中，有一个独特而壮观的现象，直到最近才开始得到人们了解：在望远镜中可见有喷流从年轻恒星放射而出。这些“双极星云”（bipolar nebulae）由气体构成，样子像两个巨大的尖头萝卜，每一个“萝卜”的顶点都指向恒星。在中央恒星周围明显有原恒星盘存在，这些喷流似乎是沿着垂直于盘的方向喷射出的气体。因此，在恒星形成时，它们也在做一件自相矛盾的事情，就是把物质喷回太空。恒星赤道面上原恒星盘的存在，会迫使被喷出的物质沿着恒星和盘构成的旋转系统的极轴向外形成喷流。

在太阳星云中，99% 的质量来自气体（大部分是氢和氦），能够以固体形式存在的更重的元素只构成剩余的 1%。一些固体是之前就存在的星际尘粒，另一些则通过凝聚而在星云中形成的。这些气体在太阳、木星和土星的形成中扮演了主要角色。其他所有大行星、小行星和彗星则主要由固体形成。在整个星云中，固体只是痕量成分，但是它们可以经历凝聚的过程，这是气体办不到的。随着星云演化，尘埃、岩石和更大的固态物体将与气体分离，变得高度凝聚，在太阳星云的正中平面上形成盘状的薄层，在一些方面很像土星的光环。

导致行星产生的基本过程之一，叫做“吸积”（accretion），是固体在碰撞之后彼此黏附而成为越来越大的物体的过程。这个复杂的过程，牵涉到海量天体的形成、演化、生长和毁灭，小至沙粒，大至行星。一颗行星的大部分质量来自它从其“补给带”（feeding zone）吸积的物质。补给带是太阳星云盘中的一个环形部分，大致延伸到该行星到周围最近的行星的一半距离之处。如果从上俯视的话，两两同心的补给带可以看成一面靶子，其上的每条环带中都有一颗行星正在形成。固体的成分随它们与太阳的距离不同而不同，所以每颗行星的本性都受到了补给带的深重影响。

吸积过程造就了地球的一些独特而非常重要的方面。地球的一个形成之谜，是它的成分和它在太阳系中的特别位置。正如我们在第二章中看到的，地球形成于太阳的宜居带之内。对类地行星来说，有一个很大的困境是，如果它们要在足够接近太阳的地方形成，从而位于其宜居带之中，那么它们通常最后几乎不含水，相比在太阳系外侧形成的天体也较为缺乏氮和碳等构成生命的主要元素。换句话说，在正确的位置形成而具有温暖表面的行星，会只含有少量生命所需的成分。吸积过程可以把星云中的固体凝聚在一起，但是星云中的固体尘埃、岩石和星子（planetesimals）等成分随它们到太阳的距离而变化。当行星处在地球到太阳星云中心的距离上时（见图 3.2），温度

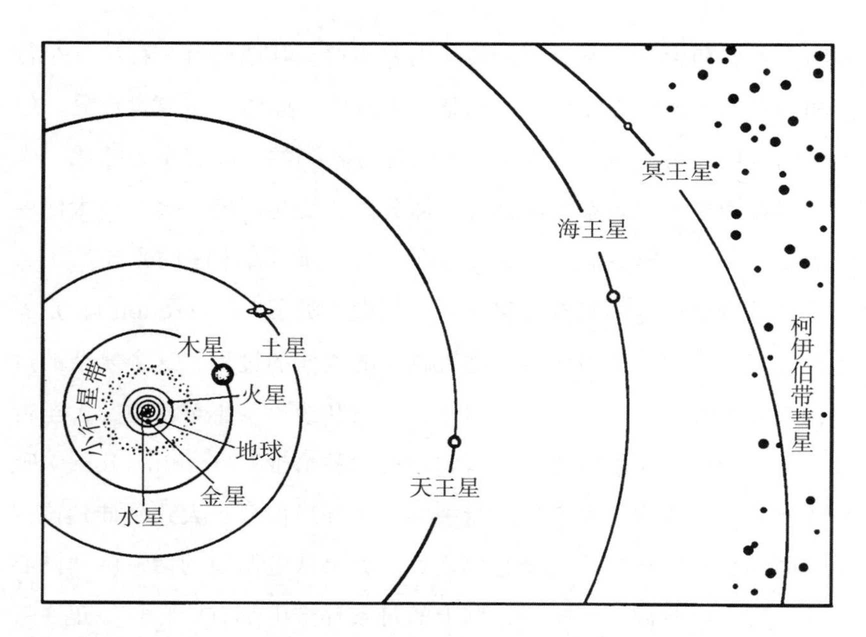

图 3.2　太阳系平面图。行星之间规律性的几何间隔，是行星在环形补给带中形成的结果。小行星带和彗星的柯伊伯带是行星生长过程中止的区域，而原始的星子仍然保留下来。行星轨道按比例绘出，由此可见地球和其他类地行星只占据了太阳系微小的中央区域。（行星的尺寸被放大了 1000 倍，否则在行星轨道的尺度下，它们会小得无法看见。）

会高到无法让足够的碳、氮或水与能够吸积而形成星子和行星的固体物质结合在一起。冰和富含碳或氮的固体挥发性太强，在星云中温暖的内侧区域无法有效地形成固体。因此，比起在离太阳更远的地方形成的天体来，这些挥发性组分在地球上只有痕量存在。碳质陨星是能够说明问题的好例子。人们相信它们是在火星和木星之间形成的典型小行星的样本。这些陨星所含的水可多达 20%（水在其中以类似滑石的水化矿物形式存在），所含的碳可达 4%。作为对比，地球的主体部分只含 0.1% 的水和 0.05% 的碳。

假如地球是在离太阳较远的地方从类似小行星带的物质形成，那么它的海洋可能会有几百千米深，它的碳含量也可能会高好几个数量级。这两种情况合起来，会造出一个完全被水覆盖、大气中有巨量二氧化碳的行星。由此产生的温室效应会导致其表面温度高到类似金星的几百摄氏度，这样的行星表面对于生物体赖以生存的复杂有机化合物来说太热了。要让这样的行星发展出更类似地球的环境，除非能有一些灾变事件，可以导致其大部分海洋和二氧化碳散失到太空中，但这似乎是极不可能发生的事情。即使水量仅增至现在的两倍，地球也可能会成为一个处处深渊的行星，完全被深蓝色的水所覆盖——一个真正的“水世界”；这种海洋的表层水富含能量，却只有很少的养分可供利用。

如果星云中的自然过程以另一种方式进行，那就可能造出一个迥然不同的地球。比如，地球之所以只有如此少的碳，是因为星云内侧的大部分碳以一氧化碳气体的形式存在。与氢和氦一样，气态成分是无法结合到地球上的。如果存在某种方式，可以把气态碳转化为固体，那么地球就会吸积大量碳，碳便会成为地球上的优势元素。按照元素的宇宙丰度情况，碳的总量是氧的一半，是铁、镁和硅的 10 倍。一个真正富含碳的行星将与地球完全不同。想象一下，一个行星以石墨为表，以钻石和金刚砂（碳化硅）为里。所有这些成分都无法造成火山活动，甚至连化学风化作用都不会发生。富含碳的行星很可能非常稀少，但在形成行星的星云中，如果氧不如碳丰富，那么在这样的地外行星系统中就很可能存在这样的行星。

地球上的造生元素如何到来，引发了许多推测，但其中大部分很可能来自较外侧的区域。在星云最冷的外侧区域，水及氮和碳的化合物可以凝聚而形成固体。在太阳之前形成的携带轻元素的星际固体也可在这个区域保存。虽然这些物质中的大部分一直还留在太阳系外侧，但是其中一些可能从这里被驱散，最终到达地球。当它们经过外行星附近时，其环绕太阳的轨道可能会发生较大改变，有时会把它们送向太阳；在更靠近太阳处，它们可能会与类地行星相撞。这种与行星遭遇而出现的引力效应，可以导致富含轻元素的小行星和彗星碎屑转入能与地球相撞的轨道。这种天体的“串扰”（cross-talk），可以在一定程度上导致不同补给带之间发生混杂。本来，一颗行星因为在太靠近太阳的地方形成，很可能由于缺乏很多造生元素而成为一颗无生命的荒凉行星，但是这种“串扰”却提供了一种为它带来生命构件的方式。

现在人们认为，巨型外行星的形成，在把富含挥发物的星子从太阳系的外侧区域驱散到类地行星所在的内太阳系时具有格外高的效力。甚至在今天，来自外太阳系的物质也还在撞击着地球。其中大部分质量来自直径为四分之一毫米左右的颗粒物，源于彗星和小行星。这些物质不仅携带着碳、氮和水，还拥有数量相对较大的有机物。这一点是在1969年首次发现的，那年，默奇森（Murchison）陨石掉落在澳大利亚，科学家从中发现了地外的氨基酸。地球生命由有机物形成，可能在生命出现之前，来自外太阳系的这些有机物加快了地球生命起源的最初步骤。这样说来，外太阳系不仅为生命提供了必需元素，而且还可能为地球生命化学过程的复杂组织提供了极为关键的领先优势。（在稀有地球理论中，这种“播种”对类地行星来说可能不算罕见。有理由预计，所有行星系统中都有始终环绕中央恒星运行的遥远的彗星云系统，而其中的内行星都暴露在来自彗星云的富含有机物的“天赐神食”之中。）

为地球从外太阳系带来生命所需原材料的驱散过程，也有它黑暗的一面。我们已经提到，吸积过程从来无休无止。虽然如今的速率比 45 亿年前低了好几个数量级，但是就和其中的行星靠吸积固体而形成的任何行星系一样，这个过程现在仍在继续。外太阳系物质到达地球的流入量是每年 40,000 吨。这些物质大部分在形态上是微小颗粒，但偶尔也会有较大的物体来袭。微小颗粒的平均流入量，对于直径 10 微米的颗粒来说，是每天每平方米有 1 粒；对于直径 100 微米的颗粒来说，是每年每平方米有 1 粒。人类头发丝的直径通常不到 100 微米。越大的物体也越加稀见，但是平均来说，每 30 万年就会有一个直径 1 千米的外太阳系天体随机地撞到地球上。这样大小的一个天体，如果以远远超过 10 千米每秒的速度奔来，会造成一次释放能量很大的撞击事件。而平均来说，每 1 亿年又会有一个直径 10 千米的天体轰击地球。这样一次碰撞可瞬间造成一个深几十千米、直径在 200 千米以上的陨石坑。它会把大量细小的碎屑抛向空中，让整个地球不见阳光达数月之久。6500 万年前，正是这样的一次撞击事件杀死了所有的恐龙。

在太阳系历史的早期，非常大的天体的撞击频率非常高，撞击地球的天体可有火星（直径大约地球的一半）那么大。在地球历史的最初 6 亿年间，直径 100 千米的天体曾多次撞击地球，每一次都释放大量能量，足以把地球表面几千米深度以内的地方加热到灭绝一切生命的程度。更大的撞击还会让海洋蒸发，让部分地壳熔融。这种导致全球性生命灭绝的事件，带来了一种有趣的可能性。也许地球上所有生命因为单独一次撞击就全部毁灭的事件发生过不止一次，而两次灾难性撞击的间隙却久到足以让生命再次形成，之后又再被除灭。如果在条件合适的时候，生命可以容易而迅速地形成，那么在导致地球生命全部灭绝的直径超过 100 千米的天体频频撞击之前，生命可能已经经历了多次形成和毁灭。这个效应曾被称为“生命起源的撞击妨碍”（the impact frustration of the origin of life），因为只要大型撞击事件不停止，生命就无法在地球上永久存在。巨型撞击在 39 亿年前基本结束，此时大多数大型撞击体已经要么被行星清除干净，要么被逐出太阳系，要么被赶到了遥远的轨道上。在之后的 39 亿年里，撞击还在继续，但其中已经没有直径 100 千米那么大的天体了。现在的撞击体是受到扰动的彗星和小行星，它们受到行星的引力效应，而从小行星带和彗星带的储备库中游移出来。在这些天体中，最大的那些仍可引发灾难性后果（直径 10 千米的天体撞击可能导致了恐龙的灭绝），但它们还是太小，而无法给地球带来让所有生命灭绝的威胁。

地球组装过程的最后阶段包括了几个非常大的天体的撞击。在地球的补给带中，还有很多天体在竭力生长。通过吸积，一个补给带中的某个天体最终会有如下几种命运中的一种：

同化其他天体而生长

被高速撞击毁灭

被同化到一个更大的天体上

被甩出补给带

这个过程很像一场残酷的生物竞争，最后关头只能有一个天体幸存下来，成为地球。可是，在这最后的组装阶段，却有很多大天体在补给带内运行，有些像火星一样大。这些大天体与年轻地球的剧烈碰撞，在地球自转轴的初始倾角、一天的长度、自转轴的朝向和内部热状态的确立上起了很大作用。人们普遍相信，一个火星大小的天体与地球的碰撞，导致了月球的形成；作为一颗卫星，它的个头相对于母行星来说异乎寻常地大。

地球最终的成分，带来了几个关键性的结构效应。首先，早期地球存在足够的金属，让它在最深处可以形成富含铁和镍的地核，其中部分呈液态。这让地球能够保持一个磁场，对于支持生命的行星来说，这是非常宝贵的特性。其次，地球上有足够的铀之类的放射性金属，可以对行星内部区域进行长时段的放射加热。这保证了地球有一个长寿的内部“熔炉”，从而让长期的造山和板块构造运动成为可能——我们相信，这些地质活动对于维持动物所需的适宜生境来说也不可缺少。最后，早期地球在成分上能够产生由低密度物质构成的非常薄的外层地壳，这个特性让板块构造运动得以开展。可能只有当正确的元素构件碰巧组装在一起时，地核、地幔和地壳才会形成恰当的厚度和稳定性。

对于地球的早期历史，现在没有直接的信息，因为没有年龄超过39亿年的岩石保存下来。不过，我们有信心认为，在这段时间中有好几个由巨型天体撞击事件导致的满是狂暴混乱的时期。最为大型的那些高速碰撞会导致热量释放，这实际上重塑了地球表面。与那些造成了月球表面大型盆地（也就是那些不用望远镜就能看到的大型圆形区域，包括神话中“玉兔”的耳朵）的撞击属于同一等级的造坑事件，可能把部分大气吹向了太空。这些事件可能制造了极为骇人的环境。如果撞击让大量水转化为蒸汽，把二氧化碳从表层岩石中释放出来，就会引发大规模的温室效应。在撞击的动能引发的直接加热效应消失之后，温室气体仍然在大气层中盘旋，阻碍了红外辐射的散逸。当这种主要的冷却过程被阻断之后，大气就被不断加热。现代金星的大气中有稠密的二氧化碳，造成的温室效应使其表面温度高达450℃；曾经有估算认为，当巨型撞击导致巨量气体注入地球的早期大气时，由此产生的表面温度可能热到足以让表层岩石熔化！

在地球生命诞生之前出现的这些“暴力事件”和真正不适宜的环境，也为地球生命留下了遗产。那些时期中的“暴力事件”可能决定了水和二氧化碳的最终丰度，地球若维持一个生命可以生存的环境，这两种化合物会起到重要作用。饶有趣味的是，我们可以思考一下假如这两种物质的最终丰度稍有变化，会发生什么事情。如果地球上的水只是略多一点，那么大陆就不会出露在海平面上；如果地球有更多的二氧化碳，那它很可能会继续保持一个热到不适宜生命栖息的状态，而与金星十分相似。

收尾工作

有一个过程强烈影响了地球生命的最终演化，这就是大气、海洋和陆地的创造。与这三样东西的形成有关的事件，彼此都是高度关联的。

没有大气，地球上就不会有生命。大气成分在地球历史上的变化，是我们这颗行星能够如此长时间地保持有利于生命存续的生境的原因之一。今天，大气受到了生物学过程的高度控制，并与其他类地行星的大气有很大区别。在类地行星里，有的星球（如水星）实际上没有大气，有的星球（如金星）大气中二氧化碳的浓度是地球的100

倍，还有的星球（如火星）大气中二氧化碳的浓度是地球的1%。即使从很远的距离来看，地球怪异的大气成分也能提供生命存在的强有力的线索。这样一种由氮气、氧气、水蒸气和二氧化碳（按照丰度递减的次序排列）构成的大气，不可能纯由化学过程本身来维持。如果没有生命，游离氧会迅速在大气层中消失。一些氧气分子会氧化地球表面物质，另一些则与氮气反应，最终生成硝酸。如果没有生命，二氧化碳的丰度很可能会上升，最后形成氮气和二氧化碳组成的大气层。对于一名外星天文学家来说，地球的大气成分显然是偏离“化学平衡”的。这种状况可以提供令人信服的证据，表明地球上有生命存在，还有一个强大的生态系统，能够控制大气的化学成分。用望远镜来探测这种特别的大气层，是“类地行星搜寻者”（Terrestrial Planet Finder）项目在探测太阳系以外的生命时所用策略的基础。我们会在第十章讨论这个项目。

大气的形成，除了由撞击地球的彗星带来气体之外，还源于地球内部的排气作用。通过排气过程，最开始由星子带到地球的挥发物便释放出来。大气的成分和密度会受到原始吸积的物质的数量与本质的影响，但是对地球来说，最强烈的影响因素是让大气成分在大气内外循环流转的过程。

海洋，是排气作用和大气形成的副产物。当大气非常热的时候，其中相当多的成分是水蒸气。随着早期地球逐渐冷却，水汽凝结为水，便形成了我们今日仍可见到的广袤海洋。虽然在刚形成时，海水是淡的，但是通过与地壳之间发生的相互化学反应，海洋中便有了盐分而变咸。

陆地，为非水生生物提供了家园；围绕陆地的广阔浅水区，又提供了海洋生物可以繁盛生长的重要而复杂的生境。浅水区也是让海洋和大气相互作用从而改变大气成分的地方。地球表面的地形和总水量决定了陆地占地球表面积的比例。如果地球是纯球形，那么海洋中所含的水将足以覆盖全球，而且深达约4000米。假如地球表面的高程变化只有几千米的话，那么地球将没有陆地。我们可以很容易地想象一个完全被水覆盖的地球，但不容易想象的是，即使有今天这样多的水，地球表面竟然仍有大片陆地。要让地球上出现更多陆地，甚至让陆地占优势，海洋必须更深，才能在总表面积较小的情况下容纳同样容积的水。因此，地球上陆地与海洋不同寻常的组合，实在是一种高超的平衡术。

在地球的整个历史中，陆地的形成有两个主要方式：简单的火山作用可以创造山脉，而较为复杂的过程与板块构造有关。单纯的火山作用可以导致夏威夷（Hawaii）群岛和加拉帕戈斯（Galapagos）群岛之类小型岛屿的形成。类似夏威夷的火山岛，在早期地球上可能是主要的陆地类型。它们都是没有生命的岛屿，没有植物的根系来减缓侵蚀的损害。低矮的岛屿一定极为荒凉，状如沙漠，太阳强烈的紫外辐射得不到地球早期大气的过滤，直接轰击着它们不毛的地面。如果那时的气候条件多少类似今日的话，较高的岛屿应该会有充沛降雨，导致强烈的水土流失。虽然地球经过演化，已经度过了仅有的陆地是备受侵蚀而终将沉没的岛屿这个阶段，但是其他地方的许多被水覆盖的行星，可能至多也只会有些短暂存在的玄武岩岛屿。在最坏的情况下，它们更是始终不会有任何陆地。

就我们的地球而言，它可能在几十亿年间都在设法形成陆地。这需要有密度相对较小的物质形成陆块，当它们的一部分延伸到海洋上方时，可以永久“漂浮”在下方密度较大的地幔上方。

最古老的大陆是如何形成的呢？早期的大陆性陆块可能来自撞击事件。当大型彗星和小行星撞击地球时，会让地球的外层区域熔化，形成“岩浆海洋”，即覆盖于整个星球表面的一层熔融的岩石。全球性岩浆海洋的概念，来自对月球的研究。在很多星子被迅速吸积到固态地球的时候，产生的热量似乎可以熔化月球表面400千米厚的区域。就月球的情况而言，当岩浆海洋冷却时，一种叫斜长石（plagioclase faldspar）的矿物（其密度较小，富含钙、铝和硅）会形成大量小晶体，浮在上方并构成大约100千米厚的低密度月壳。这个古老的月壳一直保存到现在，呈现为较为明亮而多山的月面“高地”形态，甚至用肉眼就能看到。出于同样的情况，地球上的岩浆海洋也可能导致第一批大陆的形成。另一种可能是，导致最早的大陆性陆块形成的过程，有可能发生在大型火山构造之下。初始的陆块很小，可能在地球达到目前一半年龄的时候，陆地所覆盖的面积才刚刚超过地球表面的10%。不管怎样，最后创造的产物是一个既有陆地又有海洋的行星。这种碰巧的组合，可能是让生命最终能够形成的关键因素。

到大约45亿年前，地球就建造好了。下一步是让生命栖居其上——这是下一章的主题。

第四章　地球生命的初次登场

一个氨基酸构不成蛋白质，更不必说生物。

——普雷斯顿·克劳德（Preston Cloud）

《太空绿洲》（*Oasis in Space*）

一旦生命开始演化，它就会不断掩饰自己的过去。

——约翰·德拉尼（John Delaney）

嗜极生物的发现，从根本上改变了我们的观念，使我们不得不重新审视生命在宇宙中的可能存在地点；这些发现让我们必须重新评估宜居带这个概念。科学家如今认识到，即使与20世纪80年代或更早时代中的那些最为乐观的观点相比，在我们太阳系中适合微生物生存的生境也要比以前认为的广泛得多，在整个宇宙中当然也是如此。另一方面，这些研究同样显示了复杂生命——比如较高等的动物和植物——的宜居生境，可能会比以前所认为的更少。然而，仅仅是说生命能够在一个地方存在，并不意味着它就真的在那里。只有当生命可以轻易诞生时，它才能在宇宙中广泛分布。在本章中，我们会运用当下的知识和假说，考察地球生命最初如何形成，以及这个过程可能发生在哪种类型的环境之中。

生命如何诞生？

生命究竟是什么？我们如何认识它的形成？这些问题乍一看很简单，但答案却复杂得令人生畏。就最常见的定义而言，生命是能够生长和繁殖，并对环境变化做出反应的东西。根据这一定义，像嗜极生物这样的东西显然是有生命的。然而很多晶体也符合这个定义，但它们显然不是生命。伟大的英国生物学家 J. B. S. 霍尔丹（J. B. S. Haldane）指出，人类个体中的活细胞数目，与一个细胞中的原子数目一样多。可是单个的原子本身并非生命。霍尔丹由此得出结论："划在活物质和死物质之间的界线，落在细胞和原子之间的某处。"

有一类物体，确实落在原子和活细胞之间的某个位置，它们就是病毒。病毒比最小的活细胞还要小，分离出来的时候看上去毫无生命迹象（此时它们无法繁殖），然而它们却能感染细胞、入侵其中，随后改变细胞的内部化学状态。它们算是有生命吗？在分离状态下，它们不像活物，但一旦与寄主结合，它们就明显展示出活力了。在这样的结构层次上，"有生命"和"无生命"的界线是模糊的。不过，一旦我们上升到在细菌和古菌中所见的那种结构层次，就可以肯定，这些是毋庸置疑的生命。我们也能非常确定地说，地球上的所有生命都以 DNA 分子为基础。

DNA 是"脱氧核糖核酸"的英文缩写，它的主要结构是两条彼此呈螺旋状缠绕的主链［DNA 的发现者詹姆斯·沃森（James

Watson）和弗朗西斯·克里克（Francis Crick）将此描述为“双螺旋”]。把这两条螺旋长链绑定在一起的，是其上的一系列突起，它们非常像一架梯子中的梯级；构成这些突起的是独特的DNA碱基，分别叫腺嘌呤、胞嘧啶、鸟嘌呤和胸腺嘧啶。有一个术语叫“碱基对”（base pair），就是基于碱基总是以相同的方式两两联合这一事实：胞嘧啶总是与鸟嘌呤配对，而胸腺嘧啶总是与腺嘌呤匹配。每条DNA链的碱基次序记载了生命的语言；这些就是基因，编码了与某种具体的生命形式有关的所有信息。

在宇宙中其他地方可能也有很多类型的生命，DNA究竟是生命赖以构建的唯一分子，还是多种分子之一，科学家对此做过很多推测。当然，DNA是目前地球上唯一有能力自我复制和演化的分子，此间的所有细胞生命都含有DNA。地球上所有生物都共用同一套遗传密码，这个事实就是这里的所有生命都源自一个共同祖先的最强证据。

生命在地球这颗行星上的诞生是必然之事吗？让我们来做个思想实验：如果在地球45亿年历史中的所有曾经存在过的环境条件都以相同的次序再精确复现一遍，那么生命本身会再次演化出来吗？如果确实如此，DNA在生命的演化中会是关键吗？

由此可见，DNA这种复杂分子的形成，是任何有关地球生命史的讨论的起点——对其他任何行星的生命史来说可能也是如此。当然，其他产生生命的方式也可能存在；可能有一种生命系统，以氨而不是水作为生命所需的溶剂。也许这条路线一开始曾被采用，但后来被完全抛弃，可能因为水是比氨更好的溶剂。（在生命的配方中，溶剂是相当乏味却十分关键的成分。生命所需的很多化学物质只有在溶解状态下才能进入细胞，为此就需要溶剂。）因此，“DNA生命”要么是生命的唯一类型，要么是唯一的幸存者。

生命在地球上出现的时间，似乎在41亿到39亿年前，或者说是地球起源之后大约5亿到7亿年间。不过，在地球历史的这个时期内没有任何化石保存下来，这阻碍了我们去理解生命最早如何形成。我们实际发现的最古老的化石，来自有大约36亿年历史的岩石，它们看上去与今日地球上仍然存在的细菌一模一样。可能还有更早的生命类型，它们如今在地球上已不存在，但就我们当前的知识储备来说，细菌般的形式就是最早形成化石的类型。

在大约46亿至45亿年前，地球通过大大小小的“星子”——也就是岩石和冻凝气体构成的小块物体——的吸积而形成。在地球诞生之后的最初几亿年中，一场陨星的重轰炸向这颗行星倾泻了大量暴力。无论是地球正在成形的表面那熔岩般的温度，还是这个重轰炸期间流星体的密集火力攻击，造成的环境肯定都是不适宜生命生存的。就像我们在最后一章所讲述的，如此多的巨型彗星和小行星连续不断地如雨点般陨落，很可能让温度高到足以熔化地表岩石。在这样的表面，水很难以液体形式存在。显然，在这时的地球表面，生命不会有任何形成或存活的机会。这是十足的“人间地狱”。

正如我们在前面看到的，在最初凝聚而成之后，地球这颗新生的行星很快就开始剧变。大约45亿年前，地球开始分化为几层。最深处的区域，是一个大部分由铁和镍构成的地核；在它周围开始出现包裹它的一层低密度区域，叫做地幔；在地幔之外，密度更小的薄薄一层地壳很快硬化；而在天空中则充填着由水蒸气和二氧化碳构成的厚厚一层翻滚的大气。虽然此时地球表面没有水，但是在地球内部却封锁着大量的水，在大气中水可能也以蒸汽的形式存在。随着较轻的元素向上冒泡，而较重的元素下沉，水和其他挥发性化学物质从地球内部排出，进入大气层中。

彗星和小行星的重轰炸持续了5亿多年，并在大约38亿年前最终开始减弱，这时太阳系中的大部分碎屑都已经融合到行星和卫星之中。在撞击最剧烈的时期，持续的轰炸肯定让地球表面伤痕累累，满是环形山，就像月球一样。然而，随着彗星和小行星如雨一般从太空陨落，每一次撞击都带来了一件重要的货物。有些天文学家相信，如今地球表面的大部分甚至绝大部分水，都是随彗星一同到来的；其他天文学家则认为，地球上只有一小部分水是以这种方式到来的。

彗星由尘土与水和冻结的一氧化碳之类的挥发物构成。肯定有很多彗星撞击了早期地球。它们运载的水在撞上地球之后可能马上就变成了蒸汽。稠密的早期大气有一两亿年都维持着高温。可能在44亿年前，地球的表面温度大概下降了足够的程度，于是水蒸气有可能头一次凝结为液态水，接连落到地球表面，形成池、湖、海，最终变成环绕全球的大洋。古沉积层研究表明，到比39亿年前略晚的时候，地球上海洋中的水量可能已经接近或达到当前水平。不过，这些可不是宁静的海洋，与今天的海洋连最起码的相似性都谈不上。

我们只需要看一下月球，就能想到在44亿到39亿年前的重轰炸期间，地球及其海洋遭到了怎样的频繁轰击。每一次接踵而至的大型撞击事件（由直径在100千米以上的彗星造成）都可能让海洋部分蒸发，甚至全部蒸发。想象一下从外层空间看到的这样的场景：巨大的彗星或小行星飞落而下，烈火熊熊，覆盖整个地球的海洋蒸发殆尽；蒸汽和加热到远高于液态水沸点（至少几十年或几百年内一直如此）的气化岩石构成浓云，把这颗行星深裹其中。在此期间，很难想象会有生命在地球上的哪个地方能幸存下来，不管它们是什么形式——除非它们苟活于极深的地底。

对于这种导致海洋蒸发的撞击事件，科学家已经构建了数学模型。一个直径为500千米的天体与地球相撞，可以导致难以想象的巨灾。地球岩石表面将有大片区域气化，形成一团温度高达几千度的“气体岩石”云。正是大气中的这种超高温蒸气，导致整个海洋也蒸发为蒸汽。虽然地球会因热量不断辐射到太空中而冷却，但是在撞击事件之后要过几千年，由冷凝而成的雨水汇聚成的新海洋才会充分形成。这些结论背后的大部分革命性探究工作，是在1989年由斯坦福大学的科学家诺曼·斯利普（Norman Sleep）描述的。他发现这样一颗巨大的小行星或彗星造成的撞击事件可以把3000米深的海洋全部蒸干，并在这个过程中让地球表面的所有生命灭绝。

彗星，既可以为地球带来一些液态水——这是生命存在的先决条件——之后又可以通过一次又一次的连续大型撞击事件，把这份礼物一把夺走，这是多么讽刺的事情。不过，这些彗星带来的可能不只是水。也许它们还在地壳的化学演化中起了决定性作用，也许它们还为生命的“配方”贡献了另一种原料：把有机分子——甚至可能是生命本身——带到了地球表面。

如果有某种时间机器，让我们能够拜访大约38亿年前重轰炸期刚结束时的地球，那么我们肯定会看到，这个世界仍然呈现为一片外星风貌。虽然陨星撞击最猛烈、最可怕的时期已经过去，但是比起更晚近的时代来，这种暴力冲撞的发生频率还是要高得多。那时，一天的长度更短，因为地球的自转速度比现在快得多。太阳也十分暗弱，可能只是个勉强提供少许热量的红色星球，因为它那时释放的燃烧热量比今天要少，而且这光热还要穿过由二氧化碳、硫化氢、水蒸气和甲烷组成的一层有毒而狂暴的大气。在这样的环境中，我们恐怕不得不穿上某种宇航服，因为空气中只有痕量氧气。天空本身的颜色可能是橙色到砖红色；海洋肯定覆盖了地球的大部分表面，仅露出少许分散而低矮的岛屿，很可能呈现出泥汤般的褐色，里面满是大团沉积物。不过，最出乎我们意料的，可能是生命的完全缺失。这里没有乔木，没有灌木，海洋中没有海草，也没有浮游生物；它看上去应该就是个死气沉沉的世界。碰巧，我们尚未在火星上探测到生命的事实，似乎与其卫星图像相一致。一个无水的世界，符合于我们设想的无生命世界的场景。然而，就算年轻的地球覆盖着水层，它也仍然没有生命。不过，这个状况并没有持续多久。

生命配方

大多数科学家有信心认为，39 亿到 38 亿年前，差不多在重轰炸将要结束的时候，最古老的生命就已经诞生了。指示生命已出现的证据，不只是化石的存在，还有从这个时期形成的格陵兰岛岩石中提取出的具有生命特色的同位素信息。

在地球上最古老的岩石中，通过放射性测年法被成功测定年代的，是形成大约 42 亿年之久的锆石矿物颗粒。因此，格陵兰的那些岩石［来自一个叫伊苏阿（Isua）的地点］要略比它们年轻。伊苏阿群岩石中既有沉积岩又有火山岩，其中蕴含着一个最为惊人的发现。这些岩石中碳的轻同位素和重同位素之比，暗示了它们是在生命存在的情况下形成的。在伊苏阿岩石残余的同位素中，碳-12 相比碳-13 来说是较为过量的。今天这种碳-12 过量的现象，是在能进行光合作用的植物在场的条件下发生的，因为所有活着的生物体都在酶的活动上更偏好于比较“轻”的碳。由此便可推断，如果在伊苏阿存在早期生命，那么它们可能会利用光合作用作为能源。然而，现在没有化石记录能表明生命在这么久远的时候就存在——只有这种神秘而引人遐想的碳同位素过剩现象，放在今天肯定是生命存在的信号。如果轻碳同位素的过剩真的是可靠证据，表明早在38亿年前，在伊苏阿（可能还有地球上其他地方）就存在古老生命，那么这就会引致一个惊人的结论：生命似乎是在重轰炸停止的同时出现的。小行星如雨般的陨落刚一停，地球的表面温度刚刚永久地落到水的沸点之下，生命似乎就出现了。但它们是怎样出现的呢？

对于地球生命的起源，问题仍然比答案多。然而，各个阵营的科学家现在已经提出了许多复杂精妙的问题，这说明我们正在积极研究之中。其中最为紧迫的一些问题是：生命是起源于单独一种环境中，还是多种环境中？用于建造生命的构件中那些关键化学成分，是来自不同的环境，然后在一个地方组装起来的吗？生命的起源是不可避免的、“决定性的”吗？也就是说，是否在不同的环境条件下都会产生同一种生命分子——我们所熟悉的DNA？生命起源中的每一个阶段（比如氨基酸的形成、之后核酸的形成以及再之后细胞的形成）是否依赖于地球环境长时段的变化？生命的起源是否改变了环境，使得生命无法再次起源？在哪个阶段，演化开始发挥作用，影响生命的发展？还有一个问题，可能是所有问题中最有趣的：通过研究现生生物，也就是在今日地球上生存的生物，我们是否能推断出生命起源环境的本质面貌？

确定最古老的DNA分子如何在地球上出现，这是一个非常困难的科学问题，现在还远不到能解决的程度。还没有人发现要如何把各种化学物质在试管中组装在一起，构成DNA分子。不仅如此，早期地球的环境可能在很多方面过于严酷，在那时或许很难开展天然的“化学”实验，实施那些在我们人类今天称为“室温”的环境下惯常发生的化学反应。即使是最早的地球生命可能已出现的38亿年前，那时早期地球上的温度或许也远远高于今日（虽然也有一些天文生物学家认为，因为太阳那时比较暗弱，所以地球要比现在冷）。早期地球环境的其他很多方面，对于今天生活在这颗行星上的大部分生命来说显然也是有害的。比如，那时的大气没有氧，到达地球表面的紫外辐射的量要远远高于今天，让地球表面的精细化学反应很难进行。不过，我们知道生命的确在这种情况下诞生了，这个过程中最重要的一步，是作为生命基本信息中心的DNA分子的形成。

建造DNA——以及最终要建造的生命——需要以下成分和条件：能量，氨基酸，让化学物质的聚集能够实现的因素，催化剂，以及对强烈辐射和过多热量的屏蔽。生命的化学演化需要4个步骤：

1. 较小的有机分子要合成和集聚，其中包括氨基酸和名为核苷酸的分子。磷酸（这是植物肥料中的常见成分）这种化学物质的集聚可能也很有必要，因为它们是DNA和RNA分子的“骨架”。

2. 这些小分子结合，形成蛋白质和核酸之类较大的分子。

3. 蛋白质和核酸聚集到小液滴中，其中的化学特征与周边环境不同。

4. 较大的复杂分子能够复制，并建立遗传方式。DNA分子可同时实现这两点，但它需要RNA等其他分子的帮助。

RNA分子与DNA类似，也有螺旋结构和碱基。但是它们的不同之处在于只有单独一条链或螺旋，而不像 DNA 那样是双螺旋。它们的另一个区别是碱基成分不同。RNA 没有胸腺嘧啶，取而代之的是尿嘧啶。大多数 RNA 的功能是作为信使，从 DNA 那里派遣到细胞中形成蛋白质的地方；在这些地方，这些专门的 RNA 可以提供合成某种蛋白质所需的信息。为了做到这一点，DNA 链要部分解开，然后在其上形成一条 RNA 链，把暴露出来的 DNA 分子上的碱基对序列写入其中。这条新的 RNA 链与 DNA 的碱基对相匹配，由此便编码了建造蛋白质所需的信息。RNA 用信息指导蛋白质合成的过程，叫做“翻译”。

建造密码

在导致 DNA 和 RNA 合成的各个步骤里面，有一些可以在实验室中复制，另一些却不能。对于生命最基本的构造零件——氨基酸来说，我们建造它们是不怎么费力的。1952 年，美国芝加哥大学的化学家斯坦利·米勒（Stanley Miller）和哈罗德·尤里（Harold Urey）做了一个非常有名的实验，从而首次表明，研究者甚至可以在实验室条件下制造出氨基酸链。他们第一次在试管中创造出了生命的构件，这一幕或多或少让人觉得像是《弗兰肯斯坦》（*Frankenstein*）之类电影中的场面。然而后来的事情表明，在实验室制造氨基酸的难度实在微不足道，比这困难得多的，是人工制造 DNA 的任务。其中的难点在于，像 DNA（以及 RNA）这样复杂的分子，无法简单地把多种化学物质放在同一个玻璃罐子中组装形成。在加热的条件下，这样的有机分子很容易分解，这意味着它们最初的形成肯定要发生在比较温和的环境中，而不是炙热的温度下。那么，这些难以获得却又是生命必需的成分，是怎样在年轻的地球上起源的呢？

有一个可能导致DNA形成的场景，在诺贝尔奖获得者克里斯蒂安·德迪夫（Christian de Duve）1995年的著作《生机勃勃的尘埃》（*Vital Dust*）中对此有非常优美的描述。德迪夫写道，氨基酸或者可能由掉落的彗星和小行星从太空中带到年轻地球的表面，或者可能通过化学反应在地球表面生成。德迪夫为我们描绘了下面这样一幅40多亿年前的地球场景：

> 这些可以任意组合的化学物质，被雨水冲下来，被彗星和陨星带下来，于是逐渐在我们这颗刚刚凝聚而成的行星那荒凉的表面形成了一层薄薄的有机物覆被。所有东西都盖上了一层富含碳的薄膜，完全敞开地暴露在掉落天体的撞击下，被地震撼动，被火山喷发的火与烟熏蒸，经历着变幻莫测的气候，又天天沐浴在紫外辐射之下。大河小溪携带着这些物质，把它们注入海洋，在那里积聚，最后便让原始海洋处处都是温热而稀薄的"汤"——我在这里引用了英国遗传学家J. B. S. 霍尔丹的著名比喻。在蒸发迅速的内陆湖泊和潟湖中，"汤"会浓缩，变成浓稠的糊。在一些地方，它还会渗进地球内部深处，再通过雾气腾腾的间歇泉和热到沸腾的地下水喷流重新猛烈地喷发出来。所有这些与环境的接触，所有这些剧烈的搅动，都在从天淋落的初始成分之间引发了许多化学变化和相互作用。

德迪夫长期以来都持有一种信念，认为从"无生命世界"到"有生命世界"的过程是这样的：氨基酸在太空中和地球上形成，接下来它们组合在一起，形成原始蛋白质，之后原始蛋白质又通过某种方式联合起来，形成早期生命。这里的关键步骤是蛋白质的形成，它们本身是由化学键把氨基酸连接在一起而构成的。为什么这么说呢？因为另一种至关重要的建筑构件——核酸的形成需要酶来催化必需的化学反应。大部分化学反应是可逆的，比如钠与氯在某些条件下可以结合形成食盐，在另一些条件下又可以彼此分离（即溶解）。酶所介导的化学反应，对于把许多氨基酸以及更为复杂的蛋白质片段连接为更大的单元来说也是必需的，而所有生物酶都是蛋白质。

一方面需要蛋白质先存在，以便把另一些分子组装起来，而这些分子的工作又是要先把蛋白质组装起来，这看上去是个非常棘手的"先有鸡还是先有蛋"式的难题。然而最近却有人为这个表面上看去的悖论提出了非常优美的解决方案。万一有一种核酸——对地球生命来说是 RNA——既可以作为建造蛋白质的工厂，又可以作为那些重要化学反应所必需的催化剂呢？根据这个新的模型，引发生命形成的早期路径可能是在蛋白质形成之前先形成 RNA。按照这个观点，在生命最终、最本质的成分——DNA 的形成过程中，RNA 本身可以像酶那样，作为必需的催化剂。弗朗西斯·克里克最早于 1957 年提出了这个想法。他指出，信息只能从核酸流向蛋白质，从来不会沿相反方向流动，因此核酸必定先于蛋白质形成。后来，这个观点被托马斯·切赫（Thomas Cech）和西德尼·奥特曼（Sidney Altman）的发现证实了，他们也因此赢得了诺贝尔奖。他们发现，RNA 确实可以像酶一样，催化一些必须有催化剂参加的反应。这些 RNA"酶"——他们称之为"核酶"（ribozyme）——引出了"RNA 世界"（RNA world）的概念，就是说早期地球上的 RNA 分子在真正的 DNA 分子最初形成之前，实施了生产那些组成真正生命的构件所需的步骤。

一旦RNA合成出来，通往生命的路径就打通了，因为RNA最终可以产生DNA。因此，最早的RNA如何出现，在何种条件下和何种环境中出现，就成为化学家所面对的核心问题。正如德迪夫所说："我们如今必须面对与RNA分子的非生物合成有关的那些化学问题。这些问题绝非无足轻重。"RNA的非生物合成现在还是最古老生命的演化进程中最神秘的一步，因为还没有人能成功地把RNA制造出来。

一旦RNA被创造出来，从RNA到DNA的跃进就比较简洁明了了。RNA可以作为合成DNA的模板。不过，这个过程中还是有很多谜团：它是只发生了一次，还是发生了很多次？生命中最为关键的这个成分，是否创造了一次又一次，每次都被另一次巨型陨星的撞击所扼杀？还是说这个根本性的突破在地球上只发生了一次，之后就通过它传染性的复制行为扩散到了全球？

生命起源的这个模型——从大分子到RNA，到"RNA世界"，再到DNA——并非没有争议。另一种可能的情况是，生命的摇篮是黏土或黄铁矿晶体。这些扁平的矿物和晶体表面可以提供微小的区域，用来积聚早期的有机分子。这个模型提出了如下的可能过程：先是从黏土（矿物）晶体到晶体的增长，之后是"有机接管"（organic takeover，即纯无机分子被以碳为基础的分子所替代），让有机大分子能够形成，再进一步促使DNA和细胞的形成。按照R.凯恩斯（R. Cairnes）的设想，最早的生命可能有这样几个特征：它可以演化；它是"低技术含量的"，只有寥寥几个基因（基因是DNA分子上编码了制造特定蛋白质的代码的场所），几乎没有特异性；它由地球化学物质构成，起源于固体表面的缩合反应，这固体可以是黄铁矿的薄膜，或硫化铁的薄膜。

有关生命最初形成过程的这两种设想，其中的困难之处都在于要求把各种化学成分以某种方式汇合到一起，然后用它们来聚集组装成非常复杂的分子。在RNA模型中，各种化学物质在液体中组装；在第二个模型中，矿物模板是组装的场所。这两种假说哪个是正确的，现在还没有共识——它们甚至可能不是非此即彼的关系。

费了多长时间？

化石记录告诉我们，大量能够对光做出反应、可以建造生物丘（mounds）的生物，在35亿年前的地球上就存在了，有澳大利亚瓦拉伍纳（Warrawoona）地区的岩石为证。然而我们也知道，在此之前3亿年——大约38亿年前的某个时候——地球仍然处在“重轰炸”阶段，遭受着巨型小行星和彗星的轰击。对于最古老生命的演化来说，这个时段似乎短得可怕。斯坦利·米勒（这位化学家与哈罗德·尤里一起在20世纪50年代证明，氨基酸可以在试管中合成出来）在20世纪90年代估计了从无机化学物质到生命所需花费的时间。米勒认为，从“原生汤”到蓝细菌（今天我们在黏滑的沼泽和池塘中能找见的一类微生物）的转变可能最少只需要1000万年。

米勒的结论以三类证据为根据：导致生命构件形成的最可能的化学反应的速率，这些构件在制造出来之后的相对稳定性（在分解之前保持原样不变的年数），以及在现代细菌中通过“扩增”（amplification）形成新基因的速率。

第一个证据——氨基酸的合成速度——是非常快的，短到几分钟，最长也不过几十年。大多数有机化合物（比如糖类、脂肪酸、肽以至 RNA 和 DNA）一旦形成，就可以持续存在几十年至成千上万年。因此，这两步都不是限速步骤，较为耗时的工作是把零件组合在一起。米勒发现了三个限制因素:（1）复制系统的起源，其本质是能够完成自我复制的 RNA 以及 DNA 的形成;（2）蛋白质生物合成途径的出现，也就是 RNA 分子开始具备合成蛋白质这类实际构成细胞的物质的能力;（3）各种基本细胞活动的演化发展，比如 DNA 复制、ATP（细胞内部的能源）的产生，以及其他基本代谢途径。在 1996 年与安东尼奥·拉斯卡诺（Antonio Lazcano）合写的一篇文章中，米勒认为，“从汤到虫”所需的时间可能远少于 1000 万年。制造生物可能是个很迅速的操作——这项重要的观察，支持了我们认为生命可能在宇宙中普遍存在的观点。

在哪里发生?

与“如何”和“多长时间”获得生命同样有争议的问题，是“哪里”。地球上最早的生命是在什么样的物理环境中起源的？回答这个有关“哪里”的问题，也是评估其他行星上生命出现的概率和频度时的重要依据。

第一个地点模型，也是最有名、接受时间最长的模型，是由查尔斯·达尔文提出的。在一封致友人的信中，他推测生命始于某种“被太阳晒暖的浅水塘”。这种类型的环境，可能是淡水池塘，也可能是海洋边缘的潮汐池（tidal pool），到现在仍然是一个可能的候选场所。20 世纪早期的其他科学家——比如 J. B. S. 霍尔丹和 A. 奥帕林（A. Oparin）——也同意达尔文的说法，并扩展了这个观点。他们独立提出了假说，认为早期地球具有“还原性”大气（其中会发生与氧化反应相反的还原式化学反应；在这种环境中，铁永远不会生锈）。那个时候的大气可能充满了甲烷和氨（它们都是制造氨基酸所需的化学物质），从而形成了一锅理想的“原始汤”（primordial soup），于是最早的生命可在一些浅水体中出现。因此，一直到20世纪50年代，甚至60年代，人们依然相信，只要简单地加点水和能量，在早期地球的大气中就能普遍发生无机合成反应，产生名为氨基酸的有机构件，就像米勒和尤里1952年的著名实验所展示的那样。此时唯一所需的条件，无非是让各种化学物质能汇集起来的便捷的地点。最佳地点看来就是一口恶臭的水塘，或是温暖的浅海边缘处一片海浪不断拍打的潮汐池。

然而，我们对地球早期环境的基本面貌了解越多，宁静的水塘或潮汐池就越来越不太可能是最古老生命的起源地点——它们甚至可能在整个早期地球的表面都不存在。达尔文（就这个问题来说，霍尔丹和奥帕林也是如此）在他那个时代不可能认识到，引发地球（以及其他类地行星）吸积的那些机制，创造的是一个在其早期历史中显得严酷而有毒的世界，这样的环境与19世纪和20世纪早期所想象的那种宁静悠闲的潮汐池或水塘相去甚远。事实上，现在我们对于早期地球的大气和化学构成的本质已经有了非常不同的看法。行星科学家已普遍相信，在最早的大气中占优势的是二氧化碳，而不是氨和甲烷；那时的整体环境很可能并不有利于有机分子在地球表面的广泛合成。更合理的可能，似乎是小行星和彗星陨落如雨，把这些生命必需的化合物带到了地球上。

但是，如果不是在水塘或潮汐池中的话，这些成分又会在哪里汇集而产生生命呢？诺曼·佩斯（Norman Pace）是对生命演化感兴趣的伟大的先驱性微生物学家之一，他提出了另一种观点，如下：

> 现在我们可以用坚实的结果作为根据，为那些给生命起源做了准备的地球事件想象出一个相当可信的场景。如今似乎已经非常清楚的是，早期地球在根本上是一个熔融的球体，大气由高压的水蒸气、二氧化碳、氮和其他从正在分异的行星内部释放出的火山产物构成。似乎不太可能有任何陆块能高到（全球性海洋的）海浪之上，形成被某些生命起源理论视为关键的“潮汐池”。

佩斯要寻找的，是完全不同的环境——像深海火山喷口那样的高温、高压的环境。

对于生命起源于“哪里”，显然是有争议的，而且正如美国华盛顿大学的天文学家吉莱尔莫·冈萨雷斯指出的，它们最偏爱的生境随科学家学科背景的不同而不同。在他 1998 年的精彩论文《地外生命：从现代观点来看》（Extraterrestrials: A Modern View）中，冈萨雷斯写道：

> 一位科学家所持的生命起源理论的类型，似乎取决于他所专长的领域：海洋学家喜欢认为生命始于深海热液喷口；像斯坦利·米勒这样的生物化学家更偏爱地球表面温暖的潮汐池；天文学家坚持认为彗星带来了复杂分子，而起着关键作用；至于用业余时间写科幻小说的科学家，则想象地球被星际微生物“播了种”。在大约 38 亿年前重轰炸结束之后不久，生命就出现了，这个事实并没有透露多少与生命起源的概率有关的信息——生命

起源有可能是需要非常特别的条件的独特事件。不过，尽管有这么多的过度想象，对任何我们能够构想的生命类型来说，还是有一些非常基本的成分，是它们所必需的。

自达尔文的时代以来，我们对“生命摇篮”的观念已经有了明显变化。科学家现在是怎样想象生命刚出现之时的地球的呢？即使是大约 40 亿年前——已经是地球完成初始吸积的大约 5 亿年后——地球在我们今天看来仍然是一个非常陌生的世界。举例来说，那时几乎没有陆地区域，因为只有很少的大陆或根本没有大陆。然而，火山作用和熔岩从地球内部向外的喷发却要比今天常见得多。深海海岭是新的大洋地壳在海底产生之处，据估计其长度是如今这种海岭的 3 到 5 倍长，而且沿着这些海岭进行的热液活动规模可能达到当今世界的 8 倍之多。所有这些推断都表明，那时是一个富含能量的火山世界，有巨量的来自地下深处的化学物质向上喷涌到海洋环境中。海水的化学状况与今日必然有极大不同。那时的海洋，我们可以称之为具有“还原性”（与今日的氧化性海洋相反），因为在海水中没有任何溶解的游离氧。海洋的水温也比今天高得多，至少是温暖的，也可能是滚烫的——如果我们身处其中，可能会把我们烫伤。最后，那时大气中二氧化碳的含量可能是今天的 100 倍到 1000 倍。

这样一来，嗜极生物便可以揭示到目前为止最重要的线索。达尔文和德迪夫暗示了生命起源于地球表面（尽管德迪夫在回答这个问题时也留下了余地，他说这个过程可能也会涉及地球内部的环境）。然而，多数观点却把生命最早形成之时的地球表面描绘为一片荒凉的场景。达到致死水平的紫外辐射污染了地球表面，巨型彗星与地球的撞击让其上的海洋周期性蒸发。海水的沸腾肯定一次又一次让地球表面的生命完全消失。但是在地表以下，在如今有嗜极的古菌和细菌栖息的地下区域中又如何呢？这些地府一般的深邃环境，有可能起到了类似核爆炸避难所的作用，保护着深处的嗜极生物免受地球表面的暴虐环境侵扰。那么，地下深处是否不仅是避难所，而且在地球历史早期还是生命的摇篮呢？对“生命之树”——也就是地球上生命的系统发育历史的新分析支持了这种可能。但是在我们考察“生命之树”及其意义之前，我们还需要再考虑地球生命的另一种可能的起源。

行星的串扰

为什么生命——至少是微生物生命——有可能广泛分布？还有另一个原因。行星可能常常会被来自附近其他行星的生命所“播种”。这或许也是在地球上发生过的事；也许生命起源于火星或金星，之后播种到了地球上。微生物是原始而近乎不可摧毁的造物，处在宇宙智商量表的下端；如果它们在某个世界中已经存在，那么它们一定会不可避免地旅行到最邻近的行星之上。在相邻的行星之间有一种天然的“行星际运输系统”，彼此可以交换岩石。这些岩石就像天然的宇宙飞船，能够把不知情的微生物偷渡客从一颗行星的表面带走，跨越几亿千米的太空，到达邻近的行星。这个过程与栖息其中的生命的意愿或技术无关。它是无法避免的自然运动。每一年，地球都会被 6 颗重约 0.5 千克或更大的火星岩石击中。这些岩石是火星遭遇撞击之后被炸出来的碎屑，运行到了与地球相交的轨道上，最终与地球相撞。在从火星轰击到太空中的岩石中，有将近 10% 以地球为最终归宿。所有行星在它们存在的整段时间之内，都会被大大小小的行星际物体撞击，而较大的撞击实际上又会把许多岩块抛向太空，进入环绕太阳的轨道。

如果用双筒望远镜瞥向满月，便可以看到，在北半球的观察者看上去的月面底部附近有一个叫“第谷”（Tycho）的环形山，从那里向四周辐射出许多长长的线条或射线。当这个直径100千米的环形山形成时，因为撞击而抛射出的碎屑（岩石）会落回月面，就产生了这些射线。如果我们继续追踪，那么在几乎跨越了月球的整个可见一侧之后，仍然可以找到这些射线延伸的痕迹；这样长的“空中”飞行，正是一些抛射体被加速到接近轨道速度的证据。超过月球逃逸速度（2.2千米每秒）的抛射碎屑则不会再落回月面，而是会飞向太空。人们早就意识到，通过撞击，物质可以从月球上抛射出去，但是直到最近十年，我们才认识到质量大于10千克的整块岩石也可以从类地行星抛射出去，而且在这个过程中并不会发生严重的变化。以前，人们相信这种发射过程会导致抛射的物质受冲击热而熔融，至少也会受到剧烈加热。没有人期望这些岩石能够在发射时的巨大暴力作用下完好无损，把活着的微生物从一颗行星带到另一颗行星。然而，在南极洲发现的月球岩石，却表明这是完全有可能的。

在陨石中有一种少见的类别，叫SNC陨石，也叫“火星陨石”，人们普遍相信它们来自火星。最早认为这些奇怪的陨石可能来自火星的推测曾遭受极大的质疑。然而，月球陨石的发现，证明确实存在一种足够天然的发射机制，这才改变了人们的看法。月球陨石的身份是可以完全证实的，因为由阿波罗探月工程取回的岩石表明月岩样品具有独特的性质，可以把它们与地球岩石和来自小行星的正常类型的陨石区别开来。但要把SNC陨石与其火星起源建立确凿的联系，却是一个更复杂的过程。人们把陨石中的稀有气体捕捉到玻璃器皿中，与1976年在火星上着陆的“海盗号”飞船所测量的火星大气成分相比较，发现彼此匹配，说明这些气体正是能透露信息的“指纹”。SNC陨石的一般性质表明，它们是在一个较大、地质运动颇为活跃的天体上形成的玄武岩，但这个天体显然既不是地球也不是月球。金星的大气层太厚，表面又太年轻，因此金星就被排除在这些陨石的来源地之外。

陨石可以从月球和火星到达地球，这个惊人的发现对于生命从一颗行星到另一颗行星的运输来说，可谓意味深长。在地球的一生中，曾有数以十亿计的像足球那么大的火星岩石在它表面着陆。其中有一些岩石中的生命被发射时的热量或过于漫长的太空行程完全毁灭，但另一些却可幸免于难。有些火星抛射体只受到轻度的加热，而且在几个月之后就到达地球。这种行星际的穿梭完全能够把微生物生命在行星间来回搬运。就像植物会把种子散放到风中、椰子树会让椰子掉落到海里一样，具有生命的行星也能为邻居播种。这样一来，也许在相邻的类地行星上出现的生命都有共同起源。对于逃逸速度较小、大气层较薄的行星来说，播种过程是最有效的。这样看来，火星就比地球或金星具有更大的可能性。这也是有人认为地球生命可能由火星所播种的原因。

那么，微生物在不同行星系之间的传送又如何呢？虽然微生物可以被太空中的辐射杀死，但是一些嵌在尘粒之中的细菌或病毒却可能获得足够的屏障而幸存下来。如果真是这样的话，它们也可能通过一种名为“胚种散播”（panspermia）的过程，为星系的几个区域“播种”。弗雷德·霍伊尔（Fred Hoyle）及其合作者在20世纪80年代早期就主张过这种“胚种论”。

一旦在某个行星系中有一颗行星被生命所“感染”，那么自然过程就会把这种生命传播到其他的行星系中。当然，这个过程只对那些能够忍受外太空严酷的真空环境的生物起作用。动物是无法以这种方式传播的。

“生命之树”与嗜极生物的起源

生命一旦在地球上起源（或从其他地方“感染”）之后，就会迅速发生演化。遗传学家已经为地球上这个徐徐形成的最古老的生物群系设想了几种可能的场景。

古菌这类嗜极生物最早带给我们的巨大意外，是它们可以在如此极端的环境下生存。同样让人震惊的第二大发现，是古菌处于地球上现生的最古老的生物之列，它们展示出的一些特征据信是相当原始的。（运用分子生物学的有力手段）对细菌和古菌展开的研究表明，这二者都出现在所谓的“生命之树”非常靠近基部的位置。[“生命之树”也叫“生命的沃斯有根树”（Woese rooted tree of life），以其发现者、遗传学家卡尔·沃斯命名；见图 4.1。]

“生命之树”实际上是生命逐渐演化出今日尚存的生物的主要类别的模型，因此它的构建需要建立在一系列假说的基础上，而这些假说的可靠性在我们看来是高低不齐的。有研究比较了多种生物中的基因序列，由此为我们绘制了演化史的理论地图。根据这些新研究，在今日地球上仍然生存的生物中，没有比超嗜热微生物更“原始”的生物了（不过我们需要留意，“原始”这个词用在这里时，意为“最早出现”——这些“原始”生物仍然是非常精巧复杂的细胞，出色地适应了它们的生活模式）。基于迄今为止已经开展的多种遗传学研究，我们可以知道，比起地球上其他的现生生物来，古菌似乎与假想的原初生物（人们所推测的所有生命的共同祖先）共有更多的性状和基因。不过，它们仍然经历了38亿多年的演化，因此可能还是与最早的生命非常不同。

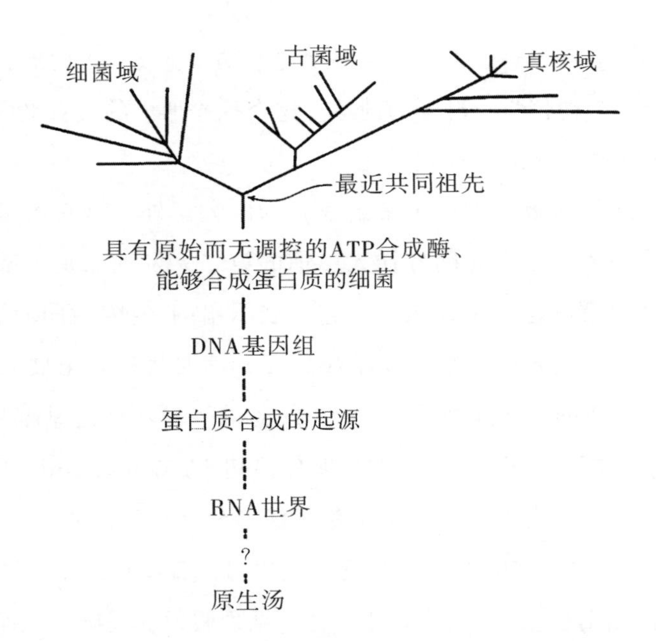

图4.1　从RNA世界开始，细胞的起源和早期演化过程。这棵树上部的分枝次序引自沃斯等人1990年发表的文章。树干上几个演化事件之间的距离并不与时间成比例。（修订自 Lazcano et al., 1992）

了解生命多样性的意义（以及理解其秩序），是系统生物学

（systematic biology）的专职。早期的系统学家只是根据生物体部位的相似和相异之处来分类。如今，我们根据演化历史来分类，而不只是简单地以相似性为依据。虽然共有特征的存在常常是揭示演化路径的有力线索，但是它们也往往有很大的误导性。昆虫、蝙蝠、鸟类和翼龙都会飞，然而它们的亲缘关系非常远。明显更为有力的分类方法，不仅要寻找共有性状（可以是脊椎骨是否存在之类的解剖特征），而且还要寻找共有的衍生性状——要有证据表明这些性状是由演化的力量塑造之后一代代传下来的。这种特别的方法论，与DNA测序上的新进展强强联手，让我们在理解生命的类别和演化历史时取得了重大突破。来自现生生物的分子序列的分析，为我们提供了生命演化的粗略“地图”。这幅地图如果用图形来表示，就会呈现为上面提到的“树”形。基因之间的差异数目越大，两个类群在演化上就越分离。正是这种技术，为我们展现了古菌域、细菌域和真核域这三个“域”的存在，并且还显示，这三个域是地球上仍然存在的“生命之树”最为古老、最为基本的三大分枝。这种分析还表明，尽管细菌和古菌具有一些相似的特征，比如细胞中没有内核，但是它们彼此是截然不同的。

乍一看，保存在现生生物中的基因序列似乎不太可能产生任何类型的精确证据，成为了解过去——特别是如此悠久的过去的线索，因为测序只是人们企图解开生命最早的分化之谜的尝试，而这个事件发生在30多亿年前。然而，至少在一些分子中，演化变化是格外缓慢的。在细胞内部研究演化变化的速率最为方便的位点，是从核糖体中提取的RNA小亚基，核糖体则是所有细胞中均可见到的微小细胞器；这些小亚基已经成为罗塞塔石（古文字学家赖以识读古埃及文字的石碑）一般的关键切入点，让我们能够只用最近的过去作为证据，就可建立对古老过去的新观念。

这个研究的大部分工作在20世纪90年代已经完成，结果与人们长期以来有关系统发育（phylogeny，即生物的演化路径）的信仰相矛盾。结果显示，域之间的分化极为古老。但到目前为止最引人入胜的发现，却是现生的古菌和细菌最古老的祖先竟是嗜热的嗜极生物——就像我们今天在地球上的极端环境中所见的那些类型的微生物。它们也属于演化最慢的生物之列。这个发现说明，要么地球上最早的生命是某种嗜极生物，要么嗜极生物最为成功地躲过了早期地球上大量的几乎把生物全部除灭的事件。对于那些想要评估生命在其他行星上有多常见的人来说，这些发现更是具有极其重要的意义。生命最初在地球上诞生时，似乎是处在高温高压的环境下，要么是在水下，要么是在地壳深处。正如我们前面提到的，比起我们曾经的设想，生命可以起源于严酷得多的环境中——因此在宇宙中也应该十分常见。

嗜极生物能够为生命在地球上最早形成时的环境提供线索，这种观点是比较晚近的时候才出现的。在1985年发表的一篇论文中，约翰·巴罗斯和S. 霍夫曼（S. Hoffman）认为，生命最先起源于深海热液喷口系统中。那个时候，这种环境中的嗜极生物才刚刚发现不久。然而在巴罗斯和霍夫曼看来，早期的热液地点还有地壳深处的区域，那里不仅可以为最早的生命的形成提供所需的化学物质和能量，而且还提供了避难所，让它们在地球历史早期的狂暴阶段能够一直存活下来。毕竟，虽然热液喷口系统附近的深海底也是个狂暴的世界，但是比起小行星的重轰击来，已经算是相对稳定的环境了——可能也是地球上唯一适合生命最初形成和繁盛的环境。当这个新假说首先提出时，科学共同体大都对它不屑一顾，因为那时人们还不知道嗜极生物在这种环境中无处不在、多姿多彩。然而，当热液喷口假说从演化的“生命之树”研究中获得支持之后，很多人便转而认为深海喷口环境确实是生命起源地点的最强有力的候选者。

热液喷口有几个关键特性，让这一假说很有吸引力。首先，热液喷口中有一些区域，其中的温度、酸性和化学成分是生命所喜爱的。热液喷口还含有一系列化学成分，是构成生命的配方，比如有机化合物、氢和氧，还有呈现为合适的能量梯度的充沛能量。这里还能提供反应表面——岩石基质上的一些地方可以作为模板，来指导早期的蛋白质合成。最后，可能也是最重要的，热液喷口在今天仍然存在，让我们可以检验这个假说是否可靠。

把地球上生命的起源与热液系统联系在一起的最有说服力的解释，来自美国华盛顿大学的天文生物学家埃弗勒特·肖克（Everett Shock）及其同事。肖克指出，与海洋不同，早期的大气很可能不是还原性的环境。（与这一推断相反，其他一些学者相信大气可能在相当长的时段里都保持还原性，因此提供了有机化合物得以形成的环境，其形成方式就像20世纪50年代早期著名的米勒—尤里合成实验一样。）肖克认为，在缺乏还原性大气的情况下，用甲烷和氨之类物质来合成作为生命必需构件的有机化合物的过程，在地球表面可能无法进行。与此相反，最早构建有机化合物的反应，可能是把常见气体二氧化碳（可能还有一氧化碳）转化为有机化合物。以前人们以为，只要让闪电击中早期的海洋，就可以创造出有机化合物（米勒和尤里就是这样想的），这些有机化合物再以某种方式聚集起来，就形成了最古老的生命，但现在却有了一个从根本上截然不同的场景。

肖克还认为，早期地球表面对于生命起源来说可能是个极不适宜的场所，因为那里会遭到紫外辐射和宇宙碎屑的轰击。与约翰·巴罗斯、乔迪·德明及其他一些学者一样，肖克强烈支持把海底热液系统作为生命摇篮这一观点。这些热液系统可以提供二氧化碳转变为有机物所必需的高温与化学环境（还原性环境）相互配合的条件。有机物合成所需的化学能，可以来自热液系统喷口中具有高度还原性的流体与还原性较低的海水，前者富含有毒气体硫化氢。把这样两种不同的溶液混合，便可以产生化学能形式的能量。现代深海喷口处的生物群落，也同样建立在这种能源的基础之上。在这样的世界中，生命最早的代谢体系属于“化学自养”类型——它们的生存不靠光合作用，也不靠取食其他生物，而是依靠海水中的化学反应带来的能量。

最近，有关生命起源的争论，大部分关注的是生命是否能在真正“炙热”（高于水的沸点）的环境中出现，还是说它们只能在“温暖”的环境中出现。在火山热液喷口中，真正炙热的环境是随处可见的。如果最早的生命是用RNA而不是DNA来存储遗传信息，那么“炙热”的环境就似乎不太可能是生命的摇篮，因为在加热条件下，RNA远不如DNA稳定。在100℃以上的环境中，RNA很可能无法合成出来，并开展演化，但这样的高温在热液喷口系统中却十分常见。因此，与那些把“生命之树”作为主要证据的学者的解释相反，最早起源的生命可能是嗜温（喜欢温暖）微生物，而不是嗜热（喜欢炙热）微生物。在这种场景下，真正的嗜热类型乃是从嗜温类型演化出来，它们可能是彗星造成的大屠杀中唯一的幸存者，而那个时代的所有“嗜温生物”都在过于炎热的环境中走向灭绝了。

这场争论在可预计的将来依然会持续下去。现生嗜极生物的古老祖先，与这些仍然活在地球上的微生物之间到底有多大程度的相似性，是我们无从知晓的。约翰·巴罗斯指出，40亿至35亿年前这个时段可能是广泛的“演化实验”开展的时代，其中只有一个演化谱系存留下来，成为现生生物的祖先。在1997年之前，人们接受的“生命之树”所记录的可能只是那个很久以前的时代的唯一幸存者，而不是地球上所有生命真正最古老的祖先。在这种情况下，这棵树的基部“树干”也就不过是从另一棵扎根非常深的树上伸出的树枝罢了，而这棵更深的树上更为古老的枝条，已经因为灭绝而从地球上完全砍掉了。

从1998年起，“生命之树”的外观再一次发生变化（见图4.2）。上部枝条仍与1997年的树保持一致，但是基部的形状却开始出现不同的面貌。这个形状上的重构，是基于对一种名为“产水菌”（*Aquifex*）的微生物所做的DNA测序新结果。产水菌是生活在美国黄石公园温泉中的一种嗜热生物，它的全套基因都得到了解码。出乎很多人的意料（他们本来以为它会与生命中最原始的那些种类非常相似），产水菌所拥有的那套基因，与其他很多不具嗜极性的微生物并没有特别大的差别。事实上，这种嗜热生物只在唯一一个基因序列上与那些可以在常温下生活的微生物有别。这表明，早已分道扬镳的属于不同生命类群的微生物（甚至可能属于不同的域）似乎在它们演化史中非常早的阶段就能够交换整块的基因——这个过程叫做“基因交换”（gene swapping）。基因交换，或水平基因转移（lateral gene transfer），肯定早就是遗传交换的一种极端而常见的形式。

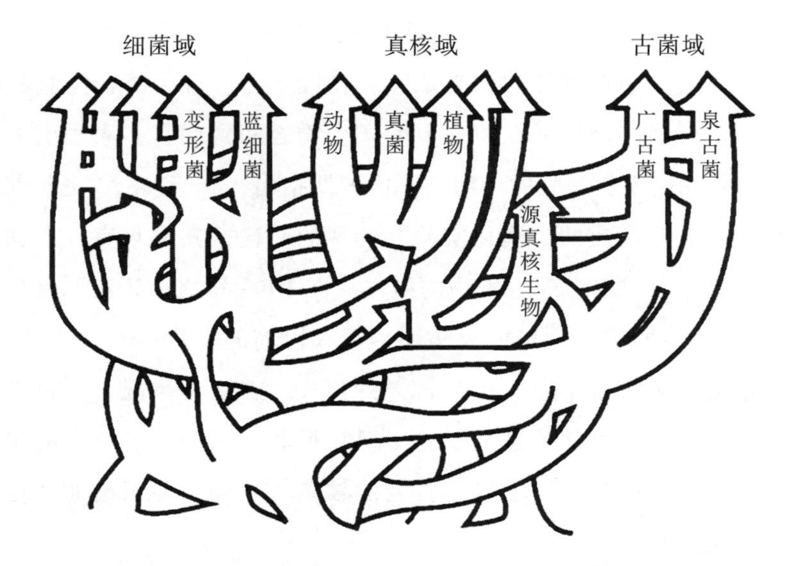

图 4.2　表现生命历史的网状树。改绘自 Doolittle, 1999。

如果地球上最古老的生命类群可以如此轻松地进行基因交换，那么这就有助于解释，为什么所有生命（至少是地球上的所有生命）都使用同一套遗传密码。卡尔·沃斯推测，所有三个域——古菌域、细菌域和真核域——都是从共享的基因库中诞生的，共享基因库中的基因常常通过水平基因转移过程在生物之间传来传去。在任何个体上突然冒出的创新，很快会被基因库中的其他个体所分享和同化。最后，随着新出现的蛋白质越来越复杂，为蛋白质合成进行编码的基因组合也越来越复杂，才产生了这三个域。

于是，从前那种认为细菌域和古菌域是两个最古老的类群、真核域起源于其中之一的标准观点，现在面临着两种竞争性的理论：可能所有三个域是从同一个“基因池”中诞生的，或者，可能还曾经有第四个更为原始的域，由它产生了其他三个域，但这个域本身现已灭绝（见图 4.3）。

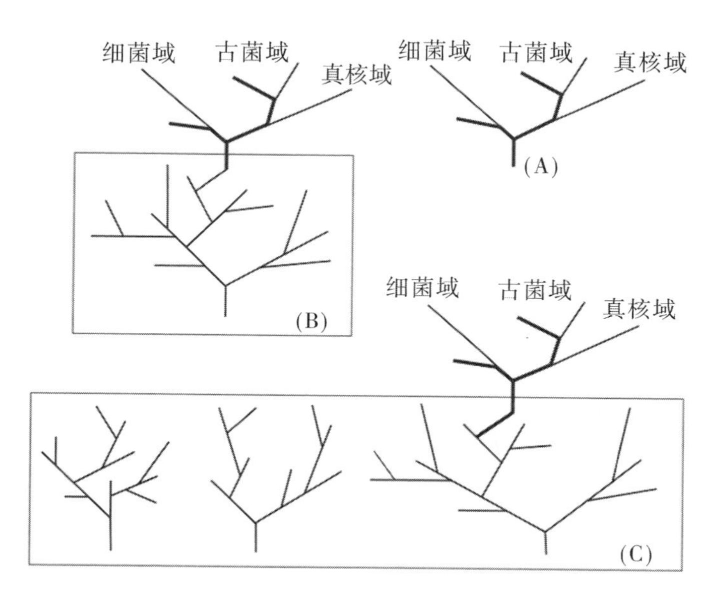

图 4.3　地球生命的演化及其“生命之树”的三种可能情况。在情况（A）中，可以看到生命的三个域起源于单一的共同祖先。这是在今天大多数介绍文字中可以见到的一种广为接受的“树”。在情况（B）中，（A）中所见的树位于一系列更为古老、现在未能识别的枝条上方。按照这种解释，我们所知的 DNA 生命具有漫长的史前史，但没有记录保存下来。在情况（C）中，生命包括了早期地球上独立演化出的几种不同类型，但只有一种（DNA 生命）幸存下来。

不管生命起源于什么、在哪里起源，到 35 亿年前的时候，它都已经在地球上扎下根来，可能已经遍布全球。演化正在起作用，当生命开始寻觅新的食物、开拓新的生境、谋求新的机遇的时候，一大批新物种就繁盛起来。生命最早形成的可能方式，以及它的形成速度，都表明生命可能不是地球独有的特性。也许任何行星或卫星，只要在岩石外壳中有热量、氢和一点点水，都能在其上找到生命。这样的环境在我们的太阳系中常见，在银河系和宇宙的其他地方很可能也十分常见，所以生命本身应该是广泛分布的。生命不仅可以在极端环境下生存，甚至可能就在这样的地方形成，这是地球教给我们的经验。然而，这里说的只是生命，而不是动物生命。下一章的主题，就是迈向动物生命的下一步在地球上是如何实现的，以及我们是否能够把地球历史上这个关键步骤作为一种手段，来为其他行星上类似动物的生物的演化和形成建立模型。

第五章　如何建造动物

当然，最先进入另一个细胞的那个线粒体并没有考虑合作与融合的未来利益；它只不过竭力想要在一个残酷的达尔文式世界中挣扎求生而已。

——斯蒂芬·杰·古尔德（Stephen Jay Gould）

在一颗可能让物理学家感到满意的完美行星上，人们大概可以预言，生命的多样性从其起源开始就以指数方式增长，直到达到最大生态负载量（不管如何定义）。然而，地球的化石记录所讲述的却是非常不同的另一个故事。

——西蒙·康韦·莫里斯（Simon Conway Morris）

在前面几章中，我们已经看到，生命可以在以前曾认为过于严苛或过于极端而无法维持活细胞生存的环境中存在。我们也已经看到，生命不光可以在这样的极端环境中存在，而且至少在地球上，生命可能就起源于这种环境之中。这些近期的发现提示我们，因为微生物形式的生命可以在极端环境中存活，并且可能起源其中，所以它们可能在宇宙中广泛分布——甚至在我们太阳系的其他行星上就存在。然而，更高等的生命形式也是这样吗？在其他行星上，多细胞的动物和植物也会像细菌一样常见吗？在本章中，我们就来考察这些问题。我们会看一下更高等的生命形式如何在地球上出现，并像前面在论述嗜极生物时所做的那样，也判断一下这段特别的历史是否可以就地外动物的出现频率下个概括性的结论，或是让我们对此能获得深入的了解。

古老的分歧

细菌的复杂性，与哪怕是最简单的多细胞动物——比如真涡虫属（*Planaria*）——的复杂性之间，存在着极为巨大的鸿沟。细菌中的基因数目以千计，而大型动物的基因数目以万计。为了更好地说明这一点，我们可以把细菌类比为一只简单的玩具木帆船。这只玩具船只有 3 或 4 个非常结实的部分，基本不可摧毁，正如细菌不会受到大多数环境胁迫的影响一样。与此相反，扁虫就像一艘远洋客轮：它是大得多的庞然巨物，结构更复杂，是无数技术成果的产物。帆船不需要复杂的燃料，它用风力作为能源，正如自养的细菌（“自养”是说它不需要有机养分）可以摄取氢和二氧化碳之类最简单的资源为自己制造有机物一样。然而，涡虫类动物必须寻找和消化复杂的食物，它需要多种类型的有机养分和无机物才能生存，这正如人们必须为远洋客轮供应复杂的燃料，它内部的大部分机器都是为了把燃料转化为运动和能量。我们不妨把这个简单的类比再推进一步，为它赋予时间的因素。因为玩具帆船的技术很简单，千百年来人们就一直在制作它们，但远洋客轮仅仅是20世纪的产物，一定要等到复杂的金属冶炼、蒸汽或内燃发动机、电力和其他所有必需的技术都发展出来，它们才会出现。它们不可能简简单单地组装出来，必须等人们先发明和完善了其中的每一样组成部分，才可能建造而成。帆船（不管是玩具还是实物）在地球上已经出现很久了，但远洋客轮却不是这样——最简单的动物也不是这样。

我们还可以再做最后一个类比。像所有由人手建造的物体一样，我们的玩具帆船最终也会毁坏：可能它会先失去船帆，再失去桅杆；最终，构成船体的木头也会烂掉。但在此之前，它基本上是不会沉没的。就像地球上的微生物，相比其他任何动物，它们不仅能忍受生存条件宽泛得多的环境，而且在与灭绝的风险对抗时，似乎也能坚持更长的时间。与此相反，我们的远洋客轮却是非常不同的“动物”。我们都知道，在20世纪初就有这样一艘客轮，名叫“泰坦尼克号”（*Titanic*）。

如今，我们这颗行星上的动物已显著区别于细菌域以及另一个类似细菌的域——古菌域。我们动物属于第三个分支，叫真核域（不过，所有这三个域都有同一个共同祖先）。

在之前的章节中我们说过，现存的生物曾长期被分成两大“界”，即动物界和植物界。后来这个数目增加到5个，就是上一章提到的动物界、植物界、细菌界、菌物界和原生生物界。如今，现代分类则把生命划分为3个更基本的分类群，也就是域——真细菌域（Eubacteria，或简称“细菌域”）、古菌域（这两个域的成员都展示出同一种细胞类型，即原核细胞）和真核域（其他所有生物都属于这个域，包括以前的动物界和植物界中的标准类型）。因此，地球生命的主要划分不再依从那些传统界限（这些界限本身又是以动物和植物之间广为人知的那些差别为基础），而是基于这些类群之间在细胞结构和遗传信息上的重大差异。

古菌和细菌（二者可统称为原核生物）没有内核，也没有由膜包围的细胞器。它们的遗传信息包含在单独一条 DNA 链中，这条 DNA 位于细胞内部的细胞质里面，因此仅靠外侧的细胞壁与外部环境隔开。原核生物主要靠无性的方式繁殖。它们迅速生长，频繁分裂。真核生物在遗传上则与细菌和古菌有重大差别，所以可以很容易地被分出来，成为第三个独立的域。真核生物在细胞内部结构和组织上也有很大差异。它们在细胞内有细胞核，还有其他细胞成分（也就是细胞器），比如制造能量的线粒体。

在我们继续讨论之前，需要先把几个术语解释清楚。*演化支*（clade）或叫分支，指的是这样一群生物，它们拥有比较晚近的共同祖先，在此之前这个共同祖先就与属于其他类群的生物的祖先分开了。另一个术语*演化级*（grade）则与此不同，指的是生命组织结构的演化水平。举例来说，哺乳类和鸟类都是温血动物，因此都属于“温血”演化级，但这两个类群却属于不同的演化支。为了描述两种不同的演化级，我们使用了术语*原核生物*［prokaryote，及其形容词*原核的*（prokaryotic）］和*真核生物*［eukaryote，及其形容词*真核的*（eukaryotic）］。所有细菌和古菌都属于原核演化级，但它们代表了不同的演化支。真核生物属于真核演化级。

不过，在这些类群之间，除了简单的结构差异或遗传密码的差异之外，还有更为根本的差别。这三个类群在应对环境威胁时，演化出了非常不同的策略。古菌和细菌倾向于用化学来解决问题。长久以来，面对地球环境的威胁，它们演化出了不计其数的代谢解决方案，但与此同时，它们在形态上却几乎没有变化。可能也正因为如此，相比演化出了巨量物种的真核域来，古菌和细菌在形态上只产生了非常有限的多样性分化。它们中的大多数如今在形体上仍是单细胞生物。它们确实在生存竞争中大获全胜，但它们*真正*做的，是演化出了范围很广的特异性代谢方法，由此为环境威胁找到了生物化学的、代谢式的解决方案。如果古菌和细菌遇到了它们不喜欢的环境，它们便会竭力改变周边环境的化学性质。

与主要是单细胞生物的古菌和细菌相反，大多数真核生物采取的是相反的思路：它们响应威胁的方法，是改变身体，或者创造新的身体部位。这属于形态途径，而非代谢途径。这种生命模式造成的结果之一，就是形体的增大。在形态上，真核生物在细胞内演化出了细胞核和其他细胞器，这导致它们体型变大。它们还掌握了将许多细胞整合为一个个体的技艺。

已知最古老的生命化石记录来自大约35亿年前的岩石，它们看上去要么是古菌，要么是细菌，这表明这两个类群中的其中一个可能包括了在地球上演化出来的最古老的真正生物。这些最古老的化石呈丝状，形态很像现生的名为蓝细菌的丝状细菌。这种形态的持续存在，意味着这些古老的原核生物很早就取得了某种水平的成功，以至于后来不再需要重大的形态调整。然而，在这些距今已有35亿年之久的细胞内部，会不会仍有根本的不同？我们认为，虽然这可以有，但不太可能真的有。假如有一台时间机器，能够把我们运到地球作为生命摇篮的那个时代，那么我们完全有可能带回来在形态上、化学上甚至可能在遗传上都与现生类型无法区别（或几乎无法区别）的微生物。科学家之所以能得出这个结论，是因为他们曾致力于破解现代细菌的基因序列和功能。每个基因都有一种功能或一系列功能；因为很多现生细菌见于那些与古代地球类似的环境中，我们可以推测，古代的细菌为了生存，也不得不具备非常类似的基因。如今，很多微生物的遗传密码仍然是非常基本的类型——比起30多亿年前生存的那些类型来，很可能没有多大变化。细菌和古菌似乎是高度保守的，也就是说，它们是真正的活化石。除了非常古老之外，它们也非常成功。直到今天，它们仍是地球上数量最多的生命类型。一滴水中的细菌数目，很容易就能和整个地球上的人类个体数目一样多。一直到现在，我们仍然生活在"细菌时代"。

因此，细菌和古菌的演化史，是一部在过去40多亿年来几乎没有形态改变的历史。而第三个大域——真核域的演化史，就明显不同了（见图5.1）。少数真核生物还保留着原始状态，几乎像细菌一样，其中一些仍然生存在今天的地球上。然而，其余的真核生物却通过建造真核细胞这种新的细胞类型，实现了生命最宏大的变革之一。真核细胞最伟大的创新，是在其中出现了细胞核。最终就是从这样的真核生物中演化出了动物。现在，让我们考察一下原核生物演化级和真核生物演化级的区别。这个区别与我们的故事有很大的相关性，因为在地球上最终演化出动物的过程中，达到真核生物演化级似乎是最重要的一步，没有之一。

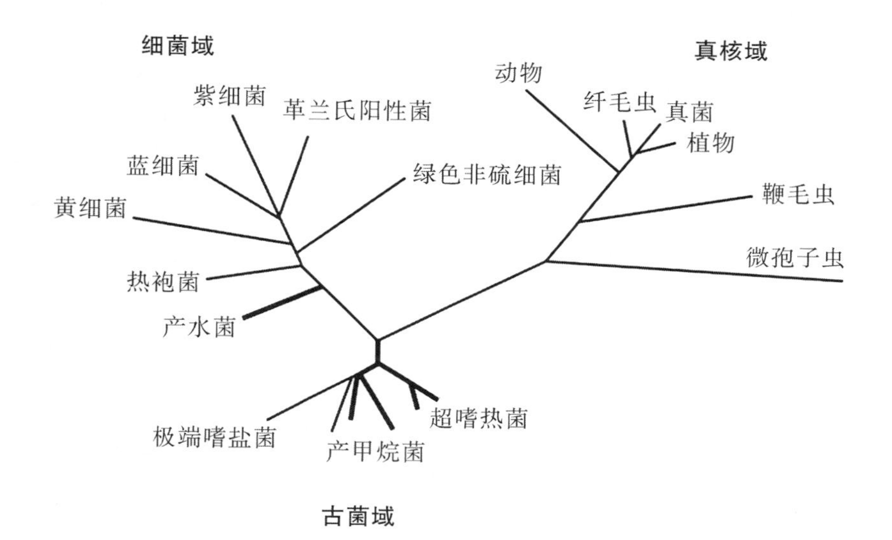

图 5.1 “无根”的“生命之树”。生命的三个主要的域（古菌域、细菌域和真核域）都从中央一点向外延伸。每个域中的主要分类群以树枝表示。

在原核细胞中，细胞与外部世界之间最重要的屏障是细胞壁。在真核细胞中则存在很多屏障，包括细胞核的核膜、细胞膜和细胞壁，在多细胞生物中还有上皮（外侧的皮层）。真核生物采取了隔离的办法，把细胞功能分隔在以膜围绕的细胞器之中执行，比如细胞核、线粒体、叶绿体等。因为这一点，原核生物和真核生物的形态差异巨大。不仅如此，二者还存在非形态的差异，同样影响了这些类群的演化史。

然而，原核生物和真核生物最为明显的差别，与它们达到的不同程度的多细胞组织形式有关。原核生物只是偶尔可以在组织水平上具备较大的规模，或达到“后生动物”水平（单一生物体中有多个细胞）。不过，已经演化出的多细胞形态的生物，倒是曾在地球历史上扮演了光辉的角色。其中最重要的生物是叠层石（stromatolites，这个词意为“石头床垫”），由光合细菌形成的大块层状结构组成。不过，就算原核生物曾经实现了多细胞化，细胞间的任务协作关系仍然非常弱。与此相反，真核生物却反复演化出了多细胞形式。

这样两种策略，对于这两个类群的演化史造成了显著的影响。我们已经说过，今天地球上一些种类的细菌看上去与30多亿年前形成的岩石中所见的化石形态无法分别。与此相反，具有化石记录（因此也具有坚硬部分）的大部分真核生物物种似乎只出现在5亿年前或更晚的时候。有性生殖，以及导致了形态变化的许多辐射演化和灭绝事件，是大部分后生（多细胞）真核生物的特点。与此相反，原核生物似乎采取了一种能保护它们免于灭绝的策略，但同时也压制了形态创新。这实在是两种极为不同的路径。那么地球生命的这种深刻分化是怎么出现的呢？

原核生物的两大姊妹群——细菌域和古菌域之间，存在古老的演化分歧，这个发现摧毁了长久以来的那种信仰，即认为这些所谓的“原始类群”有密切的亲缘关系，其中一个是另一个的祖先。如今，很多微生物学家相信，这两个类群都起源于一些更古老的共同祖先，只是我们现在还不知道这些共同祖先的身份。还有一个更惊人的发现，与真核域的祖先有关。今天所有动物和植物源自的那个家系，可能与这两个原核生物类群一样古老。这并不是说今日的真核细胞与原核生物一样古老。研究这个问题的大部分（但不是全部）科学家相信，对细胞来说，具有清楚界定的内核、较原核演化级有许多进步之处的真核演化级，要在最古老的细菌和古菌出现的15亿年之后才可能出现。这项分析真正想说明的是，真核细胞——作为复杂的后生动物形成的基本前提——只出现了一次，即来自一群类似细菌的生物。之后，真核细胞便开始了漫长的演化史。从最早出现之后，具有内核的复杂细胞就衍生出了所有后续类型，它们种类众多，让这个多样化的域熙熙攘攘：植物，菌物，各种原生生物类群（包括鞭毛虫类和纤毛虫类，它们都是单细胞生物，生活在水池和湖泊之中，用简单的显微镜即可容易地观察到），一群叫微孢子虫（microsporidia）的微生物，最后当然还有动物。

"核心"家族

做个总结的话，我们可以为真核细胞概括出它与原核生物相区别的如下7个主要特征。

1. 在真核生物中，DNA局限在一个由膜包围的细胞器——细胞核中。

2. 真核生物的细胞里面包含其他结构封闭的细胞器，比如线粒体（可以产生能量）和叶绿体（可以进行光合作用的微小结构）。

3. 真核生物可以进行有性生殖。

4. 真核生物有柔软的细胞壁，让它们可以通过一种叫"胞吞作用"（phagocytosis）的过程吞食其他细胞。

5. 真核生物在细胞内有一套支架系统，由微小的蛋白质丝构成，让它们可以控制内部细胞器的位置。这种细胞骨架（cytoskeleton）也让真核生物能在细胞分裂时把DNA复制成完全等同的两份。在原核细胞中，DNA只进行简单的分裂；相比之下，真核细胞的分裂更为复杂，也更精确。

6. 真核细胞基本都比原核生物大；它们的细胞容积通常至少是原核细胞平均水平的 1 万倍。真核细胞的内部结构和电解质平衡体系都比原核细胞更进步，因而让它们有可能达到这样大的尺寸。

7. 真核细胞所含的 DNA 比原核生物多得多——通常可多达 1000 倍。真核细胞中的 DNA 以线状形式贮藏，抑或形成染色体，并且通常具有多个拷贝。

从生命最早演化出来，到第一个细胞在组织水平上达到真核演化级，其间可能过去了 15 亿年。那么为什么会需要这么久呢？

这个问题的一部分答案，似乎在于细胞不得不演化出许多新的部分和组织方式，而这两件事都很耗时间。可能最重要的发展，是要在细胞自身内部具备比细菌和古菌高得多的组织水平。这种组织水平在很大程度上是细胞骨架结构造成的结果。把细胞的 DNA 聚集到细胞核这样一个封闭起来的区域，再把其他的细胞系统区隔化，使它们成为封闭的细胞器，这都是从根本上与原核生物结构分道扬镳的变化。有些科学家相信，细胞内部的这种区隔化可能也是“复杂后生动物”（即一般所说的动物）与高等植物能发展出来的前提之一。

这种演化上的变革是如何出现的？演化生物学家林恩·马古利斯（Lynn Margulis）等人指出，真核生物之所以能演化出多种多样的内部细胞器，是因为经过了一个特别的过程；它的起始步骤是内共生（endosymbiosis），即一个生物体生活在另一个生物体之内。这个如今已被普遍接受的发现，是 20 世纪生物学取得的最辉煌的进展之一。现在，我们已经观察到很多内共生的例子，比如白蚁和牛之所以能够消化植物性食物或木头中粗粝的纤维素，是因为在它们的消化系统里栖息着一些细菌，其中含有的酶能够分解这些木头里的物质。然而，这些细菌却不会被宿主生物的消化酶所影响。那些极为重要的真核生物细胞器可能是通过下面的场景获得的，内共生是其中的第一步。

在很久很久以前，有些早期真核生物（可能已经有了一个细胞核，但仍然非常小，而且缺乏其他细胞器）也许已经经常把其他原核细胞作为食物来吞噬了。这本身就是一个胜过原核生物的重大进展，因为它要求真核生物必须演化出可以吞食其他细胞物质（也就是能够进行胞吞作用）的外层细胞壁——换句话说，这要求它们能够捕食。然而，有些被吞入的原核细胞在宿主细胞里并没有被迅速消化，因此没有被毁灭。与此相反，它们会在这里面生存一段时间。（也有另一种可能，就是这些细胞器最先是入侵了宿主细胞，而不是被宿主细胞俘获；它们可能钻进了宿主体内，在较宽敞的真核细胞环境中建立了寄生性群体。）最后，宿主细胞得以通过某种方式从这种关系中获益：原核生物是非常高效的化学工厂，可以完成宿主自己干不了的一些工作，比如能量的转换以至能量的获取，还有某些新陈代谢功能。我们所知的线粒体（与能量的制造和转换有关）和质体（plastid，是叶绿素所在之处），可能还有鞭毛（用于运动），都是通过这种方式演化出来的。

内共生假说的主要证据来自 DNA。线粒体和叶绿体含有各自的 DNA 链，它们在结构上更像原核生物的 DNA，而不是真核生物的 DNA。线粒体可能本来是一种自由生活的细菌，能够把简单的糖类氧化为二氧化碳和水，在这个过程中释放出能量。今天有一些现生的细菌，比如一些名为非硫紫细菌的类型，可能就与作为线粒体祖先的那类细菌比较近缘。当这些“客人”被整合到宿主细胞里面之后，它们最终失去了细胞壁，变成了宿主的一部分。有了各种细胞器的加入，我们的真核生物就逐渐接近或达到了一个我们所熟悉的组织水平。

现在，我们可以把达到组织水平的真核演化级所必需的演化步骤概述一下。首先是包着 DNA 的一层细胞膜，也就是由原生质和 DNA 构成的简单的一包东西；然后，它演化出能够胞吞（也就是吞噬物质）的能力，演化出细胞骨架（在各种结构中，这是让我们能变得更大的东西），演化出需氧的呼吸；之后这个已经增大很多的“包裹”中出现了各式各样的细胞器：线粒体、细胞核、核糖体，等等。

上述最后一步，在真核型细胞的演化中是最有趣也是最有争议的方面之一。人们为此假设的场景中，具有演化和适应性意义的场景寥寥无几，但是美国加州理工学院的约瑟夫·基尔什文克（Joseph Kirschvink）博士却描述了一种耐人寻味的可能性。他把正在演化的真核生物面临的困难总结如下：

> 真核宿主细胞遇到的难题是：
>
> 宿主必须足够大，来吞下其他细菌；
>
> 宿主细胞必须能进行胞吞作用，这样侵入者会被置于由膜包围的液泡（细胞内的一小块空间）中，从而导致线粒体和叶绿体特征性的双层膜的形成；

细胞应该至少有初级的细胞骨架；

宿主细胞应该为共生体提供更好、更可控的环境，这样自然选择会有利于合作的发展。

已知唯一符合所有这些限制的细菌叫磁杆菌（*Magnetobacter*），这种细菌发现于德国，在尺寸上比其他大多数原生生物要小得多。这种细菌的每个细胞都拥有几千个名为“磁小体”（magnetosomes）的细胞器，它们是微小的磁铁矿（Fe_3O_4）晶体，包在由单层膜围成的泡中，泡本身通过胞吞形成。这些磁小体各有其位置，排成链状结构，让每个晶体都有适当的取向；只有当细胞内部存在细胞骨架之类的机械支撑结构时，才能做到这一点。磁杆菌具有让自己一直待在最佳环境中的能力，方法是沿着地球磁场产生的磁力线游动。这种能力让它成为有吸引力的共生伙伴，因为很多生物为了能待在适宜的环境中，都得消耗大量能量用于代谢。

真核细胞演化的这幅场景，对于高等生命在地球上的演化时刻有两个重要提示。首先，趋磁性（magnetotaxis，沿着磁场排列的能力）的演化是最可能的途径，磁铁矿的生物成矿作用（由活生物形成矿物的过程）是铁元素的贮藏经自然选择之后产生的结果。厌氧微生物不需要贮铁机制，因为二价铁在水溶液中到处都可获得。但是在富含氧气的环境中，二价铁会“生锈”，转变为三价铁而从溶液中析出。因此，在地球上的厌氧世界于大约25 亿到 20 亿年前结束之前，趋磁性不可能演化出来。最古老的磁化石（magnetofossil）——细菌磁小体的化石遗迹——来自大约 20 亿年前。其次，趋磁性需要行星强磁场的存在。在地球上，早期强磁场可能在 35 亿年前之后变衰弱，直到大约 28 亿年前地核内核形成后才达到目前的水平。

基尔什文克因此为真核细胞的形成推断了一个新场景——或许也是最可能的场景：一条需要磁铁矿和行星强磁场存在的路径。在后面一章中我们会看到，不是所有行星都能维持磁场。如果这条路径是让真核细胞变大的唯一方法（不过这个假说还有待证实），那么我们就得为那些想要发展出动物的行星再加上一个要求——磁场。

引发真核生物演化的环境条件

什么样的环境条件，引发了动物生命的这些先驱的演化？20 世纪 80 年代和 90 年代的新发现，就上一章谈到的演化大过渡期间的早期地球，为我们提供了比以前清晰得多的观点。地球最古老的生命似乎是在彗星重轰炸期间或停止后不久形成的。到大约 38 亿年前时，宇宙重轰炸终止了，而 35 亿年前，留下了目前我们发现的最古老生命的化石证据。

地球上迄今所见最古老化石的出产地区，是澳大利亚一个名为“北极”（North Pole）的地方，因为即使在澳大利亚这块孤立的大陆上，它也是最为偏远而不宜居住的地方。这个地区的岩石属于一个名叫瓦拉伍纳统（Warrawoona Series）的地层单元，由交替成层的沉积岩和岩浆岩构成。地质学家推断，这些沉积是在超过 35 亿年前的一片浅海中固结而成的。这里有风暴层存在的证据；还有证据表明炎热的阳光不时会蒸干海水的小池，留下富含盐卤的沉积。然而，瓦拉伍纳岩石最让人激动的地方还不是这些结构。澳大利亚大陆上这片古老的小地方，保留了世界上最古老的叠层石；它们是由石灰岩和层状沉积物构成的矮丘，人们将其视为垫状生长的微生物的遗迹——也就是生命的遗迹。

叠层石（之前我们提到，这种“石头床垫”是一种另类的多细胞原核生物）在地球历史上 30 多亿年的时间里是最显眼的化石，是最常保存下来的生命证据。它们为我们提供了早期生命的最佳记录。叠层石在所有大陆上 5 亿年前或更古老的岩石中都有发现。今天，它们在地球上仅见于一种环境类型，就是宁静而高盐度的热带水域。这类环境是唯一能躲避藻类掠食者的地方；在地球表面大部分地区，叠层石已不复存在，因为它们很快会被吃掉。名为蓝细菌的光合细菌，就是那些古老的沉积物的“现代版”。

叠层石的存在是明确的线索，表明到 35 亿年前，地球上的生命已经离开了它最早生存的环境——可能是热液环境或地下深处——而在地球表面变得纷繁多样。原核生物当了 10 亿年的世界霸主，但是生命仍然稀少而分散。根据化石记录，直到大约 25 亿年前，产生叠层石的生物才释放出足够的氧气，形成名为带状铁地层的沉积。在叠层石四处可见之前，海洋中没有溶解氧，大气中没有氧气，因此也不可能有矿物氧化作用。然而，有了氧气的存在，曾经溶解在海水中的大量的铁就被氧化为三价铁的氧化物，而从海水中沉淀出来——换句话说，它们成了铁锈。今天在这些带状铁地层中，仍然有至少 600 万亿吨在25亿年前这样沉淀下来的铁氧化物。

大约在25亿年前开始的这个时期，以地球构造运动的本质表现之变化为标志，即造山和大陆漂移的速率。到了这个时段，禁锢在地球岩石中的放射性元素产生的热量已经减少，因为在地球历史早期，一些放射性元素就已经迅速衰变完了。这类物质就像地球内部总量确定的一堆燃料，随着它们逐渐烧光，热流也就衰退。现已知道，大陆漂移和造山过程是地球内部热量向上升腾的副产物，而当热量随着时间减少时，这两种构造运动也会减退。现在还有一些证据表明，差不多在这个时候曾经出现了一次重要的陆地形成过程，让较大的大陆性陆地得以形成。随着新大陆的成形，很多浅水生境就被创造出来，而这些正是光合细菌生长的最佳环境。我们可以推断，从大约40亿到25亿年前，地球上几乎没有较大的大陆，只有许多火山岛链点缀在海洋中。而在此之后，大陆性陆块开始形成，全球尺度下的火山活动则减弱了。

随着这种生境的增加，越来越多的叠层石开始生长、繁盛。这反过来又不断把更多的氧气注入海洋。只要在海水中还有溶解铁，那么所有游离出来的氧气就都会迅速被禁锢在带状铁岩层中。然而，到大约18亿年前，这个溶解铁的储备终于耗尽了。我们之所以知道这一点，是因为在这之后就不再有沉积下来的带状铁地层了。这场变化在地球的沉积记录中留下了不可磨灭的印记，因为当海水变得吸饱了氧气时，带状铁沉积的时代就永远结束了——至少也要到遥远的未来，当地球上可能再次没有氧气的时候，这样的时代才会再次开始。当氧气没有地方可去时，便开始出现在地球大气中；这可能给了生命第一次刺激，让它们向着动物的方向发展。

氧气革命

我们几乎不可想象，我们所在的这个世界一度完全是副陌生的模样。20亿年前那种古怪的微生物世界，可能才是宇宙中那些有生命栖息的行星的正常面貌。如今在地球上，这种世界还有些许残余存在。比如在全球都还有细菌造成的水沫，池塘里都还有水华，而细菌最繁盛的地方，可能莫过于我们人类自己创造的正在腐烂的垃圾堆和垃圾填埋场——这些地方都还有大量由迅速生长的细菌构成的可见菌落。然而，在一个真核生物已经明显比原核生物占据优势的世界里，我们却不可能在渗水的沼泽上见到彩虹色的浮膜了。20亿年前的世界看上去会是什么样？我们所知的最佳描述，由两位通过想象多次回到这个世界旅行的科学家写就。下面这幅古老的元古宙（25亿至5亿年前的地质年代的正式名称）场景，就来自林恩·马古利斯和多里安·萨根（Dorion Sagan）1986年的著作《小宇宙》（*Microcosmos*）：

> 对一个漫不经心的观察者来说，早元古宙的世界看上去可能基本都是又平坦又潮湿，呈现为既陌生又熟悉的景观：在远处有喷烟的火山，到处都是颜色鲜艳的水塘，发绿、发褐的神秘浮渣团聚成块，漂浮在水中，贴附在河岸上，像细小的霉菌一样给潮湿的土壤染上颜色，恶臭弥漫的水体盖着一层红光。而如果缩小到微观视角，我们便能看到一幅梦幻般的场景，紫红、浅蓝、红色和黄色的球体在眼前上下浮动。在硫匣菌（*Thiocapsa*）紫堇色的球体中，由硫黄构成的悬浮的黄团会放出恶臭的气泡。包着

黏液的生物构成的群落，看上去一望无际。一些细菌一端贴在岩石上，另外的末端会慢慢伸入微小的罅隙，开始渗入岩石里面。瘦长的菌丝离开它们抱团的兄弟，慢慢滑动，搜求阳光更充足的地方。蜿蜒摆动的细菌鞭毛，状如开瓶器，又如螺旋意面，会从旁边一冲而过。细菌细胞构成的多细胞菌丝，以及状如织物的黏糊糊的集群，会随着水流波动，为卵石覆上红、粉红、黄和绿的亮丽色调。微风吹来，球体仿佛骤雨一般，在低处的泥泞和水体的广阔边缘地带撞碎、溅开。

这个原核生物世界创造了名为“氧气革命”（Oxygen Revolution）的事件。氧化性大气的开端，是地球上所有由生物介导的事件中最重要的一个。原核细菌只利用阳光、水和二氧化碳，就让大气中的氧含量不断增加，最终永久性地改变了这颗行星。氧气的大量注入，既为生物创造了机会，又给生物带来了危机。地球上的很多原始生物在代谢上是无法处理大量氧气的。对于大多数古菌来说，大约20亿年前氧气的大爆发是一场环境灾难，把一些种类驱赶到了没有空气的生境中，比如湖底和水流停滞的洋底、沉积层和死亡的生物体中。其他种类无法进行这样的迁徙，便只有死路一条。然而，还有一些生物，对它们来说这种大气环境的深远变化恰恰创造了新的机遇。一些原核细胞开始利用氧代谢的巨大力量，来把食物资源降解成为二氧化碳和水。这条新的代谢途径所产生的能量，比任何厌氧途径都多得多。适应于此的生物很快就开始占领这个世界。其中最有成效的种类，是真核域的成员，它们在20多亿年前演化出了真正的真核细胞体系。

已知的看上去已经达到真核组织演化级的最古老的生物化石，见于美国密歇根州的带状铁沉积中。化石本身直径约 1 毫米，但可见排成长达 90 毫米的链状。因此，这种生物即使作为单细胞真核生物都实在太大了，更不用说单细胞原核生物。这种以卷曲的碳薄膜保存在光滑的沉积岩层理面（bedding planes，沉积岩层可以沿这些面彼此分开）上的化石，被命名为卷曲藻（*Grypania*）。这种 1992 年发现的化石表明，最古老的真核细胞演化于带状铁形成的过程期间，那时在海洋中几乎没有游离氧，在大气中很可能完全没有。这些早期的真核生物可能十分罕见，因为在卷曲藻首次出现之后，又要过 5 亿年，才能在化石记录中再次见到其他真核生物；但是有了这种生物，生命就建立了得以继续进步的滩头堡。

在 20 亿至 10 亿年前这一时期中（见图 5.2），生命几乎没有什么显著成就被记录在岩石里的化石中。真核生物最早的普遍出现，始于大约 16 亿年前；这时，名为疑源类（acritarchs）的微化石开始在地质记录中现身。疑源类是球形的化石，有相对较厚的有机质细胞壁。人们把它们解释为浮游藻类的残骸，是能够进行光合作用、在全世界海洋的浅海水域中生活的生物。此时也演化出了其他形式的生命，但正如大多数类似变形虫和草履虫的现代原生生物一样，它们缺乏骨骼，因而在化石记录中不可见。随着类似植物的生物繁盛发展，捕食性的原生生物的新类型肯定也演化出来了。在地质年代中这个似乎没有尽头的时段，有一整群单细胞生物生生死死。有的构成漂浮的牧场；有的形体略大，行动更灵活，在这些浮游的草场上掠食。开阔的大洋可能没什么生命，但是在近岸海域，养分较为充足，其中可能充满了生命——微小的生命。这是原生生物的时代，是“小不点儿”的时代。

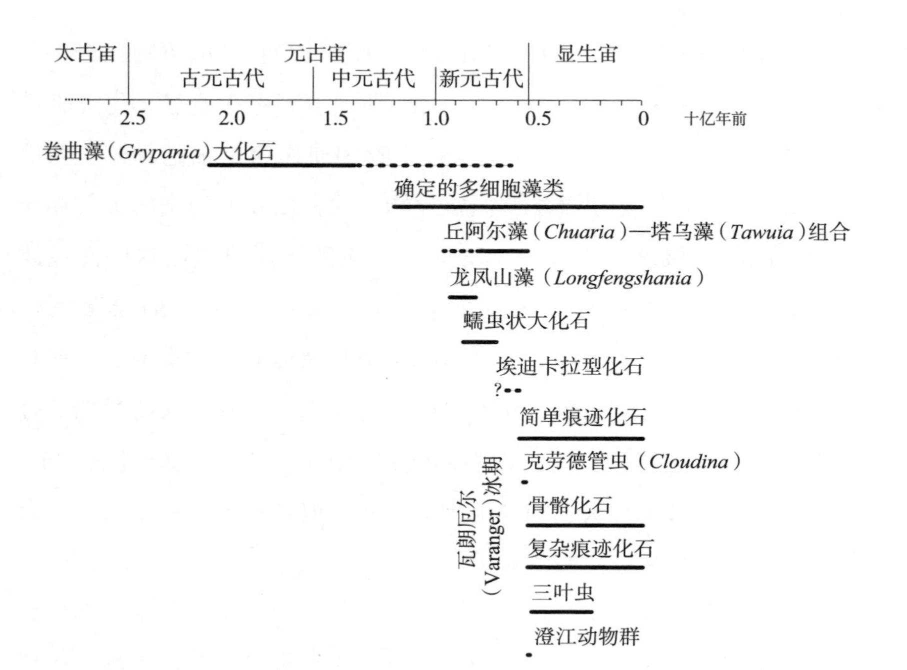

图 5.2　早期的多细胞化石。虚线表示不确定的时间范围。

在这场纵贯演化时间的征程中，我们现在已经来到了 10 亿年前。最后，如果我们对化石记录的解读正确的话，那么这时演化发展的节奏就加快了，因为在这时的岩石中可以见到真核生物的种数激增。在新类型的真核生物中包括了最古老的红藻和绿藻，它们如今在海洋生态系统中仍然有重要的地位和丰富的多样性。包括原生动物和植物在内的真核生物物种的这种多样化，开启了更大的多细胞生物的演化序幕，而它又可能是由真核细胞内部重要的新形态演化所触发的结果。

真核生物形态与功能的演化

在通往大型动物的出现之路上，有四个生物学创新可能格外重要:（1）性周期的出现;（2）沿着染色体编码的信息像洗牌一样重组的新方法;（3）细胞之间通过名为蛋白激酶（protein kinases）的物质相互通信的新办法;（4）一种新型细胞内骨架——细胞骨架——的出现，让真核细胞在尺寸上可以变得极大。这些创新在很大程度上提升了细胞为回应自然选择而演化出新形态的能力，以及它们彼此绑定成为多细胞生物的能力。

现在，我们可以把我们所谓的“高等生物”做个更好的归类：真核多细胞生物。光是说多细胞生物的话，当然会存在许多类型，其中包括数量相当多的原核形式。大多数情况下，这些多细胞原核生物仅由两种细胞类型构成。细胞状黏菌（cellular slime molds）是多细胞的，一些蓝细菌也是多细胞的。然而，从某个方面来说，这些形式只是演化上的死胡同。它们在地球上已经存在了几十亿年，从演化意义上来说是高度保守的。在生命历史上，变得十分重要的是另一种类别的多细胞生物——真正的后生动物。

从单细胞生物到由多细胞构成的生物的跃进，需要众多演化步骤。而在后生动物中，细胞之间在组织水平上具有较高程度的相互协作；要从单细胞生物跃进而来，就需要更多的步骤。生物学家约翰·格尔哈特（John Gerhart）和马克·基尔施纳（Marc Kirschner）在他们最近的著作《细胞、胚胎和演化》（*Cells, Embryos and Evolution*）中讨论了这些演化成就。他们认为，其中的第一步看上去几乎是悖论性的：要达成这种转变，首先不是要获得什么新结构，而是先失去一种重要的结构。在很久很久以前，地球上的真核细胞谱系中，一些生物实现了一次勇敢（或幸运）的形态变化——它们丢弃了外侧的细胞壁。至于这个变化为何发生，现在还不清楚，但是其净效应（net effect）却影响深远。坚实的外层覆被可以把大多数单细胞生物保护起来，使其不与周围的环境直接接触。然而与此同时，它也把这些细胞与同类细胞的其他成员隔离开来。但如果脱掉这层外壁，单个细胞之间就可以彼此开始交换活物质（living material）以及信息。裸露的细胞可以彼此贴附在一起，在彼此身上爬行，还可以通信。在多细胞生物中，组织（tissue）是为了互惠而联合在一起的细胞集群；而这些变化，就是形成组织的最初几步。

较大的动物需要细胞构成高度统一的多个系统，从而完成所有生命所需的众多功能。呼吸、摄食、繁殖、废物的排泄、信息的接收、运动……所有这些功能都需要许多细胞齐心协力，统合为一。每一种功能最终都需要一种或多种类型的组织来实现。

对于任何生物而言，在各种类型的组织中，外侧体壁（上皮组织）最为重要。上皮组织必须保护生物体免受外部严酷环境的危害，但与此同时又得让生物体能吸收维持生命所需的气体，有时还要能够吸收养分。上皮组织的演化，是朝向后生动物的演化迈出的决定性的第一步。

哪个类群的单细胞生物最先实现了这个突破呢？在较大的真核后生动物中，最原始、最神秘的是海绵。这些古怪的生物似乎填平了单细胞真核生物（甚至集群性的原核生物）与身体高度集成的无脊椎后生动物那些门（phyla）之间的鸿沟。海绵有几种类型的细胞，各自执行专门的任务，但是在整个生物体层面上的组织水平却非常低。海绵没有专门的肠道或空腔来处理食物，也没有任何神经系统。然而，在确定我们真正的后生动物祖先的时候，海绵却是一条重要线索。

后生动物的主干——或者说是祖先——所拥有的细胞类型，很可能比海绵多（其单个细胞也许有 10 至 15 类，而不像海绵那样只有 3 到 5 类）。它们可能有某种空腔，由两层细胞围成：外侧是外胚层，内侧是朝里的内胚层。这种双层组织结构似乎是个演化的死胡同，直到第三层——中胚层出现之后，才形成了内部具有真正复杂性的动物。最后，具有三个组织层的小型蠕虫状动物便演化出来，它有一条肠道，沿着身体长轴纵贯下来，体内又有一个分离的空间，名为体腔（coelom），通过流体静力学作用在体内起到骨骼的功能。有了这种微小的生物（最古老的蠕虫状动物可能还不到 1 毫米长），地球上就拉开了朝向动物出现的演化大幕。

动物诸门的两种多样化

有了这种演化生物学家称为“圆扁虫”（roundish flatworm）的形式之后，动物的形体构型便可以发生各种改变，从而形成后生动物的所有叫做“门”的类别，每一个门都拥有一种主要的形体构型。今天尚存的门有节肢动物门、软体动物门、棘皮动物门以及我们自己所属的脊索动物门，此外还有大约 25 个门。它们就是我们希望能在其他行星上寻找的复杂后生动物（虽然这希望可能非常渺茫）。说得再明确点：这就是动物。它们在地球上的生命史中出现得相当晚。20 世纪 90 年代有一个重大的新认识，就是我们发现动物的起源以及在此之后动物的多样化和繁盛是两个分离的事件，而不像从查尔斯·达尔文时代以来很多人相信的那样是一个事件。

宏观动物（指肉眼可见的动物）的化石最早大量出现的时间，是不到 6 亿年前的“寒武纪爆发”期间；寒武纪爆发是一个多样化事件，导致了数以千计的新物种迅速形成，我们会在后面的章节对此做更详细的描述。然而，这个时代大量动物化石的出现，实际上是引发地球上较大型的动物繁荣发展的两个多样化事件中第二个事件的标志。就像我们将要看到的，像三叶虫和软体动物（它们是寒武纪爆发中的常见种类）这样的复杂动物的化石，是 10 亿到 6 亿年前发生的一次早得多的多样化事件的进步后代。然而，这第一次多样化没有留下化石记录——在老于 6 亿年的地层中几乎完全缺乏化石记录，而这时第一次多样化事件肯定已经发生了，这就阻碍了古生物学家的认识。我们对于动物的这第一次多样化的理解不是来自古生物学，而是来自完全不同的另一条研究路线：遗传学。遗传学家通过一种叫核糖体 RNA 分析的技术，检查了现生动物的遗传密码，从而为第一次多样化事件“何时发生”的问题给出了答案。

基因序列就是沿着 DNA 分子的双螺旋呈线状排列的碱基对次序。我们在前面已经说过，如果把 DNA 分子比作扭转的梯子，那么碱基对就可以看成梯级，而用在这种类型的分析中的就是这些梯级的顺序。所谓基因，就是用 DNA 梯子上的核苷酸顺序编码的指导蛋白质合成的指令。虽然核苷酸只有 4 种类型，但它们所提供的遗传密码是所有地球生命的基础。比起没有亲缘关系的物种来，所有生物与它们的祖先之间都共有更多的基因。通过比较各种生物的基因，就有可能建立演化史的模型（也就是演化树），其中的树枝表示一个物种有什么样的后代物种或祖先物种。不仅如此，在很多遗传学家看来，这样的分析除了能告诉我们演化树如何分枝，还能告诉我们它在何时分枝。

1996 年，G. 雷（G. Wray）、J. 莱文顿（J. Levinton）和 L. 夏皮罗（L. Shapiro）发表了一篇论文，宣称以运用这种遗传技术所得的结果为基础，可知第一次事件——也就是动物最早的分化——发生在 12 亿年前。这个结果让整个古生物学界一齐大吃一惊：这实在是太古老了。雷等人的论文中的基本假设，是基因序列以相当规则的步调演化，因此可以利用某种“分子钟”来确定各种类群分化的时间。这种分子钟技术背后的逻辑是，遗传密码中的变化——也就是演化——以十分恒定的速率发生。两段 DNA 序列的差距越大，它们从共同祖先分化的时间也越长。然而，其他科学家对此表示异议，认为基因的变化速率未必是恒定的，因此他们不相信分子钟技术。而正是这些分子钟数据，让雷的团队得出了那样的结论。这个发现显然是爆炸性的。如果动物这么早就演化出来了，为什么它们在化石记录中一直不存在，要等到将近 6 亿年前的时候才现身呢？在这么长的时间里，那些动物在干什么？

雷的研究团队做出的这些发现引发了极大的争议，不仅因为他们的结果与长期以来学界所持的古生物学教条相矛盾，而且因为他们在其他遗传学家中间也激起了批评。针对分子钟技术的可靠性，遗传学家展开了激烈的争论。雷等人的研究本身对于最早这次分化的时间同时给出了最小值和最大值。有一组基因表明，让环节动物门（包括蚯蚓等蠕虫）与脊索动物门（我们人类所在的门）分道扬镳的事件仅发生在 7.73 亿年前，而另一组基因（也存在于这些生物中）却算出了 16.21 亿年前这个数字——这个时间跨度实在太大了！这些结果为我们界定了分化时间的下限和上限。不过，就算取其中的下限，在 7 亿年前（反正这个数字也是由分子数据得来）也已经有了可以识别的脊索动物和环节动物——但在那时的化石记录中，它们还是连个影子都见不着。它们在哪里呢？还是说它们根本不存在于岩石中？是这个时段的岩石都没有幸存下来吗？还是说在大约 10 亿至不到 6 亿年前的这段时间中，没有化石保存下来？越是这样解释，就越显得离谱，就像英国古生物学家西蒙·康韦·莫里斯所说：

> 用岩石记录的空缺和沉积层普遍的变质作用来解释的做法是行不通的：如果那时真的有大型后生动物能够形成化石或留下痕迹，那么它们就一定有一种奇招，可以避开最可能留下遗存的那些地域。

自从雷的团队做出诱人的开创性分析之后，其他遗传学家对基本数据又做了重新考察。多数人承认，12亿年前这个数字显得太古老了。[不过，由美国耶鲁大学阿道夫·塞拉赫（Adolf Seilacher）领衔的团队于1998年晚些时候在《科学》杂志上发表了一份报告，声称他们发现了10亿年前的*痕迹化石*（trace fossils，仿佛蠕虫爬行的遗迹，是动物行为的化石记录，而不是动物本身保存下来的坚硬部分），可能来自蠕虫状的小型生物。这个发现的批评者则认为，他们所研究的痕迹可能通过无机作用就能轻易产生，而且就算这些痕迹化石最后证明确由生物产生，问题仍然存在：为什么在之后的几亿年中就再找不到这样的化石呢？]这样的话，我们不妨假定，这次分化发生在不到10亿年前。我们仍然不得不对这个有动物而无化石的重要时期做出解释。古生物学家长期相信，只发生过单独一次重大的分化事件——也就是所谓的寒武纪爆发，开始于大约5.5亿年前，是与化石的出现时间相吻合的事件。但现在看来，这个演化事件只是更为古老的第一次事件的后续发展罢了。

这个表面上的谜题的答案是，动物在那时确实存在，但它们太小，在化石记录中实际上是不可见的。最近有一个重大发现，是科学家找到了微观大小的（microscopic）动物胚胎化石，这似乎可以证实这个观点。古生物学家安德鲁·诺尔及其同事运用新发展的技术手段，在磷酸盐矿物中搜寻微小（但结构复杂）的动物，他们发现了一组微小而保存完好的化石，并将其解释为5.7亿年前的三胚层动物的胚胎。三胚层动物是身体分三层的动物，今天所见的大部分动物都是这一类。这些化石告诉我们，现代动物诸门的祖先，在它们能够形成我们所见的任何传统化石记录之前至少5000万年时，就已经确实存在了。遗传信息与化石记录的新发现相结合，便让我们对动物的起源有了比较牢靠的看法：10亿年前它们不存在，可能7.5亿年前它们也不存在。在地球生命这个舞台上，动物的出场确实非常晚。

多亏了这些新的发现和解释，有关"何时"的问题已经得到了让大多数人感到满意的回答：动物的出现，是分两幕进行的事件。第一幕的发生时间，似乎没有雷及其同事所提出的十几亿年前那么久（可能远没有这么久）。但就算要经过校正，雷的团队所做出的发现也仍然能让我们对于宇宙中动物的潜在产生概率获得引人入胜的深刻理解。雷的工作证明，动物实际上有两场"爆发"。第一场爆发是各种形体构型的实际分化；第二场爆发则是这各式各样的门中的物种发生再分化和演化，它们体型增大，数量繁盛起来，而足以被充分保留在化石记录中。遗传学家的研究表明，环节动物门蠕虫的基因和脊索动物的基因，在这些动物体型增大到可以出现在化石记录中之前，就已经分化了几千万年。这便让我们不禁要问一个关键的问题：就算动物能演化出来，但它们必然——或者说命中注定——会多样化、体型增大并存活下来吗？动物的第二波繁盛——也就是地质学家早已知道的寒武纪爆发事件——是第一波多样化之后不可避免的事情吗？还是说它只是又一个有一定可能（而非必然）逾越的门槛而已？也许在宇宙中的某些世界里，动物也能够多样化，但从来都没法在某种类似寒武纪爆发的事件中达到较大的体型和较多的数量。这个深刻的见解，最早是古生物学家西蒙·康韦·莫里斯提出的：

> 我们需要讨论的是，在10亿年前，后生动物的历史在多大程度上还是隐晦的——至少在总体方向上如此——而并不会让5亿年后寒武纪爆发伊始时的那些事件不可避免地发生。就算后生动物有更深远的历史，目前在古生物学上还隐秘难知，但那时实际存在的生物不过只有毫米级的体长，可能并没有把体型增大到宏观级别和形成复杂生态系统的潜能。雷等人把引起爆发的火药向回追溯到了新元古代（10亿年前的前寒武纪时代晚期）的迷雾之中，但是这个火药桶本身似乎仍是到了寒武纪才被引爆的。

换句话说，动物的发展看来是包含两步的过程，寒武纪爆发作为第二步，并不一定是动物诸门的最初分化所预先决定好的必然结果。

于是人们不禁反反复复地提出同一个问题：为什么动物要花这么长的时间才在地球上出现？这应该归因于地球历史上长期缺乏氧气之类的外部环境因素呢，还是应该归因于生物学因素，比如缺乏形态上或生理上的关键创新？

动物的演化：是生物学突破还是环境刺激？

如果没有从较为简单的单细胞生物开始沿着某些途径演化，复杂动物肯定是不可能出现在任何行星上的。从单细胞微生物到多细胞生物的转变，在任何行星上都可能遵循共同的路线，而且就算构成生命的分子在不同世界中各不相同，从简单到复杂的路径却可能是普适的。因此，地球上动物演化的情况就可以作为范例，对于理解动物在其他行星上的出现频率来说具有莫大的重要性。

如果我们想要理解动物如何从单细胞祖先演化而来，那么我们首先必须明白，这些里程碑式的演化进步所发生的环境。我们已经很清楚这种转变在“何时”发生——是在10亿到5.5亿年前，持续了约5亿年时间。第二次事件则是5.5亿到5亿年前的寒武纪爆发，当时动物各个门的形体构型发生了形态多样化，导致每个门进一步演化为亚类群；与此同时，各个门内部的物种体型也开始增大，并出现了骨骼（见图5.3）。

在这段时间里，地球也经历了重大环境变化，其中包括规模空前严重的几次冰期、快速的大陆移动和海洋化学的剧烈变化。于是这给我们留下了令人困惑的问题：这个时段的环境变化（下面会有更详细的描述）是否在某种程度上触发了动物的多样化？还是说即使没有这些深远的环境变化，动物也仍会起源？这些问题对于理解地球生命的演化来说显然具有重要意义，对于我们理解其他行星上动物生命的出现频率来说也有很大的相关性。是否只要出现了合适的祖先，动物就总能（甚至通过共同的方式）演化出来？还是说这需要某种额外的触发作用，是环境变化逐步造成的结果？我们可以把整个过程比拟为烘焙蛋糕。到了10亿年前，用来制作蛋糕面糊的原料已经掺在一起混合均匀了。那么，为了产生这个蛋糕，是否需要我们烘焙面糊，把它加热到一个受到严格限制的温度范围，持续某个特定长度的时间？还是说在任何温度之下烘焙任何长度的时间都能完成制作蛋糕的任务？又或者说我们这个蛋糕不需经过任何烹饪就能做好？（换句话说，是否只要把原料搅和成面糊，就保证了蛋糕一定能成功地做出来？）

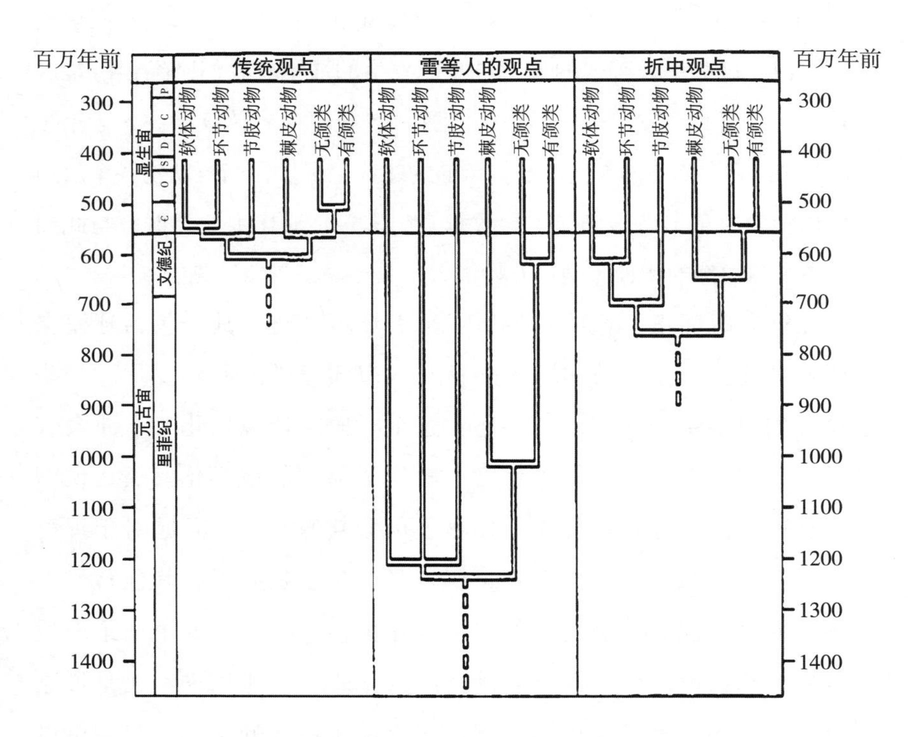

图 5.3　后生动物系统发育的不同观点。大多数古生物学家持有“传统观点”（左），认为化石记录可以较为可靠地指示起源事件。雷等人所解释的分子钟结果（中）则显示，后生动物主要的门具有非常久远的起源。如果认为一些类群中的分子钟走得要比其他类群快得多，就可以得到一种“折中观点”（右），由该图可知，我们对最古老的后生动物的搜寻策略应该重点关注大约 7.5 亿年前以后的时段。图中缩写：P，二叠纪；C，石炭纪；D，泥盆纪；S，志留纪；O，奥陶纪；Є，寒武纪。

地球历史上这个多产时代的起始标志，其实不是动物新类型的出现，而是植物新类型的出现。大约 10 亿年前，多种类型的藻类开始出现在化石记录中，其中包括今天在地球上仍然非常繁盛的绿藻和红藻。这些植物当然不是动物的祖先，但是它们的出现是到那时为止规模最大的演化轰炸的开场炮火。这之后过了几亿年，动物诸门开始多样化，再之后（又过了几亿年）便是动物生命的寒武纪爆发。

10 亿到 6 亿年前的这个时段中有哪些环境事件呢？到了这个时期，面积接近今日大陆的陆块已经形成，地球上陆地的总面积与我们今日所见可能已经没有显著区别。然而，那时的陆地并非宁静之地。那是一个造山运动和大陆漂移都非常活跃的时代。除此之外，那时发生的重要事件还有自此之后再未达到那样大的规模的多次大陆冰期。这些事件是否与动物的多样化有关呢？有一个学派的思想认为有关。马丁·布雷热（Martin Brasier）等人的研究表明，海平面的快速变化，特别是新大陆内部宽阔浅海的形成，可能创造了许多在温度和营养上非常适宜的新生境。这又进一步刺激了动物和植物的多样化。当然，也有持异议者。其中的主要学者詹姆斯·瓦伦丁（James Valentine）就警告说："板块构造……与动物的起源和辐射演化之间的联系仍然有待证明。"然而，就像哈佛大学的古生物学家安迪·诺尔指出的，这些崭新而活跃的构造事件可能还有另一种方式，影响了这一时期中动物的初始辐射演化。诺尔在 1995 年写道："构造过程可能影响了（动物的）一次或多次大型辐射演化……方式是参与能调节地球表面环境的生物地球化学循环过程。"

这些效应的一个代表性机制，是构造过程对海洋化学的热液影响。正如我们在第一章中提到的，在海底一些区域有热液喷口，那里有大团具有独特化学成分的炽热水体与海水混合。这种由火山作用产生而进入海洋的热水的总量，在10亿到5.5亿年前的时段反复波动，这些波动对海水的化学成分、大气的组成和气候都产生了影响。构造事件还影响了沉积物中有机碳埋藏和剥露的速率。氧气和二氧化碳的水平会发生变化，由此又让地球的温度和产氧过程也出现了重大变化。

除此之外，还有另一个环境刺激可能也对动物多样化的发生起到了作用。10亿年前开始活跃的构造活动导致海洋化学发生变化，这为骨骼的演化提供了方便。这个时期的标志之一，是磷酸盐类岩石的出现。有些研究者相信，这些岩石在那个时候提升了海洋的"肥力"，这又进一步促进了大量多样化的动物能在大约6亿年前突然出现。比起周边环境来，磷在活生物体中的浓度要大得多，所以它是一种限制性营养元素。现在突然出现了这么多的磷元素资源，那它作为一种实实在在的肥料，很可能促进了生物的生长。

诺尔讨论了所有这些形形色色的因素，提出了三种可能情况。第一种是，在10亿到5.5亿年前发生的复杂的物理事件和同样复杂的一系列生物事件可能不过是巧合——它们彼此没有关系。如果确实如此，那么大规模的生物多样化就必然只能归因于生物本身的创新（比如彼此绑定在一起、构建外侧的细胞壁、在相接触的细胞之间演化出内部协作之类的细胞能力），而与同时发生的环境变化无关。

第二种可能情况是，物理环境的变化确实为演化提供了便利。这些变化中最重要的方面可能是氧气水平的变化。大约6亿年前埃迪卡拉动物群中体型较大的后生动物的第一次出现，是在大气氧含量的骤然提升（这个事件的证据来自稳定同位素研究）之后很快发生的事。因此，动物在大约7亿年前的初始多样化本身，可能就是对达到某种临界水平的氧气浓度的响应。

第三种可能情况是，生物革命本身以某种方式触发了一些物理事件——这和第二种情况完全相反！在这个场景中，新演化出来的动物因为普遍采用碳酸钙建造外壳，而改变了海洋中钙的分布方式。与此类似，可能是生物促成了磷酸盐岩石的形成，而不是相反——众多生物的存在可能改变了海洋环境的物理化学状况，而让这种类型的矿物能大量形成。

诺尔倾向于最后这种可能的情况。他强调，原生生物和藻类第一次大规模的辐射演化（大约10亿年前）之所以能发生，可能是因为生物第一次演化出了有性生殖。扇起多样化之火的，是性的发明，而不是环境的触发。不过，诺尔也承认，大气的氧化在大型动物的演化中发挥着核心作用。没有氧气，大型动物可能永远演化不出来，而在这个时段中，构造运动促进了大气的氧化过程，尤其是复杂地球化学循环中海平面的变化和大陆的侵蚀，起到了特别作用。因为许多生理上的原因，氧气是大型动物出现的关键因素——动物的新陈代谢需要氧气。

事实上，我们完全可以怀疑，大气的氧化以及之后动物的起源，是否在没有大陆可供侵蚀的世界中也可能发生。可能那些“水世界”在根本上就不适宜动物生命的生存。不过，比起诺尔所列举的那些因素来，还可能会有更突然、更具灾难性的环境变化——行星温度极为重要而剧烈的变化。20世纪90年代后期揭示的证据，导致人们产生了一个全新的观点：地球在历史上至少曾有两次几乎完全被冻结——第一次是25亿年前，第二次（可能是重复发生的多次）发生于大约8亿到6亿年前的时段。这些全球普遍十分寒冷、连海洋都覆满了冰雪的时段，叫做“雪球地球”。它们在生物学上的重要性，就是下一章要探索的主题了。

第六章　雪球地球

“下雪吧，下雪吧，下雪吧。”

——圣诞歌曲

我们的基因，很难完全隐藏。

——菲利浦·基奇纳（Philip Kitchner）

《将要到来的生命》（*The Lives to Come*, 1996）

春天被人们普遍与诞生、成长和繁育联系在一起。在寒冷而了无生机的冬天之后，春天翩然而至，带来一段万象复苏的温暖时节。正因为如此，很久很久以前，似乎应该有一段漫长的时代，其间的环境仿佛春天，温暖而宜于生命繁育，促使动物出现在地球之上。然而，一些洞察力深刻的科学家却揭示了新的信息，表明动物在地球上的诞生并非始于温暖的年代，而是始于一个极为骇人的隆冬，它甚至把整个地球都笼罩其中。这个场景就叫做“雪球地球”（Snowball Earth），如果它最终被证明与动物的起源有关联，那么这对于其他行星上动物生命出现的概率又意味着什么呢？

正如我们在前文中提到的，多数天文生物学家相信，早期地球的温度，从大约38亿年前最古老的生命出现之日起，到大约25亿年前真核细胞起源之时为止，都是比较高的——很可能炎热到了动物无法存在的程度。不过，也有其他学者推测地球可能有个“凉爽的开局”，因为在那个时候，太阳释放的能量要比现在少得多。不管哪个阵营，都同意当时地球大气中几乎没有氧气。那些相信“热开局”的人推测，随着大气中的温室气体容量逐渐减少，气温也会逐渐下降。但是地球有可能会过分冷却（或者如果你相信“凉开局”，那就是没能变得足够温暖），至少在短期内会如此。有证据表明，地球曾经历过多达四次的大冰期，规模可谓空前绝后——这几个冰天雪地的时代，让250万到1万年前的更新世末次冰期相比之下不过是短促的临时降温而已。

已知最早的雪球地球时期始于大约24.5亿年前，而在8亿到6亿年前，又有几次类似的事件对地球造成了第二波持久的封锁。这两个时代意义非凡，因为自生命在地球上初次登场以来，这两个时代正是两个最具标志性的事件发生之时：大约25亿年前，最古老的真核细胞出现了；而化石记录表明，大约5.5亿年前，丰富多样的动物生命繁盛发展，造成了名为“寒武纪爆发”的事件——这也是下一章的主题。这样两场规模宏大而影响深远的生物学事件，刚好在地球历史上那两场冰盖面积最大、最为严酷的冰期之后立即发生，也许只是巧合。然而，根据一个争议性的新理论，这二者有可能皆由雪球地球时期所触发。

囚禁于冰中

大陆冰川作用会留下它们往昔存在的证据——一种特征性的景观地貌，其中有冰川流动时碾压坚硬岩石而导致的沟槽和擦痕，还有能暴露实情的沉积物（这可能是最重要的），叫做冰碛岩（tillites）。冰碛岩由有棱角的岩石碎屑沉积而成，它们被移动的冰川所搬运和遗留。人们推断的最近一次冰期发生在250万到1.2万年前，在北半球和南半球都留下了很多这样的沉积。在远为古老的岩石中也发现了这样的冰碛岩沉积。在前寒武纪的地球历史中，便有两段时期留下了很厚的冰碛岩沉积，一次是大约24亿年前，一次是大约8亿到6.5亿年前。这两层沉积的非同寻常之处在于，它们可见于地球上基本所有纬度的地区，由此可知当时的冰川作用一直延伸到了接近赤道纬度的地方（与此相反，较晚的那些冰川作用只是从两极延伸到中纬度而已）。在地球上可能没有什么地方能摆脱当时的冰川作用。正是因为在前寒武纪的这两个冰期之中，地球表面如此大的面积都被冰雪覆盖，美国加州理工学院的约瑟夫·基尔什文克便在1992年将它们称为"雪球地球"事件。与后来的冰期非常不同，在雪球地球时期，地球的状态十分危险，差一点就冷到了让所有生命都无法生存的程度。1998年，哈佛大学的地质学家保罗·霍夫曼（Paul Hoffman）在《科学》杂志上发表文章，给出了冰盖在大约7亿年前的前寒武纪曾延伸到接近赤道纬度的新证据，这对雪球地球理论是很大的推动。

那些在大约5.5亿年前、动物骨骼演化出来之后发生的较为晚近的冰川作用，影响的只是陆地区域；虽然冰山的数量会增加，或者最多是冰盖把邻近大陆的海域覆盖，但是大洋仍然保持敞开状态。而在前寒武纪的冰期中可能并不是这样。在这两个“雪球地球”时期，所有大洋可能都覆盖了冰层，而且冰层向下达到了相当大的深度。虽然海洋中更深的区域仍是液态，但是海面上却覆盖着厚厚的冰山或大块浮冰，深度可达 500 米至 1500 米。那时地球一定很冷，其上的平均表面气温可能会在 –20℃和 –50℃之间变化。

这些极端寒冷的温度，对于地球表面可能产生了巨大影响。比如大陆的风化作用可能减缓，甚至停止。在大陆内部，冰雪覆盖最终可能消融（蒸发）殆尽，而留下不毛的岩石表面，就像今天南极洲的干谷一样。从这些地区吹起的尘土可能会落入海中，让海面上覆盖的浮冰被陆源物质染脏。从太空看去，地球可能是白褐相间的——白色是海洋上的冰盖，而褐色是裸露的陆地区域。

海面上覆盖的浮冰，作用好比锅上的盖。正常情况下，在辽阔的海面和大气之间有大量自由的交换。然而，如果海面被冰封，那么海洋和大气就“解耦”或“脱钩”（decoupled）了。海洋中的化学变化，会遭到洋面上千米之厚的冰盖阻碍，而与大气隔离。根据基尔什文克和其他学者的说法，在海洋自身当中可能会发生非常重大的化学变化。

尽管海上有冰盖，但火山作用还会继续进行，既在陆地表面发生，又沿着全世界大洋底部的火山性大洋中脊发生。在今天的大洋中脊处，大量富含金属的热液仍在从这些水下火山中涌出（见第一章）。在表面有冰覆盖的海洋中，这些物质可能会展现出毒性，营造出所谓的“还原性环境”。海洋此时可能开始积聚金属离子，主要是铁和锰。在长达 3000 万年的时间里，冰川和冰盖对于地球的冰冷禁锢从未有过松动。

这场全球性的寒冷，在全世界海洋的浅水区当然会给生命带来极负面的效应。生物圈变得局限于赤道周边的狭窄地带，以及深海热泉和热液喷口附近的环境。可能也有些生命幸存于偶尔出现的类似黄石公园那样的热液系统中。

天文学家一度认为，从之前的温暖世界滑落到这样一个“冰室”或“雪球”的过程是不可逆转的。他们的理由是，随着行星表面覆盖的冰层越来越厚，反射回太空中的阳光比例不断增加，行星表面接收的太阳热量也不断下降。在今天的地球上，颜色较深的陆地和海洋会吸收阳光，但覆盖它们的云层会反射阳光。完全冰封的行星会把最多的阳光反射到太空中，导致行星变得更冷。然而，很清楚的是，地球最终还是从深度冷冻中逃脱了出来——而且不是一次，是好几次。这种逃脱的方法，是由火山释放出二氧化碳等温室气体到大气中，产生“温室效应”。

逃脱

正如我们在第二章中看到的，行星的平均气温会受到其大气中温室气体含量的很大影响。大部分这种气体通过活跃喷发的火山进入行星大气。虽然在海洋里面也有很多火山喷发，但是来自这些事件的大部分二氧化碳不会进入大气层。冷凉的海水可以容纳大量溶解于其中的二氧化碳，而在深于 700 米的地方，二氧化碳会在水中达到饱和并沉到洋底。但在雪球地球时期，最后终于有足量的二氧化碳到达大气层，使海冰重新融化，由此便让富含金属的海水暴露在大气中。霍夫曼及其团队估计，重融过程所需的时间在 400 万到 3000 万年之间。随着冰雪重融于海，气温也再次变暖，地球可能经历了壮观的剧变。

下面就是基尔什文克对这些事件的描述：

> 只有火山气体的积累，才能让地球从这种“冰室”状态逃脱；这些气体主要是二氧化碳，大部分来自海下火山活动。在这些冰川事件结束之时，冰川消融一定非常壮观；积累了3000万年的二氧化碳、二价铁离子和长期埋没的养分突然暴露在新鲜空气和阳光之下。所有大陆的所有纬度上，都有数百米厚的碳酸盐岩石保留至今，覆盖在冰川沉积之上，这是一场蓬勃的光合作用活动的直接结果。在短短的时间内，地球海洋可能绿得就跟四叶草似的，突如其来的氧气峰值可能引发了早期的动物演化。

在今日海洋中，生物生产力的最重要来源，来自浮游植物的生长；这是一群单细胞植物，犹如海洋中的牧场。它们的生长对氧气的产生非常重要，但受制于可获得的养分和铁的量。如果给今日的海洋中加些铁，那就会让浮游植物产生极大的繁荣。而这很可能就是第一次雪球地球事件结束之后的情况。随着冰封的海洋开始解冻，覆盖在海冰表面的细小而富含铁和镁的粉尘可能就像肥料一样，极大地刺激了“蓝藻”（现名蓝细菌，实际上是一类能进行光合作用的细菌）的生长。大量蓝细菌种群在解放了的海洋表层水域中团聚，大规模地进行光合作用，结果释放出巨量的氧气。在经历了千百万年的寒冷和荒凉之后，如此众多的生命突然出现，这一定是场大革命，很可能激发了新的演化变化。

就像生物学上的复杂后果一样，这些事件还可能造成深远的地质学后果。氧气在海洋和大气中的突然上升，可能导致富含铁和锰的海洋析出氧化铁和氧化锰沉淀。在上一章中我们看到，在大约25亿年前，带状铁沉积开始积聚。基尔什文克及其团队认为，带状铁沉积是在第一次雪球地球之后不久开始出现的。支持这一点的证据可见于南非，那里有世界上最大的陆源锰矿沉积，定年为24亿年前，正好叠覆在25亿年前雪球地球期间形成的沉积层之上。与带状铁岩层一样，这些富含锰的沉积似乎正是这个雪球行星融化之时发生的氧气大积累导致的直接结果。

25亿年前雪球地球时期的终止，就这样导致了氧含量的上升，无论是溶解在海洋中的氧还是大气中的游离氧都是如此。在地球历史上，海洋中被阳光照射的部分可能是第一次变得如此富含氧气，从而让铁无法再在海水中以溶解状态存在。基尔什文克及其同事认为，海洋化学的这一剧变，可能对那时至多也不过是原核细菌的地球生命施加了巨大的演化压力。动物生存不可或缺的氧气，在那时却可能是大部分生命类型的毒药。这大部分生物在氧气很少或没有氧气的地方演化出来，此时氧这种非常具有化学活性的元素骤然大量出现，对它们来说就是一场全球性灾难；但对于其他生命来说，这却是有力的演化推动力。在这个古老的时刻，摆在地球生命面前的只有两种选择：要么通过演化而适应，要么死去。

海洋中的所有生物，必须通过两种主要方式来适应。首先，它们必须演化出一些酶，能够减轻溶于水中的氧气分子和名为羟基的化学物质的破坏。（我们人类现在还在竭力做着这件事。我们之所以要摄取维生素E和维生素C之类抗氧化剂，就是要试图降低体内活细胞中溶解的氧气和自由基的破坏作用。）其次，随着海水开始析出沉淀，形成带状铁岩层，活细胞将无法再生活于富含铁质的水溶液中。自打生命最早形成之日起，充溢它们周围的就一直是含铁量很高的溶液，而现在它们细胞里的蛋白质必须重新设计，才能供这些生活在低铁环境的生命之用。

最近进行的DNA测序表明，古菌和真核生物中所见的几种酶，就是在25亿年前这个事件之后留存下来的。在更古老的细菌中不存在这样的酶。这个发现意义深远：基尔什文克及其同事由此全盘否定了我们在第五章中提出的那个“生命之树”模型——该模型认为三个主要的域（古菌域、细菌域和真核域）都是在至少38亿年前生命最初演化出来之后不久便都已出现。他们的新研究不仅把这棵“树”连根拔起，还将之完全焚毁。如果基尔什文克团队是正确的，那么在三个域中有两个——古菌域和真核域——在25亿年前的雪球地球之后才出现，因此要比细菌年轻得多。在这个时间之后不久，在大约21亿年前的岩石中，我们已发现了最古老的具有细胞器的真核生物化石记录，它就是名为卷曲藻属的生物（此前已经在第五章中提过）。

“生命之树”的这个新版本是革命性的科学发现，如果属实，它将完全重塑我们对生命演化途径的理解。雪球地球事件在两个方面可以视为具有生物学重要性的事件。首先，雪球事件的开端，导致了地球历史上规模可能最大的“集群灭绝”（这是第八章的主题）。全球持续的冰冻低温、海洋与阳光的隔绝、地球上降水情况的变化以及所有水从大陆表面的去除，都可能让适宜微生物生存的大部分表面生境消失。只有少数地方能让微生物幸存下来：地球深处，热泉周围，还有热液沉积里面。其次，3000万年之后地球从这样一座冰雪监狱中释放出来，又带来了一场新的大灾难：从冷变成了热，从没有氧气变成了富含氧气。生物不得不再次迅速适应。我们能在所有现生生物的

DNA 中见到这些事件带来的后果：所有幸存下来的生物，我们都可以在它们的 DNA 中见证这先是寒冷、后是温暖和氧气的两场大灾难。早期地球上的生命，就这样先是通过了冰天雪地的瓶颈，接着又挺过了相反方向的极端环境变化。

25 亿年前的雪球地球事件，可能为我们这颗行星带来了动物演化所需的真核生物和真核细胞。第二波雪球事件（它包括接连快速发生的一串事件）则可能为地球带来了更有趣的生物学遗产——我们所知的动物生命。

第二次全球性冰期

正如我们在第五章中看到的，到 8 亿至 6 亿年前陆陆续续发生第二轮雪球地球事件的时候，动物已经在地球上存在了，但此时它只是刚刚形成。不管是与动物界新门的出现同步，还是在此之后不久，地球都又一次封锁在全球性的冰牢之中。这肯定又是一个集群灭绝的时期，温暖的行星冰冻起来，喜热的地球生物不得不退却到热量的绿洲，比如火山和热液喷口周围，否则只有死路一条。然而，这些事件的严酷性却反倒可能有利于新起源的动物。由雪球事件施加的来自环境条件的巨大威胁，或许在新演化出来的动物中促成了异常之快的演化。这些威胁也会导致各种动物种群的隔离，因为瑟缩在海底火山周围的小型生命种群，与其他动物类群之间会切断一切基因交流。正是这种隔离，可能在很大程度上导致了动物在这些环境危机结束时出现了多样的门，因为在大约 6 亿年前（或更晚）最后一次雪球地球事件结束时，全新的一群生物已经做好准备要占领这颗行星了。到了那时候，动物开始了极大规模的多样化，而造成了名为“寒武纪爆发”的事件，这是下一章的主题。

如果冰期不出现，这些会发生吗？基尔什文克和霍夫曼认为，在这些大冰期的结束和动物的出现之间存在因果关系。霍夫曼指出："如果没有这些冰期事件，可能也不会有任何动物或高等植物。"他相信在这些冰期结束的时候，冰的融化促进了生物的生产力，并在这个过程中加快了演化活动。这个观点还有待证实，但它确实是一种很吸引人的可能。

就我们所知，这两个雪球地球的剧变时代，都差一点让地球生命走向终结。但到最后，每次剧变反而成了关键因素，刺激了生物做出迈向动物所需的重大突破：先是真核细胞的演化，之后是动物的门的多样化。这也让我们不禁要问，如果要让动物变得如我们在今日地球上所见的这般丰富多样，那么雪球地球事件是否必不可少？

末次雪球地球事件的结束，也让名为"前寒武纪"（Precambrian）的时期走向尾声。在这之后不久的寒武纪爆发中，大量较大体型的动物的骨骼充斥了海洋。如果由约瑟夫·基尔什文克和保罗·霍夫曼领衔的这两个科学家团队有关雪球地球的设想是正确的话，那么这又是一个很好的例子，说明地球生命的发展在某种程度上要归因于这类事件。

行星表面温度与生命的出现

雪球地球时期的发现，说明在行星历史上，由温度引发的事件可以深重地影响到生物演化的历程。这个观点也许还可以继续扩展，不仅适用于行星温度变化的特别时期，而且适用于随时间变化的实际温度数值。如果行星表面温度一直在下降，那么在这个过程中是否会达到某个临界值，而成为生物演化中其他重大突破的刺激因素呢？

正如我们在第二章中看到的，宜居带最常用液态水的存在来定义，因此这个定义涵盖了在沸水到冰雪中生存的所有生命形式。在地球历史上的大部分时间里，它可能不是太热，就是太冷，让动物无法出现。温度近于水的冰点或沸水的环境主要为微生物所占据，动物能忍耐的温度范围要窄得多。戴维·施瓦茨曼（David Schwartzman）和斯蒂文·肖尔（Steven Shore）指出，具有线粒体（把有机燃料转化为能量的细胞器）的真核生物可生长的温度上限是60℃。这个限度显然是由线粒体壁的化学结构所决定的。因为真核生物从原核生物中演化出来，行星所在的宜居带范围必须从允许液态水存在（0—100℃）的区域缩小到0—60℃的区域。施瓦茨曼和肖尔写道："我们推测，相对简单的生命形式在类地行星上的出现是必然之事。这样的生物极为强健。然而，复杂生命需要一套苛刻得多的物理条件，特别是较低的温度。"

施瓦茨曼和肖尔列出了地球上各种生物所能忍受的最高温度。

类群	温度的大致上限（℃）	最早出现在地球上的时间（十亿年前）
多细胞植物	45—50	0.5
动物	50	1—1.5
真核微生物	60	2.1—2.8
原核微生物		
蓝细菌	70—73	3.5
产甲烷菌	>100	3.8
极端嗜热菌	>100	3.8

施瓦茨曼等人提出，地球表面温度是微生物演化的关键限制，决定了重大创新的时间。他们相信，当地球表面在35亿年前冷却到70℃以下时，蓝细菌便得以演化出来。这些微生物占领了陆地表面，由此加快了风化速率和土壤的形成。新的土壤又进一步作为碳汇，把二氧化碳从大气中除去，由此导致了地球的进一步冷却。微生物的每一次创新都导致了生物风化作用的加剧。这个过程就称为“生物介导的表面冷却”（biotically mediated surface cooling）。随着高等植物演化出来，因为它们常常具有精巧的根系，这个过程就更是大大加快。这一理论是“盖娅假说”（Gaia Hypothesis）的核心；盖娅假说认为，我们可以把地球视为一个自我调节的“超有机体”。这是很多科学家共同持有的观念，其中包括林恩·马古利斯和泰勒·沃尔克（Tyler Volk），自然还有这个假说的提出者詹姆斯·拉夫洛克（James Lovelock）。对于这种特别的解释，我们仍持存疑态度，但赞同如下的观点：动物的出现可能受到表面温度的强烈影响，这颗行星上的生命本身则对行星温度施加了巨大作用。

是否存在某种方式（或者在其他某颗行星上），比起地球过去的实际情况来，能让动物演化得更快？曾有一些物理事件影响了地球，在这之后紧接着就出现了有骨骼的大型动物；在整个地球历史上，这些事件都是最复杂难解的。这只是巧合吗？还是说它们确实能够让动物加速演化？下一章的主题，就是这些问题，以及大约5.4亿年前地球上的那场让动物的主要躯体构造突然广泛出现在化石记录中的奇特而富有戏剧性的事件。

第七章　寒武纪爆发之谜

演化在大尺度上展开，就像人类的大部分历史一样，呈现为一连串朝代。

——E. O. 威尔逊（E. O. Wilson）

《生命的多样性》（*The Diversity of Life*）

我们的地球，在它存在的最初35亿年时间里没有动物，在将近40亿年时间里也没有出现大到可以留下可见化石记录的动物。然而，在5.5亿年前，多种多样的大型动物最终在海洋中蓦地繁盛起来，仿佛是发生了一场爆炸——这个相对突然的事件，就叫"寒武纪爆发"（Cambrian Explosion）。在相对较短的一段时期里，动物所有的门（动物分类的一个范畴，如节肢动物门、软体动物门、脊索动物门等；每个门都有独特的躯体构造）不是刚演化出来，就是第一次出现在化石记录里。不管我们去地球上的哪个地方，在6亿年前的沉积岩层中都从未发现过确凿无疑的后生动物化石。然而在5亿年前的岩石中，这类动物的化石既多样又丰富，今天在地球上仍能见到的大多数动物的门，在这些化石里都有代表类型。似乎仅仅在一段至多只持续了1亿年的时期里（事实上，就像我们下面会看到的，可能是在比这还要短得多的一段时期里），地球就从一个没有肉眼可见的动物的地方，变成了一颗满是海洋无脊椎动物的行星，而且这些动物的个头几乎可以与今天地球上的任何无脊椎动物匹敌。这就是寒武纪爆发，是7亿多年前（在最后一章中有描述）动物发生最初的多样化之后接踵而至的事件。

没有任何别的事件能在演化创新和新种形成的速率上与寒武纪爆发相比。在它之前的动物多样化一定只繁衍出了相当少量的物种，每个物种只能长到非常小的尺寸；与此相反，寒武纪爆发产生了巨量新种，其中很多拥有全新的形体构型。正如我们在这章中将看到的，寒武纪爆发给天文生物学提出了一大难题。有关它的问题太多了。比如，如果没有这种类型的事件，在一颗宜居的行星上会有动物吗？寒武纪爆发是一个结果，还是一个原因？换句话说，今天地球上可观的动物多样性，是这个突如其来的多样化事件的副产物吗？如果发生在寒武纪的事件只是一场温和的扩张，而不是一场爆发，那么现在的动物多样性是否将不存在？是否只要在前寒武纪晚期最早出现的那个事件一发生，寒武纪爆发就是不可避免的？还是说它还需要别的多种刺激因素？牵涉其中的是哪些动物？这个事件的生物学起源是什么？是什么导致了它的发生？（是否有某些生物学或环境上的触发因素？）最后还有一个与天文生物学最相关的问题：是否生物只要演化到某种组织水平，就一定会发生寒武纪爆发？换个问法就是，是否会有某种方式，让寒武纪爆发不会发生？

寒武纪爆发发生于何时？

寒武纪爆发的标志，是较大的化石突然出现，这在全球很多地方都容易看到。这个证据实在太明显了，哪怕是最早的那些地质学家也都知道。比如在美国华盛顿州，显露了寒武纪事件的那些迹象在一个叫阿迪（Addy）的小镇附近很容易见到。在这里，一条慢速的乡村公路蜿蜒地穿过海岸山脉（Coast Range）山脚，切穿低处的石英岩“露头”（outcrops）。这些岩石是5.5亿多年前一片白色沙质海滩石化之后的遗迹。如果我们可以旅行回到那个时刻，这片沙滩本身可能不会让我们有多惊奇，因为它看上去普普通通，毫无特色。不管什么时候，海滩就是海滩。然而，在它附近的海岸和内陆景观的样子肯定就不同寻常了；那里看不到任何植物（或动物）。今天在地球上还有少数地区，在其中很难一下子就看到植物，包括最严酷的荒漠以及北极和南极地区；可是在一颗其他地方处处充斥着生命的行星上，它们不过是例外。然而，在5.5亿年前，情况就完全不同了。那时绝非只有陆地是贫瘠的：如果我们能潜入那些浅而温暖的海水，我们既不会遇到任何闪闪发光的鱼，也不会看到匆匆爬过的螃蟹，更不会碰到海星或海胆。在沙子上没有蛤类在掘洞，在我们今天这个世界的海岸线上常见的其他那些动物也几乎都看不到。那里虽然会有少许蠕虫或水母，但是它们都没有一眼就能瞥见的骨骼。我们只会得出结论，认为这个世界几乎没有生命，至少几乎没有可以被我们视为动物或陆生植物的东西。

这个地区暴露出来的石英岩，呈现为一层摞一层的沉积岩层；如果我们去数一数其中单个的岩层（岩床），会发现它们数以千计。最下方的岩层没有化石。但因为这些岩石呈层状，它们是按时间排列起来的。如果我们沿着路边的岩石露头，再往远处多走一小段距离，即穿过这些层状的岩床序列向其上方走去（这样也就走进了保存在岩石中的那些较晚的时期），我们会看到一件神奇的事。突然，眼前就出现了丰富的化石，仿佛施了魔法一般。我们会找到一些有硬壳的生物遗骸，它们叫“腕足动物”（brachiopods），看上去像小型贝类；我们还能找到少许其他类型的化石，比如海绵，或是一两个微小的软体动物。然而其中能发现的最多见的化石，恰好也是最壮观的化石——在阿迪最古老的化石岩层中堆满的三叶虫（trilobites）。

在所有化石里面，三叶虫的形象可能与菊石和恐龙一样，居于最广为人知之列。乍一看，它们像是某种巨大的昆虫或螃蟹，但凑近仔细检查，便可发现它们和任何现生生物都不像；与它们关系最近的现生亲戚是鲎和鼠妇，但也只是远亲而已。三叶虫化石的大小多变，有的非常微小，有的长近 1 米。它们具有许多棘刺、硕大的盔状头部和多种特别的眼睛，在它们身体下面则有一群足、鳃和其他各种功能的节肢。总之，它们是来自复杂生物的复杂化石——也正出于这个原因，它们不可能被视为地球上最古老的动物化石的候选者。如果达尔文的演化论是正确的，那么最古老的动物化石应该远比三叶虫简单——事实上也确实如此。然而在阿迪，就像在全世界具有这个年代的沉积岩的其他许多地点一样，最古老的显而易见的化石就是三叶虫，位处从表面上看去没有化石的厚厚的一系列岩层顶上。这似乎给人一种观感，好像那些拥有令人震惊的复杂性的动物在地球上不经演化上的先驱就突然出现了。就好比一支管弦乐队，一个音都没有调，就突然开始演奏了。

较大的动物在化石记录中突然出现，这是寒武纪爆发中最戏剧性的一面。它让达尔文不得不花时间专门去应付，因为它给新兴的地质学领域提出了难题，对这个学科的指导原则——地球历史上的重要事件是逐渐开展而非骤然发生的思想——构成了挑战。确实，哪怕在最早的地质学家看来，寒武纪爆发也实在没法看成是渐变的过程。

在19世纪早期，地质学是一门新诞生的科学分支，其建立在很大程度上是出于经济动机，比如寻找燃料和金属矿藏。显然，这些宝贵商品的发现要依赖于人们对岩石相对年龄的确定。在那个时候，人们已经意识到，化石是古代生命的遗骸，它们以一种相对的、叠置的次序出现，因此可以在确定岩体的相对年龄时提供一种实用而可靠的方法。有了化石的帮助，地质学家马上就开始把地球的沉积地层进一步划分为时间单位。

1823年，英国地质学家亚当·塞奇威克（Adam Sedgewick）把这样的一个时间单位以“寒武”（Cambrian，其名源自英国威尔士的坎布里亚山脉）命名。塞奇威克观察到，在威尔士有很厚的一系列沉积岩，其中含有一套特征性的化石，包括多种三叶虫。在这些地层之上的沉积岩中，则有与之不同的另一套化石，代表了另一个时间单位，后来定名为“奥陶纪”（Ordovician）。然而，随着塞奇威克继续在他所工作的野外地区测绘和描述矿物和化石成分，他发现了一个新情况：没有化石的地层。塞奇威克研究的威尔士沉积岩具有巨厚的无化石地层，上面则是同样厚的一摞地层，其中含有三叶虫和腕足动物类。更奇特的是，在无化石地层和化石地层之间的过渡是骤然的，而不是渐变的。

在含有化石的地层之下，寒武纪岩层变成了所谓的“前寒武纪”地层。按照定义，寒武纪是塞奇威克在威尔士所识别出的含化石的地层所沉积的时段。多亏现代测年技术，我们现在知道，这个地质年代单位起始于大约5.4亿年前，终止于大约4.9亿年前。虽然塞奇威克的地层仅能在威尔士部分地区见到，但是我们仍然把地球上所有在5.4亿到4.9亿年前形成的岩石归入寒武纪地层——寒武系。

塞奇威克把寒武系的底部定义为三叶虫化石最先出现的层位（stratal level），这个观点流行了一百多年。在全世界任何地方，只要是具有三叶虫的地层叠覆在无化石的地层之上，人们就认为这标志了寒武系的底部。不过，最近人们识别寒武系底部的方式有所变化。如今标志着这个底部的层位，在塞奇威克看来会在寒武系“底部”之下。今天的地质学家把一种特别的痕迹化石最先出现的地层作为寒武纪的底部。

塞奇威克的这个发现——复杂化石似乎是立即出现的——让他那个时代的大多数科学家相信，生命是自发创造的，通过某种神迹被放到了地球上；如今，神创论者仍然把这个现象作为证据，来反对演化论。对于查尔斯·达尔文来说，这个现象可能最难与他新提出的演化论调和，因为复杂大型动物在化石记录中这种貌似突然的出现与他的期望完全相悖。在《物种起源》（*On the Origin of Species*）中，他推断前寒武纪时期一定持续了很长时间：“满是群聚的生物”。可是，这些动物群的化石在哪里呢？显然，如果达尔文是正确的，那就必须要有一场长时段的演化变化，从较为简单的先驱动物开始，逐渐产生塞奇威克等人在后来称为寒武系的最下部地层中采集到的那些复杂生物。达尔文一直无法驳斥针对其理论的这种严厉批评。他只能抱怨化石记录的“不完整”，相信在地球上各个地方最早具有三叶虫的岩层之下一定紧挨着一段缺失的地层。他确信一定存在前寒武纪化石。后来事实证明，他是正确的，但那时他已经过世了。

在达尔文之后，古生物学家证实了达尔文假说的正确性，因为在人们视为最古老的化石骨骼所在的地层之下，那些看似荒凉的地层的确包含有达尔文所寻找并为之提出假说的祖先生物。不过，因为它们比较罕见或是太小，结果就长期被视而不见。大多数来自最晚近的“前寒武纪”时代的生物只有微小的形体，又缺乏骨骼，所以它们在化石记录中很少留下明显的痕迹。除非用专门的处理技术把这些化石从埋藏它们的岩石基质中提取出来，否则它们很难被人察觉，而达尔文和他同时代的学者从来就没想过会有这样的技术。于是，5.4 亿多年前具有骨骼的生物看上去好像“突然”出现，但只不过是拥有大型骨骼的生物首次出现且能够形成易于察觉的化石罢了。正因为如此，寒武系的底界现在已经“下移”到最早的三叶虫所在的岩层以下貌似荒凉的地层中。正如达尔文推测的，确实有一段更长的演化时期，其间的生命形式较为简单，很少形成化石，之后才出现了三叶虫。

20 世纪见证了地质学的一场革命。化石不再是给岩石定年的唯一方法。对岩浆岩和一些沉积岩加以精密的实验室分析，可以给出更精确的年份数字，所有的岩石记录（包括寒武系在内）都已经得到了极为精确的定年。在 20 世纪 60 年代，寒武系的底界被定为 5.7 亿年前，一直到 80 年代晚期的年代总表中，还能见到这个定年数据。然而，最近在放射性测年技术上又有了重大进步。前寒武纪—寒武纪边界现在已经定为 5.43 亿年前。“中”寒武世的定年则是大约 5.1 亿年前，而最古老的三叶虫至多只生活于5.22亿年前，说明寒武纪的大部分时间处于“前三叶虫”阶段。饶有趣味的是，虽然寒武系的“底部”变年轻了，但是它的“顶部”年龄却没有变化。寒武纪爆发仍然是动物的一次较为突然而显著的大发展——在一个更早的细菌世界之上，突然涌现出一大批丰富多彩的狼吞虎咽的动物，而这个细菌世界本身却又原样持续了5亿多年，直至今日。除了生命最初的形成之外，寒武纪爆发仍然是地球上所出现的影响最为深远的生物学事件。我们认为，寒武纪爆发的意义，要比查尔斯·达尔文（或研究化石和演化记录的现代学者）所意识到的更为重大，它为估算宇宙中动物出现的频率提供了至关重要的证据。

寒武纪爆发涉及了哪些动物？

没有人会否认6亿至5亿年前，极为多样的大型动物在地球上匆忙出现。这一事件本身发生在海洋中，因为那个时代的陆地区域大部分非常荒凉，其上生存的除了地衣，可能只有少许低等植物；那时没有乔木，没有灌木，没有任何有茎的植物。因为缺乏具有根系的植被，几乎没有土壤能附着在陆地表面。

然而，在较浅的海水和其他水域中，生命却十分丰富（不过就像我们前面提到的，它们与今天海洋中的生物有明显差别），而且其成分在快速变化。叠层石这种层状形态的细菌，在为时40亿年的前寒武纪时期中的大部分时间里是地球上占优势的生命类型，却从5亿年前起几乎从地球上消失。它们实实在在是被吃光的，因为一场巨大的生物学革命创造了整套的新生物，适应于以植物为食。这些新演化出来的掠食动物（很多看上去像小型蠕虫）把叠层石当成了食物。在7

亿年前之后，叠层石的多样性发生了骤降，这显然是因为食草动物刚演化出来，只不过这些掠食性的生物没有留下化石记录罢了。（它们形体太小，又不具备能够形成化石的矿物质骨骼。）在大多数情况下，我们只能间接推测它们的存在。

由此，我们称为寒武纪爆发的伟大演化剧拉开了序幕。这是一场宏大的表演，由四幕构成，每一幕都有它自己的一组特征生物，只是有些生物在退场（也就是灭绝！）之前，会在连续几幕里徘徊不去。

第一幕：埃迪卡拉动物群

在第一幕中，有一组真正奇特的生物上场，它们看上去像是古怪的水母和变异的蠕虫，有的又像是缝缀而成的气垫被赋予了生命。这组开场演员统称“埃迪卡拉动物群”（Ediacaran fauna）。

现在我们知道，埃迪卡拉动物群在大约 5.8 亿年前开启了第一幕表演，到 5.5 亿年前大部分已经退场（只有少数动物出现在十分年轻的岩石中）。埃迪卡拉动物群中的大部分种类看上去多少像是刺胞动物门（Cnidaria）和栉水母动物门（Ctenophorata）的成员——就像今日世界中的水母、海葵和软珊瑚。在埃迪卡拉化石中，有两种最常见的类型：一类像是水母；另一类则像是海鳃（sea pens），这是一群有柄、过着集群生活的海葵状动物（在今日世界中仍然相当常见）。它们最早的时候就被解释为这些现代动物的早期类型。动物群中的其他成员在外观上更像蠕虫，但它们只是次要角色。

有时候，在埃迪卡拉动物群中会有大型生物——有些留下了近 1 米长的化石，这让它们在那个时代成了不折不扣的庞然大物。然而，它们看上去基本没有我们所熟悉的那种组织水平。比如在它们身上既看不到嘴，也看不到肛门。它们的形态更像缝在一起的一列管状结构。在1988年的一篇文章中，斯蒂芬·杰·古尔德认为这些古怪的动物实际上是鼎盛时期的“双胚层”（diploblastic）动物。这种类型的形体构型在胚胎中只有两层细胞，今天仅见于珊瑚虫和水母。

埃迪卡拉动物群直到20世纪40年代才被发现，它以澳大利亚南部的埃迪卡拉山（Ediacaran Hills）命名，这是澳大利亚非常干旱的地区中一处荒无人烟而与世隔绝的地方。那时，一位叫R. C. 斯普里格（R. C. Sprigg）的澳大利亚地质学家在这里的砂岩矿中散落一地的石板上留意到了一些样貌奇特的化石遗迹。这些化石只是砂岩上的印迹，而不是保存下来的任何类型的骨骼。有些化石呈蠕虫状，另一些看上去像巨大的叶子，还有一群化石呈圆形。斯普里格采集了一些化石，注意到这些砂岩中很多圆形的印痕看上去像今天的水母，也就是刺胞动物。然而，像水母这样柔软的生物只能在最不同寻常的条件下才能保存在岩石中，也正因为如此，很多人怀疑这些东西根本不是化石。不过，斯普里格还是在一本科学期刊上简短地公布了他的发现，说它们属于“动物在世界上最古老的直接记录”，并指出“它们似乎全都缺少坚硬部分，而且代表了亲缘关系非常多样的动物”。这些化石的长度多变，短到不足0.3米，长到超过12米。来自这一地区的其他化石也开始重见天日（见图7.1），它们最终成了澳大利亚古生物学家马丁·格莱斯纳（Martin Glaessner）的酷爱之物。格莱斯纳为这些古怪的埃迪卡拉化石做了最早的生物学复原工作，并且一眼看出了这些生物所生活的环境的特点。很快，有关这个多样的动物群在分类学上亲缘关系的深入研究接踵而至。

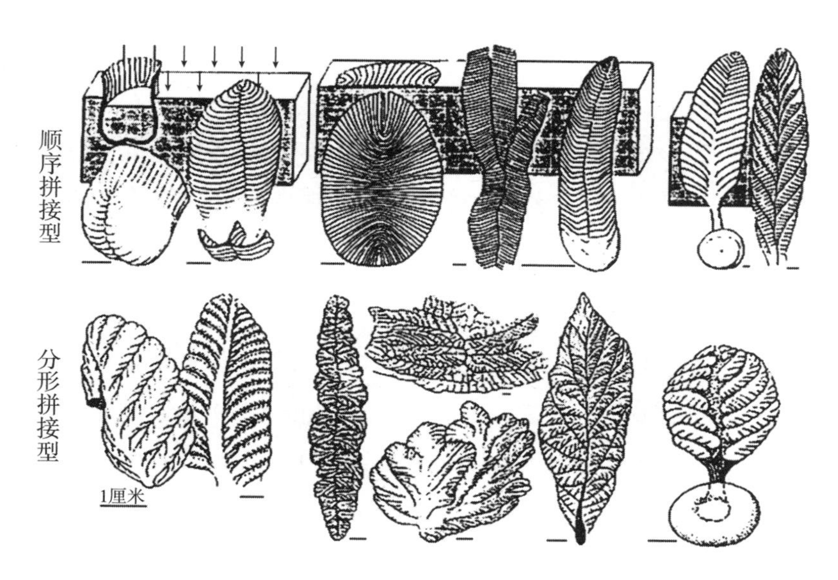

图 7.1 埃迪卡拉动物群中两侧对称的文德生物（Vendobionta）的生活型。阿道夫·塞拉赫绘。

格莱斯纳把这群动物命名为“埃迪卡拉动物群”，他最终把其中全部的动物都归到了人们已知的门中，比如刺胞动物门，人们将其视为所有动物中最原始的类型之一。这样一来，埃迪卡拉动物群对他来说就代表了动物的第一次繁盛，而且属于今天在地球上仍然存在的分类群。格莱斯纳使用了树的类比，把埃迪卡拉动物群看作“缺失的环节”，一头连的是体型微小、结构很可能简单的所有动物的祖先，另一头连的是今天仍活在地球上的水母和海葵。埃迪卡拉世界看来像是一个刺胞动物的世界，而这也非常符合当时大多数生物学家的观点——他们认为后生动物辐射演化的开展过程始于最

“原始”的那些门，也就是海绵和刺胞动物，后来才陆续出现更复杂的动物群，比如节肢动物（包括三叶虫，它们也是节肢动物门的成员）。根据这个看法，我们今天所见的动物都是埃迪卡拉动物群的后代。直到今天，还有很多专家持有这种观点，包括剑桥大学的西蒙·康韦·莫里斯。

在格莱斯纳的这种解释发表之后近 40 年的时间里，埃迪卡拉动物群又体现了新的重要意义。首先，构成这个动物群的奇特化石，在澳大利亚以外也有发现。在俄罗斯的白海（White Sea）地区和北极西伯利亚地区、加拿大的纽芬兰和南部非洲的纳米比亚都保存了这些古怪生物的化石样品，表明埃迪卡拉动物群在前寒武纪末实际上是在全世界广泛分布的。[这些化石位点中，多数现在已经做过了放射性地质测年；地球上已知最为古老的化石发现于纽芬兰的米斯塔肯角（Mistaken Point，直译是“错误的海角”），定年为 5.65 亿年前。] 其次，埃迪卡拉动物群在地层中的分布范围，要比以前认为的更大，在地球上一些地方，它们实际上与毫无疑问是动物的化石群有过短暂的共存期。最后，有些研究者相信埃迪卡拉动物群呈现的完全不是动物，而是大型植物、真菌甚至地衣。其他人则仍把它们分类为动物，但认为属于动物中现已灭绝的分类群。这样一来，埃迪卡拉动物群就从根据逻辑推理所得的寒武纪爆发前的先导生物，变成了演化大戏中极具争议性的演员。

这后一种观点，即认为埃迪卡拉动物群不是引向动物演化树的主枝，而只代表了现已灭绝的侧枝（因此它们与所有现生动物的祖先都没有关系），由美国耶鲁大学和德国图宾根大学的古生物学家阿道夫·塞拉赫做了最强有力的申述。他认为，埃迪卡拉动物群与水母或海鳃之类现生生物的相似性只是巧合。在他看来，埃迪卡拉动物群代表的是已经灭绝的一群生物——这是一次独立的生物学“实验”，创造出的是具有坚实外壁和充满液体的内里的生物。塞拉赫推断，在埃迪卡拉动物群生存的时期，洋底覆盖着厚厚的一层细菌，这可以回答那个令人困惑的问题：没有坚硬部位的生物如何成为化石？

这层细菌垫可以解释为什么身躯柔软的埃迪卡拉动物群能够如此普遍地保存在化石中。当沙子在埃迪卡拉动物群之上沉积的时候，这些动物遗骸就会向下压入细菌垫中。它们坚实的外壁一时压不碎，在细菌垫中留下的印痕因此可以被上覆的沙子保存为三维形态。塞拉赫认为，在寒武纪伊始时演化出了像软体动物之类能高效掠食的新型动物，它们很快就让这种细菌垫绝迹，从而在寒武纪最早期改变了沉积物积聚的方式。

可能埃迪卡拉动物群最令人着迷的方面在于，没有任何证据表明它们遭到了捕食；保留下来的任何埃迪卡拉动物群的化石，都没有被啮咬的痕迹，或是身体哪个部位的缺失。这些生物是否生活在一个没有捕食者的时代？借用古生物学家马克·麦克梅纳明（Mark McMenamin）的说法，它们是否生活在“埃迪卡拉伊甸园”（Garden of Ediacara）之中？

埃迪卡拉动物群后来又经历了什么？康韦·莫里斯怀疑，它们的存在在后来遭到了“稀释”。换句话说，是否寒武系底部动物的大规模辐射演化，让动物在化石记录中简单地盖过了它们？（也就是说，它们还存在，但数量太少而很难保存为化石。）那么，埃迪卡拉动物群的身体形式的消失，是地球上第一次集群灭绝的后果吗？它们是在生态上被新的动物取代了吗？或者可能遭到了动物的捕食，结果这些在新兴的强大捕食者面前几无防御之力的生物被迫走向了灭绝？化石记录本身也还是谜团重重。在地球上的一些地方，埃迪卡拉动物群在第一批“寒武纪”动物出现之前就消亡了，这又说明新的动物可能只是简单地填补了已经灭绝的埃迪卡拉动物群留下的生态位。但就像我们已经说过的，在其他地方，这二者之间却有清晰的重叠，暗示二者之间存在竞争关系。

埃迪卡拉动物群的确演出了一场好戏——在这个剧场上是神秘莫测的第一幕戏。它们的演技很难被超越，但在它们的时代将终之时，舞台大灯下又发生了一波大规模的多样化，在地球上一直持续至今。随着寒武纪爆发的第二幕开演，毫无疑问是动物的生物，就登上了舞台。

第二幕和第三幕：痕迹化石和小壳化石

我们可以把接下来的两幕合而观之，因为其中的角色列表既不完整，又缺乏足够的特色。在第二幕中，一群新的演员似乎戴着面具来掩盖自己的真实身份，它们替代了我们之前见到的开场表演团中的大多数角色。我们只能通过它们在舞台本身之上留下的足迹侦测到它们的存在，因为我们没有见到任何真正的“本体”化石（通常是坚硬骨骼部分的残骸）。构成寒武纪爆发第二幕的这群生命，只在古老的沉积中留下潦草弯曲的痕迹。这种化石化的遗迹就是痕迹化石，它们不是动物的遗体，而是其行为的证据，因此记录的是古老生物的行进痕迹或摄食类型。然而，痕迹化石也有很重要的意义。埃迪卡拉动物群毕其一生只待在一个地方，而这些最古老的痕迹化石却告诉我们，能够运动的大型动物已经在地球上出现了。它们可能是些大型蠕虫或扁虫，也可能属于现已灭绝的门。最早、最原始的痕迹化石所在的岩石，与埃迪卡拉动物群一样古老，但是它们在更年轻的岩石中发生了多样化，并占据了舞台中心。今天，新的痕迹化石还在形成，在寒武纪以来的岩石记录中也很常见。不过，痕迹化石显然是由许多不同的生物形成的；而且形成了最古老的痕迹化石的那些生物是否存活到了比寒武纪本身晚近得多的时期，依然是个有疑问的事情。

我们的第三幕戏中新出现了一组微小的钙质小管、小团和扭曲的棘刺，它们的长度都不超过 1.3 厘米，虽然这些配件全都源自动物，但现在还无法把那些动物完全重建出来。有些化石是碎裂成小片的较大骨骼的残余，但大部分是某种多组分骨骼中的单一构件，就像豪猪身上的单独一根刺。这些化石总称为“小壳化石”（small shelly fossils, SSFs）。小壳化石最早发现于定年为约 5.45 亿年前的岩石中。这些极为重要的化石告诉我们，此时又实现了一次重大的生物学突破：小壳化石是具有矿化骨骼的最古老的大型动物。

第四幕：三叶虫动物群

我们这部大戏的第四幕，是华丽的压轴戏；比起之前出场的演员来，我们对这一幕中的标志性化石要熟悉得多。其中包括最古老的三叶虫、腕足动物类以及一批新演化出来的软体动物和棘皮动物。比起前三幕中的角色，这一幕中角色的体型要大得多，数量也多得多，而具有讽刺意味的是，这些演员长期以来被我们认为标志着寒武纪爆发的开始，而不是它的结束。这最后一群动物直到 5.3 亿年前才出现。

它们的多样化又持续了3000万年时间。到大约5亿年前的时候，寒武纪爆发便剧终了。

在这一幕的动物群中，三叶虫显然是最为多样和明显的组分。以小油栉虫属（*Olenellus*）为代表的最古老的三叶虫全身多棘刺，有点像环节类的蠕虫，有大型的新月形眼睛。它们都有步足和鳃，似乎全都通过消化海底的沉积物或颗粒物质为生。它们看上去基本没有防御捕食的适应机制。

与三叶虫同时出现的另一个有趣的类群叫古杯动物（archeocyathids），是形似珊瑚虫的不能运动的动物。这个类群有由石灰质构成的圆锥形骨骼，过着群居生活。它们似乎是地球上最古老的造礁生物，所生活的环境似乎也与今天珊瑚虫最喜欢的环境相同。除了是长长的一系列造礁生物中最先出现的种类外，古杯动物还有另一个让它们出名的名头——虽然值得怀疑——它们可能是第一个完全灭绝的动物的门。古杯动物门骨骼的基本形体构型与现生的任何动物都不相似。分类学家们把这些生物与现生的海绵放到了同一个门里，但这主要是出于便利，而不是出于其他什么理由。它们似乎应该构成一个单独的门——成为我们所知已经彻底灭绝的少数门中的一个。

加拿大不列颠哥伦比亚省产有著名的伯吉斯页岩（Burgess Shale）动物群，它让我们对与三叶虫生活在同时期的动物有了格外深入的了解。因为那时的远古环境中缺乏氧气，就连动物的柔软部位都能保存下来，于是这些遗骸就为我们提供了瞥向过去的独一无二的窗口。伯吉斯页岩揭示了海洋生态系统在三叶虫已经演化出来的那个时代的多样性程度。在伯吉斯页岩形成的时候，也就是大约5.05亿年前，大部分动物的门似乎都已经存在了。

寒武纪爆发是不可避免的吗？

达尔文的演化论描述了当时已经做出的两个最重要的科学发现：（1）所有生命起源于单一的共同祖先；（2）从这个祖先生物开始，通过修改，生物就代代相传，成为多样的物种。物理学和化学的重大进展是人类认识上的里程碑，但是它们本身没有描述生命现象。我们是生命，我们通过演化的过程出现在地球上；演化是影响我们的中心法则。然而，也正因为演化论太重要了，它至今也仍然是最受误解的科学观念之一。一种流行的误解，是把演化等同于复杂性的增加，于是假定演化变化（达尔文所谓"经过修改的代代相传"）总是会导致一连串越来越复杂的生物或生物内部结构接连不断地出现。虽然演化确实常常导致更大的复杂性，但这并不是演化过程的最终结果；即使发生修改，复杂性也可能没有增加（或减少）。我们只要看看古菌域和细菌域，就知道这种情况也大量存在。在对古菌和细菌的化石记录做过研究之后，我们会看到它们的形态在今天并不比35亿年前更复杂（不过，就像我们已经说过的，它们的生物化学特征一直在多样化，几乎永无止境）。它们肯定在演化，但是这种演化并没有涉及形态复杂性的剧烈增加。

在生命的三个域中，只有真核域在新的形态和形体构型上实施了全面试验。如果创造生命的过程可以重复无数遍的话，那么是每次都能出现类似真核生物的生命（也就是那些在适应时探索了形态途径，而不是古菌和细菌所利用的化学途径的谱系），还是再也不会出现，是完全不确定的事情。不过至少就在这颗行星上，真核生物确实起源了，正是从这个类群中出现的多细胞动物，如今统治了地球。它们在地球上的演化格局和时间可以提供重要线索，帮助我们理解类似地球上复杂动物的生命是否也能在其他行星上起源以及怎样起源。

这个事情具有重要的天文生物学含义：动物生命（或其他某些类型的复杂生命）在行星宜居带中任何世界的发展都是注定的吗？我们总是惯于假定，生命最初的形成是最困难的事情，但只要生命起源出来，它就将不可避免地沿着复杂性的阶梯“前进”，最终发展出非常复杂的动物。然而，地球上真实的生命历史讲述的却是另一个故事。最古老的生命出现于大约 40 亿年前。但要经过 15 亿年之后，真核生物才出现，而在最古老的生命出场的 30 多亿年后，多细胞动物才出现。光是以这些信息为根据的话，我们只能得出结论，认为比起非动物生命的初始起源来，*动物*生命的形成是特别困难的事——至少也是特别耗时的事。可能在地球上观察到的各个时点只是偶然；可能在其他任何拥有新演化出来的原核生物类似物的类地行星上，在生命起源之后只要几百万年而不是几十亿年，动物就能出现。然而，来自地球历史的大量证据却让这种可能性颇为可疑。

在地球上很清楚的事是，动物的演化不是一个渐变的过程，而是在一系列几乎没有变化的漫长时期之间，间断地点缀着重大进步。这种演化“门槛”的格局，在《科学美国人》杂志 1997 年的一篇由古生物学家道格拉斯·厄温（Douglas Erwin）、詹姆斯·瓦伦丁和戴维·雅布隆斯基（David Jablonski）合写的文章中有简明扼要的描述：“35 亿年前的化石记录所显示的，不是生物形式的渐进积累，而是相对突然的过渡，其形体构型从单细胞骤变为十分多样的动物门类。”因此，演化并非渐进地创造了复杂后生动物。它们演化得非常迅速，很可能是响应了与之前让生命的演化最先发生的环境条件非常不同的另一组环境条件。

这样的“跃迁”有好几次。其中一次演化出了具有封闭细胞核的真核细胞类型，另一次是动物诸门的初始辐射演化，在第五章中已有描述。然而，最为深远的一次跃迁是寒武纪爆发，演化创新在短短的时间里就大量涌现，导致我们相信在宇宙中出现过十分稀有的大型复杂动物。在这绝无仅有的为期 4000 万年左右的时段中，动物所有主要的门（也就是地球上所见的所有基本类型的形体构型）都出现了，每个门都以一定数量的种为代表。

对于其他行星上生命存在的概率来说，这个事件有深刻的暗示意义。地球上的这种格局——大型动物仅经历过一次为时短暂的多样化——是独特的吗？还是所有行星的标配？还有，为什么寒武纪爆发要到生命在地球上出现的 30 亿年之后才发生？演化始终会需要 30 亿年的时间来把细胞转变为多细胞动物吗？还是说演化只是在等待环境变得有利于动物生命的繁盛？这可能是摆在刚刚兴起的天文生物学领域面前的至关重要的问题之一。

比起之前地球上司空见惯的情况来，寒武纪爆发标志着演化节奏的重大变化。在此之前，地球上最复杂的生命是藻类、黏菌和单细胞动物，它们都以很低的演化变化率为特征。它们几乎没有形态变化，在如此漫长的时间里也几乎没有新种形成（见图 7.2）。然而，首次演化出来的后生动物改变了这一切。作为生命历史前 35 亿年的特色的古板演化节奏，这时调到了高速挡。新种以极快的速率出现。自那之后，它们——或者说我们——就在以疾驰的速度向着多样的状态发展。

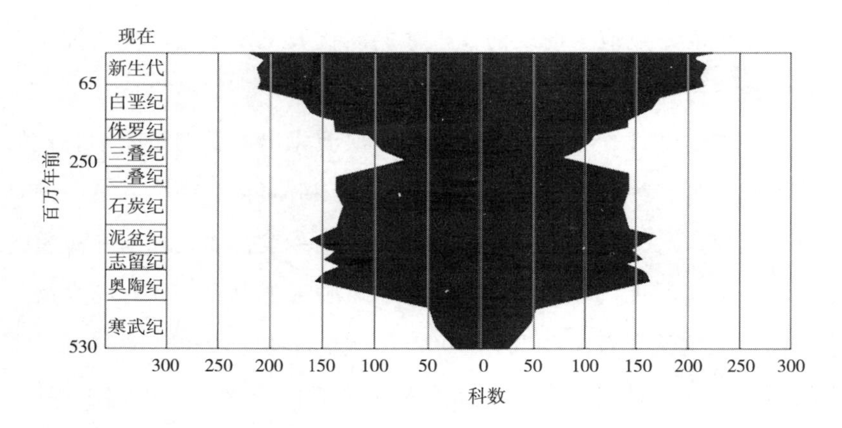

图 7.2 在这幅图的各个地质年代中标出了过去 5.3 亿年间生活在地球大陆架上、骨骼充分发育的无脊椎动物的科数的波动情况，这也代表了它们的多样性水平。时间顺序是从下往上。

这样一来，对动物各个门的研究，就是对几十种稳定而长期存在的形体构型的研究。这个研究得出了三个让人十分意外的结果。首先，人们认识到演化只产生了相对较少的形体构型。今天在地球上可能有几千万种动物，它们都只属于 28 到 35 个门，这个发现对于 19 世纪和 20 世纪的古生物学家和动物学家来说都是很大的意外。为什么门数这么少，而不是 100 个、1000 个呢？同样，为什么不是 5 个呢？今天地球上数量巨大的动物物种（据估计有 600 万到 3000 万种），其多样化都是通过把简单而保守的结构设计加以精细化、扭曲化而实现的。天文生物学家竭力想确定，这是不是所有动物（或类似动物的生命）的演化方式？还是说，这只是地球的方式，而在太空中还可以有其他的世界，其上的形体构型数目与物种数几乎一样多？

第二个意外——可能也是最让人震惊的——是基本上所有这些门

似乎都起源于在不晚于寒武纪末期的时候，自那以后，就再没有一个门出现。这一点是无法证实的，因为有些小规模的门（比如轮虫动物门）没有留下化石记录，可能还有一些门在寒武纪之后起源。但这样的门，目前我们一个都不知道。在最近5亿年间，动物经历了很多重大变化，有许多演化事件和集群灭绝在这段漫长历史中发生，看上去至少也应该能出现几个新的形体构型。然而，事实上每一个有化石记录的门都在寒武纪地层中有代表，这就让这种推测成了令人困惑的疑难。

第三个意外，是在寒武纪的地球上可能有比今天多很多的门。今天我们识别的现生动物的门不到40个。然而根据某些古生物学家的观点，寒武纪动物门的数目可能高达100个！虽然"生命之树"上的种数一直在随时间增加，但是像门这样更高等级的类群的数目却在减少。因此，这棵树一直是在数目不断下降的主枝上生出更多的幼枝和叶。也许其他某颗行星上的"生命之树"会有非常不同的面貌，即随着时间推移，持续不断地有新的大枝生出。

假如有因素触发了寒武纪爆发，那会是什么因素？

在上一章快结束时，我们曾考察过，动物诸门的初始多样化是受到了演化原因的刺激，还是环境原因的刺激——特别是8亿到6亿年前的雪球地球事件。这同样的问题也可以针对后续的寒武纪爆发而提出：它在地球历史上发生得如此之晚，是因为能够让动物比较容易大型化、且大多数能拥有骨骼的环境的建立需要很长时间吗？还是因为那些必需的基因——让这些后生动物能够多样化的基因——的演化需要很长时间？有很多新研究，关注了寒武纪爆发之前和其间的环境条件，以及导致较大的多细胞动物产生的生理、解剖和遗传创新；它们已经让我们能够以新观点去审视地球历史上这个关键时刻。

对于寒武纪爆发的成因，学界已经提出了很多假说。它们可以分为两类，一类诉诸环境原因，另一类诉诸生物原因。

环境原因

- 氧气达到某个临界阈值

在所有诉诸环境的假说中，这可能是最常讨论而广为接受的一个。根据这一假说，可利用的氧气的量达到了某个临界水平，或叫阈值，于是新生物便可能发生大规模的多样化。这个氧气水平很可能要比7亿年前第一次动物多样化事件发生时的水平高得多。很多科学家推断，对新出现的高氧气水平的生物学响应，是在生物化学上出现了突破，让动物第一次能够建造坚硬的骨骼。如果没有充足的氧气，那么生物体想要把矿物质沉淀成骨骼结构是相当困难的。早在1980年，海因茨·洛温斯塔姆（Heinz Lowenstam）和林恩·马古利斯就推测，胶原蛋白形式的骨骼（胶原蛋白是类似人类指甲的弹性物质，顾名思义是一种蛋白质）可能早在20亿年前就出现了，因为胶原蛋白的形成不需要太多氧。然而，在那么早的时代，要造出钙质和硅质骨骼和外壳就不可能了。

- 养分逐渐有了大量供应

就像草坪需要肥料一样，生态系统——特别是海洋生态系统——也需要有机养分和无机养分的供应，才能让其生产力和多样性维持在高水平。大量证据表明，前寒武纪晚期经历了养分相对突然而剧烈的增加，这对于生物的演化可能施加了显著的影响。

在这个年龄的岩石中最常见到的矿物类型之一，是磷块岩

（phosphorite）。这种矿物富含磷元素，而磷是生命必需的最重要的无机养分之一（还有两种是硝酸盐和铁）。在前寒武纪晚期似乎有一个漫长的时段，生物是无法获得磷酸盐和硝酸盐的，因为它们都埋藏在深海底的沉积中。然而，前寒武纪最后的时期却经历了海洋条件的变化；海水上涌的事件经常发生，导致深层海水被带到海面，在这个过程中从前封锁在底部沉积中的养分被解放出来。这种上升流的出现，似乎与大陆布局的变化有关。

前寒武纪末期是板块构造运动的活跃期。特别是那时的一个名为罗迪尼亚（Rodinia）的"超大陆"开始破裂，由此改变了全球大洋环流的格局，从而触发了上升流。根据这个假说，是伴随着新构造运动释放的磷酸盐养分，引起了寒武纪爆发。

● 前寒武纪晚期雪球地球事件之后变和暖的温度

正如人类的演化发生在全球冰期的背景之下，寒武纪爆发也与冰期相关联，因为它是在上一章详细讲过的雪球地球事件停止之后不久发生的。最后一次冰期事件的最终结束，标志着地球在经历了2亿年的冰川进退之后迎来了长期的变暖。这个情况是否就像上一章所推测的那样，触发了寒武纪爆发的恣意发展？

● 惯量交换事件

还有最后一种环境上的可能性，既像一种幻想，但也并非没有可信性。多年以来，古地磁学家已经知道，即使不是全部大陆，至少大部分大陆在寒武纪期间都经历了大规模的大陆漂移。正如我们将在第九章更详细地看到的，大陆位置对于全球气候有特别大的影响，常常会控制暖流和寒流的流向、冰盖的形成以至大气中温室气体的丰度。在过去短短几年间，在寒武纪时间尺度的数值校准上已经有了很多进步，在古地磁数据上也有改进，它们都揭示了一件令人震惊的事情：大部分大陆漂移事件发生在寒武纪演化爆发期间，整个运动至多只持续了 1000 万至 1500 万年。那时的大陆漂移规模是非常宏大的。北美大陆从接近南极点的位置移动到了赤道；与此同时，整个冈瓦纳超大陆绕着南极大陆上的某一点旋转，把北非也从极点送到了赤道。这给人的感觉是大陆突然都成了溜冰运动员，在短短一段时间里以空前的灵活性在地球表面滑行，之后才重新恢复为不动的磐石。

1997 年，在各个领域都有涉猎的约瑟夫·基尔什文克与两位同事在大名鼎鼎的《科学》杂志上发表论文，对这种构造运动的成因做出了争议性解释。他们的解释，要么在我们对行星及其历史的认识上是一场革命的先声，要么就是一派胡言。到本书写作的时候，科学共同体差不多均分成了两个阵营，都在热切期待新的进展。基尔什文克、戴维·埃文斯（David Evans）和罗伯特·里珀丹（Robert Ripperdan）提出，寒武纪爆发可能由地球历史上另一个独一无二的事件所触发：地球自转轴相对于大陆的方向发生了 90 度的改变。从前是北极和南极的地区，此时重新定位到了赤道，而从前在地球赤道上相对的两个地方现在成了新的北极和南极。只有通过获取大量新的古地磁学数据，才能证明这个有趣的假说是否可信。

基尔什文克及其同事注意到，在 6 亿到 5 亿年前的短暂时段中，与这场大规模的演化多样化发生的同时，世界上的所有大陆都经历了一场明显活跃的大陆板块运动（也就是“大陆漂移”这个术语中所说的“漂移”运动）。他们认为，地球上部表层相对于其内部的这场迅速的运动可能是由地球本身质量分布的不均衡状况所引发的。

按照这个理论的说法，通过这场质量的重新排布，地球的所有固态部分都移到了一起。但因为地球还有液态部分（比如它的内核），其外层实际上相对地轴发生了翻转。这个现象可能不限于地球，可能在火星上也曾发生过。基尔什文克及其同事指出，火星赤道上有一个大型高原，叫塔尔西斯（Tharsis）高原。塔尔西斯位于一个重力异常区（这是一个高质量区域的中心，那里较高的质量产生的重力比周围的岩层大）顶部，而这个重力异常区在太阳系所有行星中已知是最大的——这个地方的密度如此之高，以至于它在行星的重力场中造成了可测量的扰动。在基尔什文克及其同事看来，塔尔西斯高原不可能在赤道上形成。他们相信，是质量守恒定律，才让它在后来移动到了当前的赤道位置。这个高原的移动，可能就是一次“惯量交换事件”（inertial interchange event, IIE）引致的结果，与寒武纪时期的地球经历的事件类似。一旦这座火山位于赤道之上，火星在自转时，就可以让它具有最大转动惯量的旋转方向与自转轴保持一致。

地球本身的惯量交换事件可能只用了大约 1500 万年，正是这种迅速性，让基尔什文克及其同事推断，惯量交换事件可能与生命的寒武纪爆发有关联。在这一时期，已经存在的生命形式很可能不得不想办法应付快速变化的气候条件，比如极地滑动到了炎热的赤道地带，而较为温暖的低海拔地点却移动到了地球上寒冷的高海拔地区。这些运动会扰乱大洋环流格局，破坏地球上的大多数生态系统。在地球 45 亿年的历史中，一场独一无二的构造事件竟与一场绝无仅有的生物学事件同时发生，当然这可能只是巧合。但是一个人又能有多大的几率，在接连两天都能抽中百万美元的彩票大奖呢？

惯量交换事件也可以解释那个时候地球上最奇特的情况之一。地质学家都很清楚，前寒武纪晚期和寒武纪最早期的地球经历了某种事件，记录在碳同位素的巨大波动之中。（这些见于海洋中的化学信号，会对地球生命总量的变化做出反应；在第四章中我们已经见到，这样的信号曾用来在格陵兰的伊苏阿地层中探测地球上最古老的生命。）这些波动中有大约12个发生在前寒武纪近于结束的时段，它们长期以来一直困惑着地质学家。这些同位素的波动意味着曾经有巨量的有机碳长期埋藏在海洋沉积中，但这时突然被剥露出来，重新进入地球的碳收支中。大洋环流格局重复性的重大变化可以引发这些效应，但是这样的全球变化要求在很短的时期内就得发生宏大的构造变化。这些变化会让生态系统碎片化，还会促进多样化演化。而惯量交换事件就可以做到这些事。

*假如*寒武纪爆发是动物在地球上变得如此多样的必要条件，*假如*惯量交换事件如人们推测的那样真的发生了，*假如*寒武纪惯量交换事件对寒武纪爆发起到了作用，甚至在某种程度上是寒武纪爆发所需的条件，那么像地球这样具有多样动物生命的生境，就真正是个稀有的地方。

生物原因

古生物学家普雷斯顿·克劳德在他的重要著作《太空绿洲》中认为，寒武纪多样化事件要想发生，有四个生物学上的前提：生命本身事先要存在，氧化代谢（能够在氧气存在下存活和生长的能力）的具备，性行为在真核域中的演化，以及能够让更复杂的动物起源的合适的原核生物祖先的存在。按照克劳德的观点，想要集齐全部这四个里程碑，需要近40亿年时间——这占了地球历史的85%。因此，他似乎相信，在创造寒武纪爆发事件时，比起我们在前一节考虑的环境因素来，那些生物演员更为重要。不过，还有其他的生物学因素，也一定发挥了关键作用。

● 沉淀骨骼的出现

骨骼，对于很多动物较大的身体起着关键作用。骨骼通常有几种功能，比如保护（可以免遭捕食、脱水和紫外线照射）、供肌肉附着（使动物得以运动）和维持身体形状等。然而，构建骨骼结构需要很多演化突破。氧气水平在两个方面是关键因素。首先，像外壳覆被（可见于最古老的三叶虫和软体动物）这样的大型骨骼会限制海水接触到动物柔软的身体部分。在大多数早期动物中，呼吸就是让氧气穿过体壁，即直接从海水中吸收氧气。其次，外壳的存在意味着身体有更大的区域不再能进行这种类型的呼吸作用。在氧气水平较低的条件下，动物本来就很难获得足够的氧气，在体表增加一层覆被只会雪上加霜。因此，像贝壳这样的骨骼，要到海水中有相对较高的氧气含量之后才能演化出来。

阿道夫·塞拉赫教授（我们在讨论埃迪卡拉动物群时已经提过他）相信，骨骼的获得，在多细胞的动物诸门突然起源的过程中起着主导作用。他注意到坚硬的骨骼并非只是之前已存在的身体结构的附属物。它们本身的演化就是对身体结构的修改。塞拉赫认为，触发寒武纪爆发的不是让大型动物得以发展的环境条件，而是让骨骼能够出现的那些因素。这二者的区别虽然微妙，却很重要。有了产生坚硬部分的能力，动物的新类群便能把这些坚硬部分当作颚、足或身体支撑结构，这又让它们能开发全新的生活方式，探索全新的环境。

- 让较大体型能够出现的演化门槛的逾越

另一种可能性是，演化上的突破第一次让较大的体型得以出现。我们知道，这个时期之前的多数生物体长都不到 1 毫米，其中大部分更是非常微小。遗传上的创新，是否让更大的体型能够出现，因此触发了寒武纪爆发事件？这种创新包括更有效的器官系统的出现，比如循环系统、呼吸系统和排泄系统的改进。在增大的体型能够实现之前，这些系统都必须演化出来。

- 捕食假说

1972 年，古生物学家斯蒂文·斯坦利（Steven Stanley，之后还有马克·麦克梅纳明）提出，捕食者的演化，对于寒武纪爆发的激发起了一定作用。一些动物通过产生外壳、在地上掘出深洞或游泳等方式迅速远离危险，利用这些办法保护自己不被捕食者捕食；能够演化出这种能力的动物，也增大了自身幸存的几率。这些生物由此也顺带地发现，它们现在可以去开发那些在整个前寒武纪都利用不足或根本未曾利用的食物资源。外壳的演化，让动物可以发展出滤食的新形式，而向地下的深掘也让这些动物能够获取新的食物资源。因此，寒武纪的捕食者鞭策着动物去采取新的生活方式，这些生活方式后来便取得了成功。

寒武纪爆发只是化石记录营造的假象吗?

在最简单的意义上，寒武纪爆发是动物类型相对突然的大量增加。在这一事件中出现的新种数目尚属未知，但至多是几千种，可能要比这个数目少得多。寒武纪爆发的特别之处在于出现了很多新的形体构型，每种新类型中都有新种。正如我们已经说过的，每种形体构型都定义了一个高等级的分类单元，比如一个门或一个纲。因此，寒武纪爆发影响到的是大量较高等级的分类群，而每个分类群只由少数新种构成。然而，我们所见到的有没有可能只是刚开始能被有效地保存为化石的生物，而不是一个真实的多样化“事件”？

我们之所以认为寒武纪爆发是一场爆发，理由很简单：我们在化石记录中看到大量化石突然出现。但是我们看到的是新类型的真正繁盛吗？还是说这些化石只是标志着早就已经发展出来的类群第一次出现了骨骼？换句话说，寒武纪爆发会不会只是极不完善的化石记录营造的假象？骨骼让化石得以形成；实际情况有可能是，标志着寒武纪爆发的形体构型的真正多样化在这之前早就发生了，只是我们看不到，因为它是在没有骨骼的小型动物中发生的，而它们没有留下化石。

这后一种观点可以当成一种“虚无假设”。万一寒武纪爆发根本不存在呢？可能动物那些形形色色的门是在前寒武纪最后几十亿年中以渐变的方式逐渐积累起来的；它们一个接一个地演化出来，但在此过程中没有留下任何可识别的化石记录。因此，实际造成“寒武纪爆发”现象的，只是较大体型的演化，以及可以保存为化石的骨骼的出现。

寒武纪爆发是包括了形体构型的多样化，还是仅仅由这些多种多样的形体构型首次演出化了骨骼和较大体型，至今还是个悬案。但不管怎样，存在某些因素，刺激了很多具有骨骼的大型动物在地质年代的一个较短时段中的演化。不仅如此，马克·麦克梅纳明和黛安娜·麦克梅纳明在他们1990年的著作《动物的出现》(*The Emergence of Animals*)中还强调说，矿质化的骨骼——特别是外壳——深刻影响了新形体构型的演化。类型非常多样的动物不仅用外壳来保护自己，而且在摄食时也把它当作不可或缺的一部分。腕足类和双壳类（都是有两枚外壳的无脊椎动物）把外壳当成了滤食过程中的一个必需结构。在外壳形成之前，很难想象所有这些类群的基本形体构型能够以什么样的方式形成。

寒武纪爆发和寒武纪停滞

动物的所有门在单独一场短暂的多样化爆发事件中出现，这不是一个能够精准预测的演化结果。虽然从最古老的后生动物的出现到持续2000万至3000万年的寒武纪爆发，其间肯定经过了漫长的时期（也许是2亿年），但是在此期间，它们的大部分形态多样化演化——包括作为很多无脊椎动物门的特殊性、识别性的骨骼结构——却都是在相对短暂的时段中发生的。

然而，与这个发现同样奇异而意想不到的，是动物诸门演化的另一个方面，它也一样令人困惑。寒武纪爆发，不仅标志着能在化石记录中识别的主要门类开始出现，还有门级水平的演化创新的结束：自寒武纪以后，再没有一个新门演化出来。动物新形体构型的多样化既在寒武纪开始，又在寒武纪结束，事实就是这么特别。这种演化格局，是所有（或只有某些？）成功发展出动物的行星上动物生命的特征吗？还是说它只是地球上的特殊现象？

寒武纪爆发结束之后新门的缺乏和新纲的贫乏，可能也是化石记录营造的假象；也许确实又演化出了很多新的高级分类单元，之后又灭绝了。但这似乎不太可能。更有可能发生的情况是，当大多数生态位被新演化出来的一整套海洋无脊椎动物占据之后，作为寒武纪标志的大型创新热潮就落幕了。

不过，还是有个谜题继续令人不解：在寒武纪爆发之后，地球经受了几次大规模的集群灭绝事件——在较短的时期内，当时生活在地球上的大量物种走向了灭绝。这些事件在下一章中会有详述，它们显著地降低了多样性。其中最具灾难性的一次是 2.5 亿年前的二叠纪—三叠纪集群灭绝，估计有 90% 的海洋无脊椎动物的物种被消灭，它由此成了一场天然实验，可让我们在考察之后更好地理解那些引发寒武纪爆发的因素。我们观察到的情况是，即使在多样性发生了这样重大的衰退之后，也没有新门出现。虽然物种数暴跌，变得与寒武纪早期可见的非常低的物种多样性相似，但在下中生界地层中所见的后续多样化却只涉及很多新种的形成，新出现的更高等级的分类群则非常少。寒武纪和早三叠纪期间的演化事件彼此可谓迥异。虽然二者都产生了成千上万的新种，但是寒武纪事件的结果是许多新形体构型的形成，而三叠纪事件的结果只是新种的形成，它们展现的形体构型早就已经存在了。

为了解释这种显著差异，人们提出了两个假说。第一个假说认为，当环境中真正有很大的生态机遇时，演化创新才会发生。比如在寒武纪期间，有很多生境和资源尚未被海洋无脊椎动物占据和开发，新形体构型的演化大爆发就是对这些机遇的响应。但这个状况在二叠纪—三叠纪集群灭绝之后并没有复现。虽然在这场灾难性事件中绝大多数物种都灭绝了，但各种身体形式的动物还是有足够的代表类群幸存下来，占据了大多数可供利用的生态位（哪怕它们的多样性或数量都很低），于是演化创新就在这个过程中受到了抑制。

第二种可能性是，之所以在二叠纪—三叠纪灭绝之后没有出现新门，是因为在早寒武纪之后，幸存者的基因组发生了很大变化，足以阻碍大规模的创新。在这种场景中，虽然存在演化机遇，但是演化本身却无法从现成的DNA中创造出崭新的设计。这是一个令人警醒的假说，也是很难推翻的假说，因为我们完全没有古动物的DNA可供与现生动物的DNA比较。可能随着基因组中的基因越来越多，这些信息也就越来越成为基因组的累赘，于是在这个过程中，基因组也就越来越无法容许那种可以开启演化新途径的关键突变存在了。

多样性与分异性

寒武纪爆发的核心（而有争议的）特征之一，体现在所谓的“多样性与分异性”（diversity and disparity）——特别是在考虑加拿大西部伯吉斯页岩化石点发现的奇妙化石组合的时候（那里不仅出土了拥有坚硬部位的早期动物，在岩石中还有无骨骼的生命形式保存下的薄痕）。多样性（就这个讨论而言是生物多样性）是我们大多数人都熟悉的用语。我们通常都把它理解成所存在的物种数目的度量。生物学家则在更精细的意义上使用这个术语，其中不仅包括某一地点所存在的物种数目，也包括这些种相对的多度。举例来说，有一个生物群由某个特定数目的物种构成，每个物种都有相同数目的个体；又有一个生物群，其中的物种数相同，但组成每个物种的个体数目呈现为高度不均衡的分布情况。那么在这种更具专业性的意义上，我们认为前一个动物群比后一个的多样性更高。分异性则是对物种的形体构型、类型或设计形式数目的度量，而不是对种数的度量。这种差别最早由古生物学家布鲁斯·朗内加（Bruce Runnegar）明确提出，乍一看似乎不太好把握。每一个不同的物种彼此之间在形体构型上肯定都多少有些不同，这么看的话分异性和多样性应该始终是一回事。但情况并不是这样。今天地球上有数以百万计的物种。然而，基本形体构型的数目却要少得多。

在动物里面，主要的形体构型见于主要的演化谱系——也就是门中。正如我们已经看到的，这些动物类群都在寒武纪爆发中起源。然而，古生物学上有个意外发现是，寒武纪时代只有非常少的种。斯蒂芬·杰·古尔德在他1989年的著作《奇妙的生命》（*Wonderful Life*）中把这个发现描述为“早期生命的一个核心悖论”：“物种的数目表面上看去缺乏很大的多样性，那么形体构型如此大的分异性怎样能从中演化出来呢？”

寒武纪爆发期间的（或者更准确地说，造就寒武纪爆发的）多样性和分异性的历史，是地球动物多样化的另一个让人困惑的方面：这是创造动物的唯一方式吗，还是多种方式之一？所有拥有动物的行星都像我们地球这样，在少数一群物种中通过一次演化大飞跃就演化出全套形体构型，以这种方式创造出动物吗？还是说这个过程也能以较为渐进的方式进行，在漫长的时段里，物种的数目缓慢增长，由此让形体构型的数目也逐渐增大？

伯吉斯页岩对于理解动物最初的多样化来说，显然具有非常重要的意义。在很大程度上，正是这处遗址向我们展示了寒武纪期间迅速起源的大多数或全部的动物的门（或主要形体构型）。然而，伯吉斯页岩可能同时也告诉我们，寒武纪前后不仅有今天地球上可见的那些形体构型，而且还有其他一些现已灭绝的形体构型类型。古尔德的《奇妙的生命》想要传达的中心思想之一是，寒武纪不仅是大起源的时代，也是大灭绝的时代，因为古尔德（以及其他学者）断定在寒武纪生存的门要比今天现存的多得多。具体有多少呢？一些古生物学家推测，寒武纪可能有多达100个不同的门，相比之下，只有35个现在仍有生存。古尔德显然相信寒武纪的门多于现生的门："我们可以承认生命历史上一个令人意外的核心事实——分异性发生明显的下降之后，在这少数幸存的设计之中，多样性却经历了显著的增长。"

这个针对伯吉斯页岩和寒武纪爆发而阐述的观点，在古尔德《奇妙的生命》中表述得坚定而优美，但后来在英国古生物学家西蒙·康韦·莫里斯1998年的著作《创世熔炉》（*Crucible of Creation*）中受到了强有力的质疑。特别具有讽刺意味的是，在古尔德的书中，莫里斯却是赞同其说的核心人物。莫里斯是为我们构建了有关寒武纪爆发的新理论的学者之一。然而，他拒绝认为寒武纪之后分异性发生了下降，在其书中引用了一些展示出相反趋势的案例。他还批评了古尔德"重放磁带"的比喻，阐述了演化中的趋同现象（彼此不同的谱系演化出相似的体型，作为对相似环境条件的响应）如何让关系极远的演化谱系中产生相同的形体构型类型。莫里斯认为，即使脊椎动物的祖先在寒武纪中或寒武纪之后不久就灭绝，很可能也会有其他谱系在形体构型中演化出脊椎，因为这种设计对于在水中游泳来说是最优选择。这种观点与古尔德支持的观点可谓势不两立。因此，现在我们就有了几种多样化模型（见图7.3），哪种是地球上实际发生的情况仍然存疑。

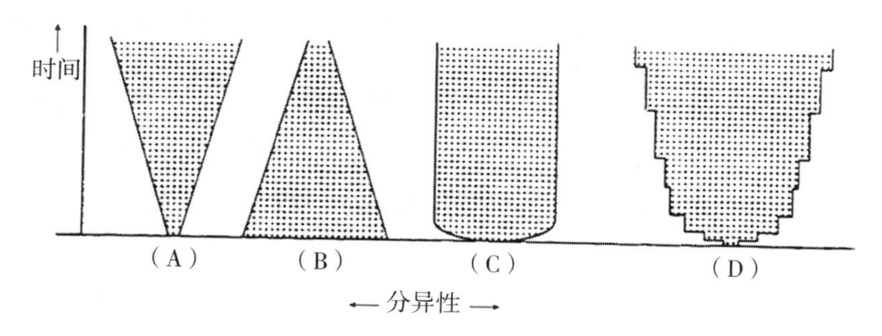

图 7.3 对生命历史及其分异性的多种解释。(A)传统观点，认为随着地质时间的推移，分异性在稳步增长；(B)古尔德的观点，认为最大的分异性出现在寒武纪；(C)这种观点认为分异性在寒武纪增长得非常迅速，之后基本停留在同一水平上；(D)这种观点认为分异性在寒武纪增长得非常迅速，此后总体上还在增长，但速率多有变化。(引自西蒙·康韦·莫里斯。)

寒武纪爆发之后：多样性的演化

寒武纪还有一个特点（也是我们本不应该如此疏忽的一个方面）表现在，不仅物种的多样性和复杂性随时间增加，而且它们所生活的生态系统也发生了变化。以寒武纪爆发为高潮的真核生物的演化和出现，伴随着从细菌生态系统到十分多样而复杂的生物群的转换。作为层状细菌性结构的叠层石，到10亿年前时还很常见，此后却剧烈衰退，可能就是这种从原核生物占优势的世界向真核世界转化的证据。随着动物的起源，高效率的食草动物出现了，而那些在形成化石后被我们称为叠层石的活体细菌垫，因为不能动，就成了这些新兴的食草动物的食物。

寒武纪是这些变化中最深远的那些变化发生的时代。但它并不是最后一次发生大规模多样化的时代。芝加哥大学的古生物学家杰克·塞普科斯基（Jack Sepkoski）花了二十多年时间分析生物体多样性随时间的变化。他识别出寒武纪之后两个重大的多样化时期：一个在早奥陶纪（奥陶纪是紧接寒武纪之后的一个纪）；另一个在新生代开始时，是大约6500万年前紧随那场灭尽了恐龙和其他很多物种的大灭绝之后的时段。这里有一个尚无答案的主要问题就是，物种数目的猛涨——作为最近5亿年间的一大特征——是一旦动物起源之后就不可避免要发生的事，还是全凭运气？

与其他行星上生命出现频率的相关性

在地球上，动物具有经过漫长的等待后姗姗来迟的经历；对于其他任何出现了生命的行星来说，这是例外，还是规律？在其他一些行星上，氧化事件或完成复杂动物形体构型所需的演化步骤能够更迅速地发生吗？如果能，是在什么样的条件下发生的？地球上的寒武纪爆发为我们提供的经验是，如果复杂后生动物——也就是动物——想要出现，那么必须采取两个缺一不可的先决步骤。首先，必须构建含氧的大气。这肯定是最为关键的环境步骤。其次，生物也必须发展出数目巨大的适应方法，这样才能从作为一切之起点的玩具帆船——细菌——当中演化出远洋客轮——我们动物。

走完这两条同等重要的道路都需要时间。其间似乎没有任何捷径。在地球上，走完任何一条路都需要几十亿年时间。而在这漫长的时期中，地球必须维持一个能让液态水存在的温度，并避免可被我们称为“行星灾难”的事件以过大的规模发生，导致能演化出动物的根基生物彻底灭亡。在下一章中我们就来看看，为什么在地球上一直没有这样的灾难引发动物演化的终结。

第八章　集群灭绝与稀有地球假说

我们作为科学家所做的大部分工作，是在为根本上已经理解的事情填充细节，或者把标准的技术应用到新的特殊案例中。然而，偶尔也会出现一个问题，为我们提供机会去获得真正重大的发现。

——沃尔特·阿尔瓦雷斯（Walter Alvarez）

《暴龙和末日陨石坑》（*T. Rex and the Crater of Doom*）

想象一下，我们身处6500万年前一艘环绕地球的飞船之中——这时离上一章描述的寒武纪爆发已经过去了大约5亿年之久。那一天，一颗小行星坠入大气层，向下划出浓重的轨迹，一直撞向今天墨西哥的尤卡坦（Yucatan）地区。我们马上就要见证这场将要把恐龙（以及60%的其他物种）从地球生命的生死簿中一笔勾销的大冲撞了。

这颗小行星（也可能是彗星）直径在9.6到16千米之间，以每小时大约4万千米的速度进入地球大气层。在这样的高速之下，星体用10秒钟即可穿过大气层，之后在地壳上撞得粉碎。一旦发生撞击，它的能量就会造成一场非核爆炸，强度至少是把全人类所有库存的核武器都拿出来同时爆炸而释放的能量的1万倍。这颗小行星击中的是赤道地区，那时尤卡坦地区还覆盖着浅海；它造成了一个与美国新罕布什尔州一样大的陨石坑。成千上万吨的岩石，连同小行星本身的全部星体，都从撞击原点地区向上炸起。一些碎屑进入了绕地轨道，而较重的物质在经过亚轨道飞行之后又重入大气层，像流星雨一般接二连三地拖着尾迹回到地球。很快，整个地球上方的天空都亮起了这些小流星闪耀出的暗红色。它们数以百万计，如火球一般呼啸地坠回大地，在这个过程中引燃了郁郁葱葱的晚白垩纪森林；地球上超过一半的植被，在撞击之后的几个星期里熊熊燃烧。以撞击点为中心，还有一团巨大的火球向上方和四周腾起，带着另一些岩石物质向外扩散；其中的细尘被平流层的风刮到全球各处，于是烟尘便充斥了整个大气圈。巨量的岩块和粉尘要用几天到几个月的时间才能分批沉降回地球。与此同时，从炽烈燃烧的森林汹涌腾起的巨大尘柱和烟雾也升入大气层，让地球笼罩在阴暗的尘幕下。从太空中望去，我们会渐渐看不见地球的表面，唯有一层阴沉的黑纱，模糊了地球那曾经翠绿和湛蓝的表面。这是但丁《地狱》中的场景，是一场满是赤焰和黑烟的梦魇。

这场撞击在陆地上和大气中都产生了巨大的热量。进入大气的冲击热足以让其中的氧气和氮气化合，成为二氧化氮；这种气体之后再与雨水反应，变成硝酸。酸雨就这样倾盆泻下，汹涌地灌注陆地和海洋；到雨停的时候，全世界大洋上方90米的水体的酸性已经强到足以溶解钙质的生物外壳。这场撞击还产生了强大的冲击波，从地壳上溃烂的破洞那里沿着岩层向外传播；地球像钟一样颤抖不已，前所未有的高强度地震接连发生。巨大的海啸潮从撞击点向外扩散，最终袭击了北美洲的大陆海岸线，可能还有欧洲和非洲；等潮水退却，便只留下了毁灭的痕迹，留下了许多搁浅而浮肿的恐龙腐尸，串在连根拔起的树上，形成巨量的沉积。世界上幸存的食腐动物一定很开心。到处弥漫的都是腐烂的气味。

这骇人一天之后的几个月时间里，没有阳光能照到地球表面；大气层比海湾战争爆发之后由石油燃烧形成的笼罩科威特的浓重烟气还黑暗。因为撞击产生的热量，气温先是上升，但紧接的黑暗却让地球大部分地区的温度陡然下降，让这个之前还普遍呈现为温暖和煦的热带气候的世界陷入隆冬。热带乔木和灌木开始死亡，在其间栖息或以之为食的生物开始死亡，捕食较小的食草动物的食肉动物开始死亡。在上一章详细介绍的寒武纪爆发之后 2.5 亿年开始的中生代，在持续了近 2 亿年之后，终于走到了终点。

在几个月的黑暗之后，地球的天空最终恢复清朗，但灭绝——大量物种的死亡——却仍未停止。撞击造成的冬天结束了，全球温度开始回升——但又升过了头。撞击导致巨量的水蒸气和二氧化碳释放到大气中，它们现在造就了一个有强烈温室效应的时期。在地球的温度回归某种平衡之前，全球气候格局的变化飞快而极端，而且不可预测。从温煦到寒冷，再回到比撞击之前更炎热的温度，这一切都在短短几年内发生。温度的震荡，造成了更多的死亡、更多的灭绝。

所有这些浩劫都会造成死亡：个体的死亡，物种的死亡，整科整科的生物死亡。这个事件是一场行星灾难。假如撞击地球的天体只增加到两倍大，那么它会让地球表面完全不留下一点生命。对于复杂后生动物来说，它们只是侥幸脱险而已。

距今仅仅 6500 万年前的这样一次撞击事件，结束了中生代，也结束了恐龙时代。而这只是过去5亿年来危及地球上的复杂生命的众多撞击事件和其他各式各样的全球性灾难之一。在宇宙中其他任何地方的行星上，这样的事件一定也会发生，它们毫无疑问是那里可能存在的任何复杂后生动物想要持续存在的最大障碍。灭绝事件是稀有地球假说中的重要方面。虽然地球上的动物和植物长期以来在各种各样的集群灭绝事件中多次遭到严重打击，但是这危害本来还可能更深重——在生命有可能演化出来的其他很多行星上，情况可能也是如此，或将会如此。如果在一个不幸运的时间遭到打击，那么一颗行星上的高等生命可能会被完全扼杀。它们甚至可能从一开始就不会有演化出来的机会。

正如我们在前一章中看到的，5亿年前的地球充满了复杂的动物和植物。要获得这样一个第一次有大量动物栖息的世界，需要经历大量的演化和环境变化，要耗时30亿至35亿年之久。而要维持这些生物的存在，又需要其他条件。比起微生物来，复杂后生动物能忍受的环境条件范围要狭窄得多，比如在复杂后生动物中就没有嗜极生物或厌氧生物。它们也非常容易因为短时间的环境恶化就沦落到灭绝的地步。

集群灭绝的定义

宇宙中动物的出现频率，一定是它起源的常见程度和它在演化之后能存在的时间长度的某个函数。我们相信，这两个因素都会受到集群灭绝的频率和强度的深重影响。我们所说的“集群灭绝”，指的是在短短的时间内，一颗行星上的全部生物中有相当大的比例死绝的事件。杀死这些生物的原因倒是不神秘，可以是过热或过冷，食物资源（或其他必需养分）不足，水、氧气或二氧化碳太少（或太多），辐射过强，环境酸度不合适，环境中有毒素，存在其他的生物……一旦这些因素之一或几个因素的组合导致整个行星上的生物中有相当一部分死亡，集群灭绝事件就发生了。而这样的事情在过去已经发生了很多次。

集群灭绝有可能让任何行星发展出来的生命都走向终结。在最近5亿年中，地球上有过大约15次集群灭绝的时期，其中5次除灭了那时在地球上栖息的一多半物种。这些事件严重影响了地球生物的演化历史。举例来说，如果恐龙没有在6500万年前小行星撞击地球之后很快死绝的话，那么哺乳动物的时代很可能不会到来，因为哺乳类多样性的整个演化过程都只发生在恐龙从地球上一扫而光之后。如果恐龙还存在，那么哺乳类的演化就会受到抑制。因此，集群灭绝对于演化和创新既是激励，又是妨碍。不过，大多数有关集群灭绝的研究表明，它们破坏性的一面远比有益的一面重要。如果有生命的行星是花园，那么集群灭绝就是害虫和干旱，同时也可能是肥料。然而，任何园丁都知道，植物在年幼的时候最为脆弱，灾难最常发生在它们生长季的早期。一次晚霜冻，一场雹灾，早春害虫的暴发，阳光寡照……所有这些都让生长季早期成为最危险的时段。对于任何行星上的动物来说也是如此。我们相信，复杂后生动物演化史的早期，也是对它们来说极为危险的时期。在我们看来，行星灾难（可导致集群灭绝）如果发生在复杂后生动物的演化之前，或者发生在它们通过物种多样化的过程已经充分发展之后，就非常不可能导致所有生命灭绝。地球生命的化石记录也支持了这个预言：在复杂动物生命刚刚演化出来的寒武纪，高等分类群的损失也最为惨重。

与脆弱而容易死亡的动物不同，微生物受集群灭绝事件的影响不那么大。一旦微生物的深层生物圈充分建立，要想根除生命的细菌演化级，很可能会非常困难。只要没有超新星爆发，或是被非常大的小行星撞击，而导致行星被毁灭到在全球消灭一切生命的程度，那么任何行星的深层微生物圈就一定都是生命的有效保护地。因为在其表面以下数千米深的区域与世隔绝，哪怕是深重影响到表面的大灾难，都不怎么会影响到这里。另一方面，行星表面的生命（哪怕是细菌生命）肯定很容易受到重大行星灾难的影响，比如巨大彗星或小行星的撞击。在大约 40 亿年前的重轰炸期间，地表生命可能被反复除尽，只能让地下深处的微生物再次出山，或是让被撞击抛射出去又落回来的岩石重新播种。然而对于动物来说，情况就完全相反了。动物没有在地下安然存活的能力，也没有在太空的真空中休眠的能力。如果它们被灾难完全清除，那么它们并不能马上从某个地下的储备库中得到补充。它们只能以一种非常缓慢、一步接一步的过程再重新演化出来，完成这样的过程需要几亿年，甚至几十亿年。

所有的行星迟早都会发生行星灾难，可以预期它们要么严重威胁到动物的生存，要么把它完全灭净。地球就持续不断地受着行星灾难的威胁——主要是与地球轨道交叉的彗星和小行星的撞击，但也有来自太空的其他危险。然而，能威胁到地球以及其他任何有生命存在的行星上的生命多样性的危险并非只来自外太空。除了行星外的因素，还有地球自身的灾难因素。这两种类型的因素在过去为地球带来了集群灭绝事件，在其他行星上应该也会造成类似的后果。

行星灾难的类型

所有集群灭绝的直接诱因，似乎是“全球大气成分”（global atmosphere inventory）的变化。大气中气体的变化（可以是体积的变化，或大气相对组分的变化）可由多种事件引发：小行星或彗星撞击，大规模的玄武岩溢流事件（在此期间会有巨量的熔岩涌出地表）造成二氧化碳或其他气体排入海洋和大气，由海平面变化引发富含有机质的海洋沉积暴露出来而排出气体，海洋环流格局的变化……一旦大气的构成和活动方式发生变化，或者因为大气性质的变化造成了温度和环流格局等因素的变化，生物的杀手就降临了。

有大量因素可以导致行星灾难的发生。下面我们会列举其中几个，其排列顺序与重要性无关。

- 行星自转速率的变化

我们觉得地球 24 小时自转一周的速率是理所当然，然而如果我们把它跟太阳系中其他行星和卫星相比较，就会发现这个速率事实上是不同寻常的。比如木星和土星，质量和直径都比地球大得多，自转速率也快得多。然而，金星和水星（以至月球）等其他很多天体的自转却非常缓慢。在质量较小的恒星那里，处于宜居带中的行星干脆被它们所环绕的较大恒星的引力作用搞成了“潮汐锁定”状态。因为这样的行星始终只以一面朝向恒星，于是这一面就变得非常炎热；而另一面则始终朝向冰冷的太空，于是变得非常寒冷。这两种环境对于其表面的生命来说都是致命的，会妨碍其演化。

行星的自转速率会变化。当这样的事情发生时，任何已经适应了某个特别的自转状况的生命都可能会面对行星灾难，因为它们会面临重大的温度变化。地球本身的自转一直在逐渐变慢，随着时间推移，这个现象可能会改变云层的分布。

- 行星移出动物“宜居带”

动物生命需要液态水，所以它要求行星全球平均温度能让液态水存在。只要行星的任何移动会让它离开能保持这种温度的轨道，就会制造一场行星灾难。虽然这样的轨道变化不太容易发生，但它还是可能由该行星系中的另一颗行星引发。这样的扰动在疏散星团中可能比较常见。

- 太阳（恒星）能量输出的变化

任何行星上的复杂动物生命都依赖于恒星能量。如果恒星能量输出增加或减少，让液态水不复存在，那么动物生命本身或其演化情况就会面临灾难性的结局。恒星能量输出的短时段和长时段变化，可能是全行星性灭绝——甚至生命的完全灭绝——最常见的情况之一。一些科学家相信，太阳能量输出的增加，会让地球生命走向终点。这也不算什么新鲜观点。我们已经说过，包括太阳在内的大多数恒星产生的能量总量，会随着时间推移而增长。在地球上之所以能维持一个相对恒定的温度，是因为在来自太阳的能量增长的同时，温室气体也在逐渐减少，由此便控制了温度。然而，到我们这个时代，这种行星温度调控方式似乎快要终结了。比起地质时代里较早的时期，如今的大气中只有很少量的二氧化碳，而太阳的能量输出还在继续增加。一些科学家已经预测，7 亿年之后，地球上的温度对于动物来说会变得太高。而当这个事件最终发生时，它会导致地球上最后一次也是最大规模的集群灭绝——生命的彻底灭亡。

- 彗星或小行星的撞击

任何行星系都充斥着宇宙碎屑——小行星和彗星，它们是行星形成之后残留下来的零碎。大量的这类物质最终会撞向行星系中的任何一个成员，释放的能量可以招致行星灾难。我们现在已经知道，这样的灾难确曾在地球上引发集群灭绝。1980 年，美国加利福尼亚大学伯克利分校的路易斯（Luis）和沃尔特·阿尔瓦雷斯（Walter Alvarez）、弗兰克·阿萨罗（Frank Asaro）、海伦·米歇尔（Helen

Michel）提出，地球上最大规模的集群灭绝之一—— 6500 万年前中生代即将结束时杀死了恐龙和其他很多物种的那次事件——就是由一颗大流星体或彗星撞击地球导致的，这也是本章开头描述的场景。随着支持这一观点的证据不断积累，大多数科学家都认识到，与流星体或彗星的相撞在任何行星上都可以导致生物危机，这在地球既往的历史上至少已经发生了一次（未来很可能还有几次）（见图 8.1）。

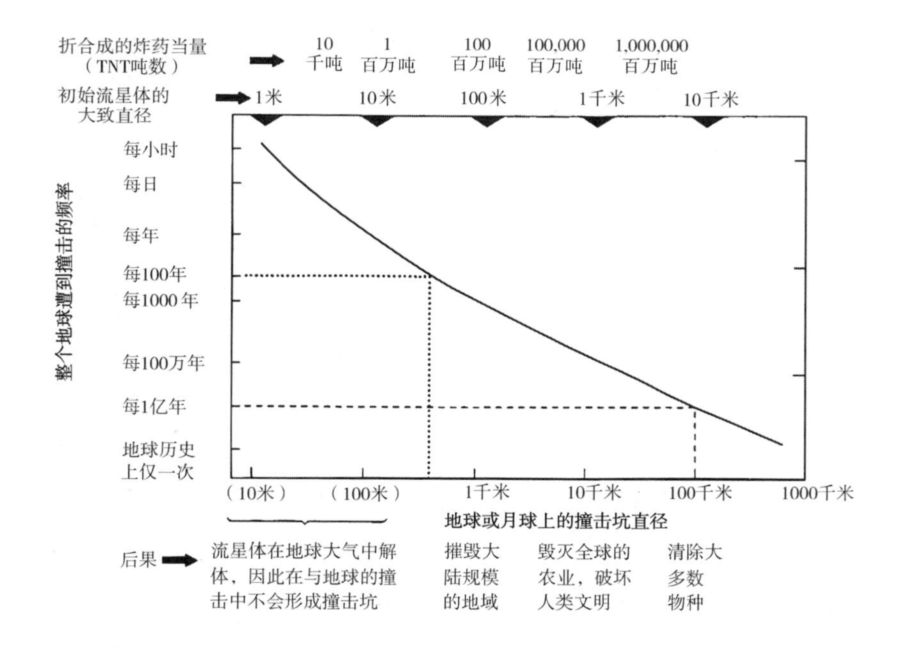

图 8.1　流星体撞击地球大气层顶部的频率是流星体大小的函数。下方的坐标轴给出了以每秒大约 15 千米的典型撞击速度造成的撞击坑大小。上方的坐标轴以 TNT 炸药的吨数给出了陨星的大小和能量。点线展示了 1908 年西伯利亚陨星爆炸的规模；短划线展示了 6500 万年前清除了恐龙和其他物种的撞击的规模。（引自 Hartmann 和 Impey, 1994；数据来自 E. Shoemaker, C. Chapman, D. Morrison, G. Neukum 等人。）

在天体碰撞中，有很多变量会影响致死性（lethality）的程度，比如流星体的大小、成分、撞击角、速度以及撞击目标地区的性质。以白垩纪那次事件（也叫白垩纪—第三纪撞击，简作K–T撞击）来说，撞击目标地区的岩石富含硫元素，这让撞击造成的环境后果更为恶化。（硫可以与空气和水反应，生成高毒性的酸雨，在撞击事件本身之后可持续多月。）不仅如此，除了撞击地点的地质情况，那里的地理情况也起着重要作用。即使是角度和速度都类似的天体，撞击低纬度地点的后果与撞击高纬度地点的后果也是完全不同的，因为致死程度在全球的分布情况是由大气环流格局造成的。最后，在撞击发生之时，生物群和大气的性质当然也很重要。对于有很多生态特有种——对于环境变化几乎没有忍耐力的动物和植物——的高度多样化的世界来说，撞击造成的灭绝，要比发生在有很多广布种的低多样性世界中的相同事件更严重。温室效应显著的世界中的撞击，与温室气体储量或氧气含量低于现代地球的世界中的撞击相比，也会造成不同的后果。

在阿尔瓦雷斯假说提出之后最开始的几年中，一些研究者认为，可以建立一个一般性的综合模型，把大多数或全部集群灭绝与撞击事件联系起来。这种思路是伯克利分校的天文学家里奇·穆勒（Richer Muller）的“涅美西斯”（Nemesis）假说的基础。美国芝加哥大学的戴维·劳普（David Raup）和杰克·塞普科斯基的工作也遵循这种思路，他们在1984年提出假说，认为集群灭绝呈现了2.6亿年的周期性。自那以后，人们在地质记录中的11个不同的时段里都发现了铱元素（阿尔瓦雷斯团队将这种铂族元素作为撞击的标志）含量的升高。然而在其中大部分时段中，铱元素含量只是略有提升，并不能作为较大型撞击的征兆。迄今为止的证据表明，只有侏罗纪末和白垩纪末的两次大型集群灭绝（后者即 K-T 事件）是由撞击的影响造成的。

太阳系中所有石质行星或卫星上都存在大量撞击坑，它们作为赤裸裸的证据，揭示了这些事件的频繁性，至少在太阳系历史的早期如此。对其他大多数（也可能是全部的）行星系来说，撞击很可能也是一大危险因素。在所有行星灾难中，撞击可能是最频繁、最重要的一种。它们可以把之前占据优势的生物类群清除，从而为全新类群的出现开辟道路，或是让之前次要的类群夺取统治地位，这样就完全重设了行星上生物的历史行程。

- 附近的超新星

另一个可以引致集群灭绝的机制，是在恒星所在星系中的邻近区域里出现超新星。芝加哥大学的两位天文学家在 1995 年算得，如果距离太阳 10 秒差距（30 光年）之内的一颗恒星爆炸成超新星，那么它将释放出高能的电磁波和带电宇宙射线流，足以在 300 年内或更短的时间里摧毁地球的臭氧层。近期很多有关今日大气中臭氧损耗的研究都表明，臭氧层的丧失对生物圈及栖息其中的物种具有灾难性后果。损耗的臭氧层会让海洋生物和陆地生物都暴露在有潜在致死性的太阳紫外辐射之下。特别是进行光合作用的生物，包括植物性浮游生物和生物礁群落在内，都会受到很大影响。

天文学家计算了最近 5.3 亿年中距离太阳曾经不到 10 秒差距的恒星的数量，以及恒星中超新星的爆发率，他们由此得出结论，认为在最近 5 亿年中，在距离地球 10 秒差距以内的空间中非常可能发生过一次或多次超新星爆发。他们还相信，这样的爆发可能每 2 亿到 3

亿年就会发生一次。而且正如第二章所说，离星系中心越近，附近出现超新星的几率也迅速增大。

- 伽马射线源

天文学家已经在许多星系里探测到强伽马辐射的突然爆发（伽马射线是原子弹放出的最危险的辐射）。虽然人们对这些短暂而极猛烈的能量释放过程知之甚少，但它们对于附近行星系中的任何生命无疑都是致命的。

- 宇宙射线喷流和伽马射线爆发

在导致集体死亡的罪魁祸首群像中，一个新面孔是由猛烈的恒星爆炸产生的致死性辐射暴。宇宙射线喷流和伽马射线可由同一个源头产生：合并的中子星。天文学家阿尔农·达尔（Arnon Dar）、阿里·拉奥尔（Ari Laor）和尼尔·沙维夫（Nir Shaviv）推断，宇宙射线喷流可能是几次大型集群灭绝的肇因，这也可以解释灭绝事件之后迅速的演化事件。他们提出，中子星在合并或坍缩时可释放出高能宇宙射线流（中子星本身又是超新星的残骸）。这些爆发事件在宇宙中最为猛烈，短短几秒内释放的能量就相当于一颗超新星的全部能量输出。当这样两个星体合并时，它们会制造出一束很宽的高能粒子流，如果击中地球，便能够完全剥除臭氧层，以致死的辐射剂量轰炸地表。

这些事件的发生频率是关键的因素。一些新的计算表明，这些事件在任何星系中都会比以往所认为的概率更频繁发生，也比以往所认为的更危险。芝加哥大学的物理学家詹姆斯·安尼斯（James Annis）在1999年提出，伽马射线爆发的致死性实在太强，单独的一次事件就可以毁灭整个星系的大部分或全部区域中的生命。安尼斯通过计算得出，这类爆发的发生率大约是每个星系中每几亿年一次。举例来说，安尼斯认为如果来自这种事件的能量击中地球，即使它是发生在银河系中心，也会杀死地球上的所有陆地生命。如果这种猛烈而危险的碰撞比较罕见的话，那么致死性的辐射暴不过又是一类发生概率很低的事件而已。然而，安尼斯和达尔都认为这样的碰撞发生得比较频繁，而且在宇宙历史的早期还要更为频繁。他们算出来的结果是，每过几亿年，这类事件的效应就会导致地球上发生一次大规模的集群灭绝。

- 灾难性的气候变化：冰室和失控的温室

在某些情况下，气候的极端变化可导致集群灭绝。严重的冰期和温室加热效应（greenhouse heating）都是这样的例子，而这二者都依赖于大气中二氧化碳或其他温室气体的含量。当恒星的能量输出减少或增加时，或者当行星的轨道变得更靠近或更远离其恒星时，气候变化是由此引发的直接毁灭机制。严重到足以通过集群灭绝来威胁到生物圈的气候变化，会导致行星平均温度大幅摆动，洋流系统会因此重新布局，行星降水格局也会发生变化。

在这样的情况中，两种最具灾难性的场景可称之为冰室（Ice-house，雪球地球事件即是其例）和失控的温室（Runaway Green-house）。在这两种场景中，全球温度都移出了让液态水能够在行星上存在的0—100℃的范围。我们在下一章中考察金星和火星的命运时，会分别看到这两种情况的可能例子。

- 智慧生物的出现

有充分的证据表明，人类作为一种得到技术武装并分布到全球的物种，其出现已经触发了地球上一场新的集群灭绝。我们可以论证，在先进技术和农业的协助下利用行星资源的任何智慧物种的出现，必然都会导致全行星的集群灭绝。

集群灭绝的频率

集群灭绝有多大可能发生？或许处理这个问题的最佳方法，是把气象学家和水文学家用于评估天气和洪水风险的那套方法拿来运用。很多自然现象——比如洪水、地震和干旱——在时间上的分布是相似的。小规模的事件常常发生，但大规模的事件罕见。想要知道特别罕见的事件的发生概率，最好的办法是把所有可利用的数据收集起来，将它们按照再现时间或等待时间来排列。举例来说，我们可以问，在一个世纪内或一千年间，某种特定规模的洪水有多大可能发生？然后，我们可以定义出“十年一遇”的洪水（我们预期平均每10年会发生一次的那种规模的洪水），把它们与规模大得多的百年一遇的洪水以至更具灾难性的千年一遇的洪水加以比较。“百年一遇”的说法并不意味着我们完全不可能在前后两年中接连遭遇两场这样的事件，只是在前后两年中发生两场这类事件的概率小到可以忽略不计而已。水文学家运用一种叫极值统计的技术，可以把等待时间外推到比历史记录更长的时段。当然，这些评估都是不完美的。然而，在只有100年的历史记录可用时，它们可以让科学家对千年一遇之类规模的事件做出估计。

古生物学家戴维·劳普改造了这种技术，用于探索集群灭绝问题。劳普的问题，很像那些对估计大洪水的可能发生频率感兴趣的气象学家提出的问题。劳普指出，我们有地球最近6亿年历史的良好记录，所以我们可以确定千万年一遇事件和三千万年一遇事件的置信度。运用这些统计方法，劳普算出了他称之为“杀灭曲线”（kill curve）的结果。

杀灭曲线是一幅图表，展示了不同规模的集群灭绝的预计等待时间。它描绘了一系列等待时间所对应的平均“物种杀灭度”，即作为某种集群灭绝事件的后果，在某个时间骤然走向灭绝的物种在地球全部种数中所占的百分比。劳普的曲线不是纯理论性的；他首先积累了2万多个属的生物的灭绝记录，以它们实际的地质寿命为基础，才推导出这条曲线。劳普利用了《动物学记录》(*Zoological Record*)，这是地球上现已知道的动物的汇编；他找出所有这些属的生物最先出现和最后出现的时间，然后把这些查询结果编排成一个庞大的数据库。因此，他在调查中拿到了那些生物实际地质年代范围的最全面信息，由此才形成了数据。

杀灭曲线让我们可以知道，给定一个长度的时段，会有多少物种走向灭绝。按照这条曲线，大约每10万年一遇的自然现象造成的灭绝可以忽略不计；百万年一遇的事件会造成较大的后果，可能导致地球上5%到10%的物种灭绝；对于千万年一遇的事件，这个数字将上升到全部物种的30%；而对于亿年一遇的事件，这个数字将进一步上升到70%。这些都是令人惊恐的数字。如果在某种亿年一遇的短期行星灾难中会有将近四分之三的物种走向灭绝，那么这意味着我们正生活在一个非常不安全的行星上。

在1990年的著作《灭绝：坏基因还是坏运气》(*Extinction: Bad Genes or Bad Luck*)中，劳普讨论了这种担忧。按照我们的预计，那种能把地球整个生物圈杀灭的事件——其间地球生物全部的巨大多样性会被完全除尽——有多经常发生呢？“我曾经试着对灭绝数据应用极值统计，想回答这个问题：‘按照预计，地球上所有物种全部灭绝会有多经常发生？’我认为计算结果的置信度并不大，但它们至少能让我们安心：足够根除所有生命的灭绝事件，平均经过20多亿年的间隔才会复现。”

然而，这恐怕并不是一个令人安心的数字。事实上，它触及了稀有地球假说的核心。如果我们预计，在地球上除灭所有生物的行星灾难每 20 亿年就发生一次，而生命已经存续了 40 亿年，那么我们现在就在实打实地赌运气！动物要想用很长时间来演化——而其间行星大灭绝的死亡镰刀仅因为盲目的随机性才迟迟没有来收割——所需的可能只不过是运气。

集群灭绝的影响

差点导致全部生命消亡的集群灭绝，对行星的生物多样性一定只有害处吗？我们或许可以认为，与其说集群灭绝对多样性有害，不如说它们实际上是促进多样性的力量。举例来说，我们可以认为，古生代多次发生的灭绝导致了古老的生物礁群落能在类型更现代的珊瑚虫周围组建起来。集群灭绝为更现代（也更多样）的软体动物铺平了道路，让它们能取代之前以腕足动物类（古老的有壳动物）占优势的底栖群落。另一个例子是恐龙的灭绝，这又为哺乳动物中很多新类型的演化开拓了道路，如今哺乳类物种的类型似乎比曾经存在的恐龙种类还多。如果这些集群灭绝没有发生，在其余变量（比如大陆漂移的历史）保持相同的情况下，行星多样性（现生物种的数目）会比今天更高或更低吗？

我们可以用下面的图表来说明集群灭绝之谜，以及它们对全球生物多样性的影响：寒武纪爆发导致了多样性的骤然提升，之后多样性在古生代期间保持了大体稳定的状态。奥陶纪和泥盆纪期间的集群灭绝导致了多样性短时间的下降，但是随着生命新类型的演化，这种下降很快就得到了弥补。二叠纪末的大规模集群灭绝创造了多样性的长期贫乏，但是最终在中生代，它也被弥补了回来。事实上，在最近 5 亿年里，地球上每次发生集群灭绝之后，多样性都不只是回到先前的水平，更是超过了前值。在今日世界中，生物多样性比最近 5 亿年中的任何时刻都高。如果曾经发生的集群灭绝次数再多一倍，那么多样性水平会不会比现在的地球还高呢？可能集群灭绝施加了积极的影响，把腐朽堕落、不合时宜却又霸占资源、尸位素餐的物种一扫而光，于是创造了新的机遇，促进了演化创新。但另一方面，也可能相反的情况才是真的：如果集群灭绝没有发生，那么生物多样性才会比现在更高（见图 8.2）。这两种理论，我们应该如何选择呢？

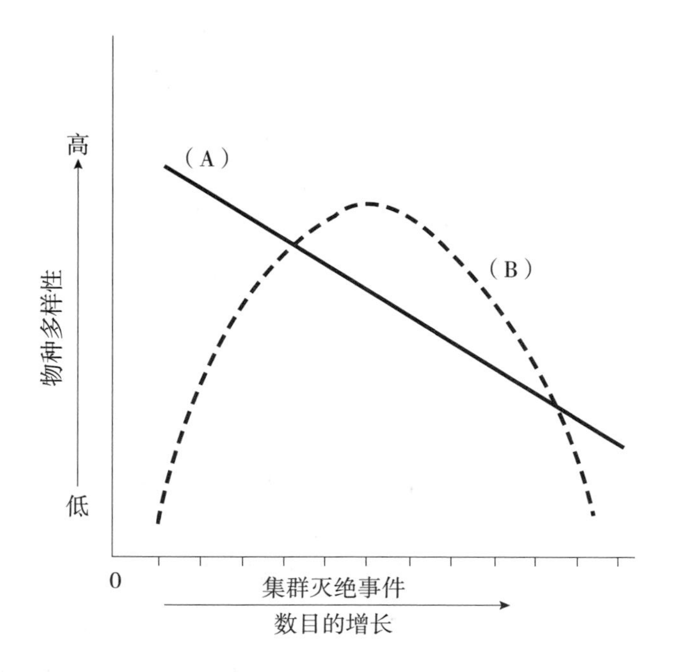

图 8.2　集群灭绝影响多样性的两种模型。（A）集群灭绝次数越多，多样性越低；（B）集群灭绝事件的次数有某个临界值，超过之后会导致多样性降低。

虽然这个问题很有趣，但是迄今为止还未对它做过任何检验。不过，化石记录确实提供了一些线索，暗示我们必须把集群灭绝放到生物多样性杠杆的受害一端，而不是受益一端。最有力的线索，可能来自集群灭绝之后生物礁生态系统的历史比较研究。生物礁在所有海洋生境中最具多样性，它们是海洋中的“热带雨林”。因为其中包含了大量具有硬质骨骼的生物（雨林恰恰与之相反，其中几乎没有什么生物具有形成化石的潜力），我们可以得到生物礁随时间变化的良好记录。所有集群灭绝都严重危害了生物礁环境。最近5亿年间有6次大规模集群灭绝，每一次都让生物礁生境遭受了比其他任何海洋生态环境更高比例的灭绝。每次集群灭绝之后，生物礁就会从地球上消失，然后通常要花几千万年时间重建。无论是寒武纪、奥陶纪、泥盆纪、二叠纪、三叠纪还是白垩纪集群灭绝之后，都不再有生物礁。它们要经过非常缓慢的过程才能重新出现。复杂生态系统似乎要花很长时间才能建立以及重建（见图8.3）。而当生物礁系统最终重现时，构成它们的已是全新的一套生物。这就暗示了集群灭绝对生物多样性有高度危害性，产生的是净亏损，至少对生物礁来说是这样。

风险与复杂性

我们能够得出生命复杂性与它将会承受的集群灭绝风险之间的关系吗？最近的证据表明，随着生物体越来越复杂，它们罹受灭绝的风险也越高。当生物体的复杂性增大时，它也更为脆弱；因此在多数情况下，复杂性的增加会缩窄这种生物体的环境忍耐力。任何细菌都可以禁受外层空间的严酷环境（至少可以坚持一小段时间），但没有动物能做到这一点。从细菌式的生命形式到原生动物再到后生动物，生命可以忍受的温度、食物资源和环境化学范围也越来越局限。

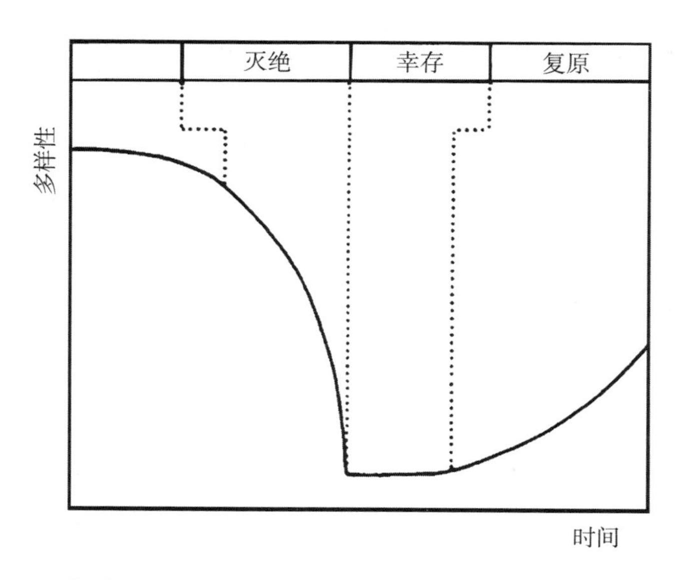

图 8.3　集群灭绝危机的阶段。（引自 Kauffman, 1986，根据 Donovan, 1989 中的信息绘制。）

这种概括似乎不仅适用于一个种内的个体，也适用于物种本身。化石记录传达的最明显的信息之一是，灭绝率是复杂性的函数。平均来说，比起复杂动物，简单动物能够非常成功地规避灭绝，因此能存活得非常久（以地质时间来衡量）；物种越简单，它们在地球上的统治时间就越长。有 30 亿年历史的岩石中所见的很多细菌化石，与今天在地球上普遍可见的现生类型是等同的。它们是相同的种吗？除非我们可以把那些古老类型所含的 DNA 与其现生类似种相比，否则这个问题无法从根本上回答。但是对答案的最佳猜测是，它们可能真的就是相同的种；在外部形态上，它们肯定是相同的。简单的细菌种一旦演化出来，似乎就能延续很长时间，这可能是因为它们非常简单，而且不频频求助于新的身体形式就能适应环境。与此相反，复杂后生动物却有明显较短的存活期，即使在后生动物里面，复杂性和演化寿命之间似乎也保持负相关的关系。比如哺乳动物（地球上最复杂的动物）的物种平均寿命只略长于100万年，而比它简单得多的双壳类软体动物所延续的时间却可高出一个数量级。

但是复杂性要如何测量呢？可能细菌实际上并不比复杂后生动物简单，那些观察到的关系只是巧合，或源于复杂性以外的其他因素。但事实表明，确实有几种比较复杂性的方法。这些方法之一，是确定基因组的长度（以及其中所含的基因数量）；在后生动物中还有一种更简单的确定复杂性的方法，是数出它所包含的不同细胞类型的数目，这是古生物学家詹姆斯·瓦伦丁最先提出的。

动物学家和生理学家已经花了多年时间来区分动物的细胞类型。细菌或草履虫只有单独一个细胞，但是随着动物生命展现出多细胞状态，各式各样的体细胞就分化出来。作为最简单的多细胞动物之一，海绵至少有4种细胞类型：一种负责获取食物，一种负责分泌骨针（原始的支持结构），一种负责在整个身体里运送物质，还有一种的功能相当于一类皮肤细胞。像我们这样的脊椎动物，细胞类型要多得多：哺乳动物有100多种细胞类型。

但很奇怪的是，还没有人试过把这种用细胞类型数目来衡量的复杂性与演化寿命建立关系。演化寿命就是灭绝率的另一种形式，大多数动物和植物类群的演化寿命已经由古生物学家杰克·塞普科斯基做了计算。我们在这里就把这两套数据结合起来，寻找彼此的相关性。结果似乎证实，复杂性是一种代价，会降低演化寿命。这个发现表明，越复杂的动物或植物物种，其演化寿命也越短，在地球上或在其他地方都是如此。这个发现还表明，随着时间推移，灭绝率也会增大（见图 8.4）。

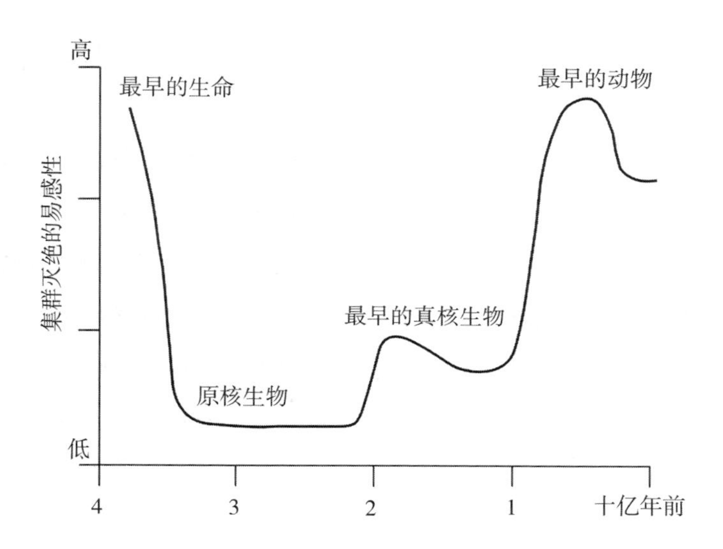

图 8.4　作为假说的灭绝“风险”或易感性随时间变化的曲线。在新的演化类型刚出现时，灭绝风险最高；随着多样化的发生，风险也有所降低。多样化是对抗灭绝的保险措施。

地球上集群灭绝的历史：十次事件

自从寒武纪爆发以来（也就是最近 5.4 亿年来），古生物学家已经发现了很多集群灭绝事件。不过，更早时期发生的其他集群灭绝事件大部分我们都还不知道，因为它们发生的时候，生物体很少能制造坚硬的骨骼部分，因此很难成为化石。可能在骨骼出现之前的漫长地球历史中也不时点缀着巨大的全球性灾难，让地球上的生物群遭受惨重损失——这些是没有记录的集群灭绝。然而，我们却几乎没有留意过更早的灭绝事件。比如天文生物学家詹姆斯·卡斯廷相信，大约7.5亿年前的雪球地球事件，可能就造成了整个地球历史上最大规模的集群灭绝。

在最近5亿年里已知的形形色色的集群灭绝中（在这一时段，有15次事件被正式归为“集群灭绝”），有6次无论是以灭绝的科数、属数和种数衡量，还是以它们对生物群之后的演化造成的影响来衡量，都特别具有灾难性。在这个清单上，我们建议再增加3次发生时间早于5亿年前的事件，以及当下由失控的人类种群影响所致的生物多样性危机。这后一次集群灭绝事件现在正在进行之中，所以它最后的灭绝总数还无法统计。然而，对于任何在复杂后生动物中诞生了智慧物种的行星上发生的事情来说，它可能都有代表性。

我们对各次事件的了解程度，与它们的久远程度成反比：越古老的事件，仍然围绕着它们的谜团也越多。对于还在进展之中的现代灭绝，我们只会做非常简单的介绍。而在古代事件中离我们最近的一次，即K-T事件，也是迄今为止得到最多研究、最为人熟知的事件。相应地，我们对这次事件的讨论也最详细。

- 重轰炸灭绝，46亿至38亿年前

重轰炸期据信曾经至少几次让地球表面的生命全部灭亡。除此之外，我们对此便一无所知。

- 氧气的出现—雪球地球，25 亿至 22 亿年前

氧气的出现注定导致了那时地球上的大多数厌氧细菌种灭绝。这个现象可能与第一次雪球地球事件同时发生，但它几乎或完全没有留下化石记录。

- 7.5 亿至 6 亿年前的雪球地球事件

对于这些事件，我们也几乎一无所知；它们可能由 3 或 4 次单独的灭绝事件构成，每次灭绝都与一次重复发生的冰川作用同时进行。在叠层石以及名为疑源类的浮游生物中确实可见有大规模灭绝。但这一时期缺乏能形成化石的动物，使得这些事件难于察觉和研究。

- 5.6 亿至 5 亿年前的寒武纪集群灭绝

就在寒武纪开始之前发生的灭绝，以及之后在寒武纪期间发生的灭绝，至今仍是所有灭绝事件中最神秘的一些事件。我们相信，从它们对地球上动物生命的影响来衡量，它们也是最重要的事件。

正如我们在上一章中看到的，寒武纪爆发是地球动物历史上最重要的事件，没有之一。在相对短暂的时段里，现在还活在地球上的动物所有的门就都出现了。从寒武纪末至今，没有新门再演化出来。然而，虽然寒武纪因这一时期的多样化而闻名，但它同时也是大规模灭绝的时代。似乎有一些在寒武纪出现的门并没有存活多长时间。古生物学家斯蒂芬 · 杰 · 古尔德描述的伯吉斯页岩动物群中包含有大量生物，似乎不属于任何一个现生的门；很多古生物学家认为，在 5.4 亿年到大约 5 亿年之前，有许多门走向了灭绝。

一些科学家论证说，在寒武纪爆发之前发生过集群灭绝，那是所有集群灭绝中的第一场，它导致了埃迪卡拉动物群的消失。这个动

物群包含了一系列水母和海葵一般的奇特生物，它们出现在全世界很多地方，位于寒武纪地层底部以下与之紧挨的地层中。它们似乎是最早分化出的一批动物——或许是我们所熟悉的刺胞动物门和多种蠕虫的早期先驱，也可能属于现已全部灭绝的一些门。不管怎么样，它们都在寒武纪即将开始的时候消失得如此突然而彻底。埃迪卡拉动物群的消失，现在仍是个谜。造成这种局面的，有可能是作为寒武纪动物群典型代表的那些新演化出来而更现代的动物类群在竞争中赢过了它们，但也可能是突然的环境变化驱使它们走向灭绝。

这次集群灭绝的第二波，发生在埃迪卡拉危机的大约 2000 万年后。这第二场危机延续了几百万年，深重地影响了最早的造礁生物（古杯动物），还有三叶虫和早期软体动物的很多类群。但我们同样几乎没有直接证据能证明是什么造成了这波灭绝，虽然它似乎与全世界海平面的变化和缺氧底层海水的形成有关联。

寒武纪灭绝至今仍是谜团（见第七章）。它们是没有明显原因而造成了重大后果的事件。本章在后面还会讨论它们究竟造成了什么样的重大后果。

- *奥陶纪和泥盆纪集群灭绝，分别发生在 4.4 亿年前和 3.7 亿年前*

在古生代期间还有另外两次大规模集群灭绝。发生在大约 4.4 亿年前的奥陶纪和 3.7 亿年前的泥盆纪。这两次大规模集群灭绝事件都严重摧残了当时的海洋动物群。由于这两个时段陆地生物的记录很贫乏，对于陆地受影响的严重程度，我们还有很多方面要了解。但至少有一点是清楚的，就是海洋中大部分种都灭绝了。两次灭绝都除去了多于 20% 的海洋生物的科。

这两次灭绝的原因现在还不清楚。有人提出撞击事件是泥盆纪集群灭绝的原因，尽管人们做了密集的搜索，却还是几乎没有找到这种原因的证据。对于奥陶纪灭绝来说，也不存在撞击事件的证据。缺氧、温度变化和海平面变化是比较受人赞同的原因，但单凭这样一些因素，也很难解释这样广泛的灭绝事件。在所有大灭绝事件中，这两次灭绝的原因仍有待发掘。

- 二叠纪—三叠纪事件，2.5 亿年前

根据多种灭绝测定方法（在灭绝事件中全球被除灭的种、属或科所占的百分比）所得的结果，2.5 亿年前的二叠纪—三叠纪集群灭绝似乎是地球上发生的所有集群灭绝里面最具灾难性的一次。以芝加哥大学的杰克・塞普科斯基和戴维・劳普为代表的按时间编集灭绝记录的专家指出，与其他所有这类事件相比，这次事件在严重程度上无有匹敌。超过 50% 的海洋生物的科死绝，这个数字超过了其他任何一次灭绝中相应数字的两倍。据估计，这次事件中灭绝的种（属于多个不同的科）的比例从近 80% 到超过 90% 不等。显然，当时地球上绝大多数的动物和植物都被一扫而光。

尽管这场灭绝长期以来一直被视为最具灾难性的集群灭绝，但是其原因一直都不清楚。最近十年来，人们对这场灭绝的原因已经做了大量研究，对这个曾经困惑不已的问题也有了较清晰的认识。今天看来，虽然似乎有几个因素都是这次事件的原因，但是其中最重要的因素是二氧化碳在短期内的排放，既来自隔绝于洋底的沉积物，又来自大约 2.5 亿年前发生的异常严重的火山喷发所释放的火山气体。巨量二氧化碳的骤然释放，通过二氧化碳毒害作用直接杀死了海洋生物，又通过突然而猛烈的全球暖化间接地毁灭了陆地生物。释放到大气中的过剩二氧化碳极大地促进了温室效应，由此让大气捕获了更大量的热。在1万到10万年的时段中，温度可能上升了5到10摄氏度，这很可能导致了陆地上的灭绝。

- 三叠纪末集群灭绝，2.02亿年前

三叠纪末又一次见证了一场重大的集群灭绝，有大约50%的属被除灭。在这次灭绝发生的地层边界处，现在仍然只有很贫乏的记录能表明陆地生物遭受了什么样的命运，但很清楚的是，这个时候的海洋生物遭受了广泛的灾难性影响。这次集群灭绝与本章开头描述的K-T事件一样，都被认为由大型地外天体的撞击引发，这天体要么是彗星，要么是小行星。在加拿大魁北克有一个马尼夸根陨石坑（Manicouagan Crater），其直径为100千米［相比之下，与K-T事件相关的奇克舒卢布陨石坑（Chicxulub Crater）的直径大约是200千米］。这个陨石坑的年龄经测定是2.14亿年，比三叠纪—侏罗纪边界的年龄要古老。撞击以外的环境变化也与这次灭绝事件有关联，最值得一提的是海洋学变化——在三叠纪末的很多浅水环境中制造了缺氧状态。不过，我们很难明白这些变化如何影响到陆地生物，它们在那时的这场大灭绝中也遭受了重创。可能的原因目前仍不知晓。

- 白垩纪—第三纪边界事件，6500万年前

恐龙，以及地球上其他生物中50%或更多物种的集群灭绝，在150多年前就已经被人们视为地球漫长历史中最具毁灭性的集体死亡事件之一。虽然针对这一事件已经提出了大量解释，但如今广为接受的原因是小行星撞击。

1969年，加拿大地质调查局的迪格比·麦克拉伦（Digby McLaren）博士提出，大约4亿年前，一次尚未被广泛认识到的集群灭绝除灭了大量的海洋生物。麦克拉伦认为，这次灭绝的原因是一颗

大流星体与地球相撞之后带来的环境剧变。那个时候，麦克拉伦还没有这次撞击的实际证据，比如年代合适且外观可疑的陨石坑之类。芝加哥大学获得诺贝尔奖的化学家哈罗德·尤里也提出，结束了中生代的大规模集群灭绝是由一颗哈雷彗星大小的彗星与地球相撞造成的后果。同样，这个假说也因为缺乏证据而被学界无视。然而在此之后不久，伯克利的阿尔瓦雷斯团队就重申了这一观点，这次他们提供了大量科学证据。

阿尔瓦雷斯 1980 年的假说认为:（1）大约 6500 万年前，一个与地球轨道相交的某种类型（小行星或彗星）的天体撞上了地球；（2）由这场撞击引发的环境效应造成了一场集群灭绝。这个假说现已得到广泛认同（虽然还不到公认的程度）。此外，这一革命性的假说还改变了古生物学研究的面貌，对天文生物学也至关重要，这也是非常明显的事实。古生物学的中心范式由此发生了变化，人们不仅承认小行星和彗星的撞击可以导致集群灭绝，而且意识到不管什么原因造成的集群灭绝，都可能发生得非常迅速。

和大多数伟大的科学理论一样，阿尔瓦雷斯的理论在概念上很简单。他领衔的伯克利团队研究了意大利、丹麦和新西兰的 3 处白垩纪—第三纪边界地层（通常简作 K-T 边界地层）中铂族元素的浓度，并以此为依据指出，6500 万年前撞击地球的小行星直径至少有 9.6 千米，这次撞击的环境后果导致了大规模集群灭绝。根据伯克利团队的观点，最终的直接杀手是撞击之后持续了数月之久的黑暗，也就是阳光的隔绝。阳光之所以会隔绝，是因为撞击之后有大量流星体和地球物质被抛到大气中，它们飘浮了很长时间，足够杀灭地球上包括浮游植物在内的大多数植物。植物一死，灾难和饥饿也就随着食物链向上不断传播。

到1984年，在全世界超过50个白垩纪—第三纪边界地点都探测到了高浓度的铱。在很多白垩纪—第三纪边界地点还发现了受到冲击的石英颗粒。同样在这些K–T边界的黏土中，还发现散落有烟炱的细小颗粒。所发现的这种类型的烟炱只能来自燃烧的植被；而最终在全球多个地方的边界黏土中都发现这样的烟炱，则表明在大约6500万年前的某个时刻，地球的大片陆地表面都被森林和灌丛大火所吞噬。这让我们想到一个真正骇人的场景：在撞击之后不久，那时地球上的大部分植物明显都在燃烧。这些熊熊烈火，有的始于撞击产生的火球和炽烈的热量，但大部分可能在几天之后才被引燃；这场大冲撞造成的爆炸力，把岩石碎块抛到绕地轨道上，当它们疾速飞回地球时，便成了明亮的毁灭性导弹，点燃植被大火。

造成灭绝的彗星或小行星的撞击只有一次。撞击产生的陨石坑宽达180至300千米，今天称为奇克舒卢布陨石坑。撞击点的地质状况（特别是目标区域存在富含硫的沉积岩）可能让由此导致的生物杀灭机制产生了更大的效果。大气的气体成分发生了全球性变化，还有温度的跌落、酸雨和全球性野火，这些都是人们提出的杀灭机制。

我们上面描述的这一大堆相关的灾难，已经足以让我们惊异于居然还能有一些复杂后生动物苟活过这次事件。考虑到撞击天体有足够的大小，像这种导致白垩纪—第三纪集群灭绝的撞击显然拥有杀灭行星上所有复杂后生动物的能力。如果导致K–T集群灭绝的撞击体的尺寸再大一倍，那地球动物就可以说气数已尽了。

- 现代灭绝

在20世纪80年代，如果要提出我们已经进入一个集群灭绝时代，那充其量也只是个有争议的说法。但是现在大多数调查者都承认，自从大约 12,000 年前末次冰期结束以来，已经有很多灭绝发生了，其数量可以清楚地把全新世确定为一个有着明显而突出的灭绝率的时段之一。现在有很多针对每年有多少物种走向灭绝所做的估计，但对很多地区来说，还没有多少坚实的数据。不过很清楚的一点是，全世界的森林正在遭受无法阻挡的砍伐，为的是开辟为农业用地，而森林的清除会导致灭绝。当前，海域还算比较隔绝，我们现在几乎没有海洋中正在发生大规模灭绝的证据，但是随着世界鱼类资源所受威胁的加剧，这个情况可能会迅速变化。今后几个世纪，地表径流污染和化学污染会继续增加，海洋中的灭绝率可能会显著增长。目前对地球上动物总数的估计多少不一，但是所有估计都传达了一个严峻的信息，就是地球正在格外迅速地失去大量物种。可能美国国家科学院的彼得·雷文（Peter Raven）所做的估计最令人警醒：他认为到 2300 年，全世界三分之二的物种都会消亡。

而这次灭绝的终极原因，就是智人种群的失控。

集群灭绝严重性的比较

比较各次集群灭绝事件严重性的传统方法，是计算走向灭绝的分类单元所占的百分比。这项里程碑式的工作，大部分是由芝加哥大学的古生物学家完成的，戴维·劳普和杰克·塞普科斯基首创了这项工作所需的文献检索法。最早造出的表格，是海洋动物的科的数据。几年之后，塞普科斯基又列出了灭绝属数的表格，而他现在又在编制种数表格。通过分析这些统计数据，“五大灭绝”（奥陶纪、泥盆纪、二叠纪、三叠纪和白垩纪灭绝）就在显生宙中的其他灭绝里凸显出来。如果把灭绝属数作为比较集群灭绝的方法，那么二叠纪—三叠纪事件是最具灾难性的，之后依次是奥陶纪、泥盆纪、三叠纪灭绝，最后是白垩纪灭绝。寒武纪灭绝看上去并没这么“大”。塞普科斯基最新编集的数据（在 1997 年的私人通信中，他慷慨地送了一份给我们）显示，二叠纪的科灭绝率是 54%，奥陶纪是 25%，三叠纪是 23%，泥盆纪是 19%，而著名的 K–T 灭绝是 17%。不过，古生物学家海伦 · 塔潘（Helen Tappan）和诺曼 · 纽厄尔（Norman Newell）也分别做了统计。在这两项分析中，寒武纪海洋生物的科的灭绝率超过了二叠纪；在所有这些事件中，寒武纪灭绝最为严重，有大约 60% 的海洋生物科在寒武纪灭绝；相比之下，二叠纪是大约 55%。

这些结果带来了一种矛盾。在二叠纪，大规模集群灭绝的原因是非常清楚的。大陆聚集成为单一的超大陆，这个过程极大影响了全世界的气候和温度；而到二叠纪快结束时，又发生了一次突然的灾难性事件：巨量二氧化碳释放到海洋和大气中，导致了全球温度骤然而致命的上升。然而在寒武纪，我们却找不到清晰的肇因。我们所做的最好的猜测，就是寒武纪适用于所谓的花园类比（garden analogy）。在寒武纪期间，“动物花园”只是刚刚出现，虽然其中有很多不同的类型或形体构型（事实上比今天现生的类型更多），但每一门类都只有很少的种。环境条件哪怕只有微小的变化，都足以除灭整个类型、整个门。对动物生命来说，寒武纪是所有时期中风险最大的时期。在我们看来，那时的灭绝在地球生命历史上是最重要的，所以我们应该把寒武纪灭绝视为比其他任何这样的事件都更重要的事件，二叠纪—三叠纪灭绝也不比它更严重。灭绝之间的比较，并非只是统计被杀灭的物种数目，还有更多要考察的因素。

不同时间的灭绝风险

灭绝风险会随时间变化吗？这个问题涉及两个变量：（1）在某颗行星上影响生命的环境条件会随时间改变吗？（2）生命对灭绝的易感性会随着演化过程而改变吗？就像我们不得不修改“宜居带”的概念一样，如果没有与多样性程度相关联的一些限定条件，这个问题是无法回答的，因为微生物与较复杂形式的生命的灭绝率差别很大。假如我们推测，灭绝风险或灭绝率因生物体复杂性的不同而不同，那么我们就可以预期，在动物演化出来之前的漫长时期，灭绝发生率很低，在动物演化出来之后，灭绝率（在任何时段中灭绝的类群或种的总数目所占百分比）就提高了。然而我们已经说过，这个问题涉及两个变数，第二个变数是，集群灭绝的频率或强度也有可能会发生变化。有很多证据表明，灭绝的近因——最开始引发集群灭绝的行星灾难——也会随时间而变化。

地球上大规模集群灭绝的历史表明，在地球历史上只有两个原因起过作用：撞击和全球气候变化。可能还有其他现象也引发了灭绝，比如附近的超新星爆发，但是我们没有可信的证据表明后面这些机制真的发生过。就撞击而言，有很好的证据显示撞击频率会随时间改变，这在本章前面已有论述。这些变化中最明显的方面，是从大约 43 亿年前持续到 38 亿年前的“重轰炸”期间的大规模撞击后来逐渐结束。但就算在这场大型彗星的“暴雨”停止之后，有证据表明，撞击率仍在经历漫长而缓慢的下降，就像理查德·格里夫（Richard Grieve）和其他人的记录所显示的那样。在这个时期，新兴的动物类群的脆弱性也在增长，撞击率的下降可能降低了整体灭绝率。也许有人会说，即使在最近 5 亿年间，也就是复杂动物的时代，本来也应该有足够数量的彗星或小行星撞来，使地球动物灭绝。但这种事显然没有发生。

复杂性的权衡：风险与多样性

有了复杂性，就会有多样性。虽然复杂性更高的生物对灭绝也更易感，但是它们的防御措施似乎依赖于数量。我们现在刚刚开始详细研究生物的形式，但已经知道细菌物种的数目似乎并不比昆虫物种的数目低太多。然而，如果复杂性带来了更易受灭绝影响的脆弱性作为代价，那么复杂动物和植物如何能够挨过五花八门的集群灭绝，在地球上存活这么久的时间呢？复杂动物和植物一定有某些特性，能帮助它们免受灭绝的侵扰——这说的不是种，而是较高的分类单元，也就是种以上等级的分类群。

第七章中所描述的寒武纪爆发期间和之后动物诸门的历史，就是一个例子。有些古生物学家推测，在寒武纪期间动物可能演化出了多达 100 个门（虽然多数人所持的共同意见似乎远少于这个数字）。其中有些门在寒武纪期间或结束的时候灭绝了。自那以后，就再没有一个门灭绝过。这很可能不是一个简单的去芜存菁的过程，好像幸存者全都是那些最能适应这个世界的形体构型似的。相反，幸存的门似乎具有较多数目的种，借此挺过了后来一次次的行星灾难。只要还有单独一个种存活，这个门就能存活，并有重新多样化的潜力。在寒武纪期间则是另一种情况，所有门都分别只含有少数种；寒武纪的灾难之所以能导致整个门灭绝，就是因为许多门在种级水平上都只有如此之低的多样性。只要考虑的是动物，那么寒武纪（或在它之前不久）就是地球漫长历史上最危险的时期。自那以后，许多门都演化出了数以百万计的种，于是让它们的“防灭绝性”有了很大提升。多样性——通过大量物种的演化而实现的形体构型的储备——可能是对抗灭绝的最佳方法。

高等动物和植物是怎样创造这种多样性并把它保持下来的呢？首先，它们要演化出迅速的（相对细菌而言）物种形成速率。因为高等生物把有性生殖作为主要繁殖方法，它们可以在种群内创造大量变异，供自然选择发挥作用。当小种群从较大的母种群中分裂出去，再也不能交换基因时，就发生了成种现象（新物种的形成）。之后，较小的种群逐渐适应其环境，也就逐渐与母种群产生了足够的区别，即使这两个种群再重新接触，也无法成功地杂交了。

这个过程对于保持多样性来说非常关键。如果要维持多样性，那么新种就要持续不断地形成，因为在动物和高等植物的所有类群中，种的灭绝率都相对较高。自寒武纪爆发以来，驱动新种形成的力量已经导致地球上复杂生命的多样性不断增长，尽管长时期达成的多样性成就也会周期性地——以及临时性地——被一次次的集群灭绝所逆转。在集群灭绝事件中，是多样性拯救了高等分类群。如果一个门（或主要的形体构型）已经足够多样化的话——也就是说，它已经有了许多代表形式，生活在很多不同的环境中——那么它就有很大可能性挨过灭绝事件并幸存下来。

悬崖边缘的行星

生命从行星灾难中侥幸逃脱的历史，在地球岩石记录中一次次都记载得清清楚楚。我们已经在悬崖边缘踉踉跄跄地走过好多回了。在本章中，我们讲述了生命那些明显九死一生的历程，这是由多种多样的集群灭绝事件所呈现的。然而，在大气成分随时间而发生的变化中，还能见到另一份较为隐蔽但同样令人警醒的记录。

现在已经清楚，在显生宙（最近5.3亿年间），二氧化碳和氧气的水平发生了剧烈变化；比起更长却不易取样的前寒武纪时段来，这些变化本身可能还是比较小的。我们对这些变化的生态学效应了解得还非常少。就古生代而言，现在可以有把握地推断，在早古生代曾经出现过20倍于今日水平的二氧化碳浓度值，之后在二叠纪—石炭纪迅速降低。然后，这个世界就经历了一场大规模的冰期，因为此时的温室环境导致了十分冷凉的气候。

大气中氧气含量的变化也很大，但是对它们的记录（或理解）远不如二氧化碳的变化详尽。对古代氧气水平的估计充满不确定性：有一个科学团队从古老琥珀中提取出了氧气，但其他团队却批评这种方法产生的是完全错误的结果。因为不能直接测量，我们必须通过研究有机碳在沉积中的埋藏速率随时间的变化或研究岩石风化的速率来估测古代大气中的氧气浓度值。这两种方法都不尽如人意。然而，如果这些方法多少可靠的话，那么从中可知，在最近5亿年间，氧气含量曾发生过变化。举例来说，在大约4亿到3亿年前，大气中似乎有过特别高的氧气含量；以体积计，其含量可能高到35%（今天是21%）。这样大量的氧气可能会让森林火灾发生得格外普遍，也更具毁灭性。在此期间还有氧气含量较低的时期，我们可以设想降低的氧水平也产生了大尺度的影响，甚至可能阻碍了某些生命形式的演化或发展，比如那些具有非常高的代谢速率、需要充沛氧气的生物。这样的设想场景，并不算特别牵强。

因此，即使在地球这样的行星上，所有系统中对生命来说最重要的系统——大气——在长达 1 亿年的时段里也可能是不稳定的。行星大气发生的变化可以大到导致集群灭绝的程度；而要在动物生命演化和多样化所需的艰难时段中维持一个有利于动物的大气，可能是所有条件中最难达成的一项。

行星灭绝的模型

我们可以把地球上集群灭绝历史对稀有地球假说的意义总结如下。当生命还只处在细菌的演化级时，在地球历史上这段漫长的时间里，集群灭绝可能很少发生。但在真核生物之类更复杂的生物演化出来之后，它们对灭绝的易感性也增大了。在寒武纪出现了丰富的复杂动物，生命在集群灭绝面前的脆弱性可能达到了最高程度，因为这时的多样性很低。随着各种形体构型都演化出来越来越多的种，它们对灭绝的易感性又转而下降。

在任何行星上，集群灭绝的数目可能都是最重要的因素之一，它决定了动物生命在哪儿起源，以及如果起源的话能维持多久。在具有大量太空碎屑的行星系中——因此也有较多的撞击记录——动物起源和维持的几率肯定要比那些几乎没有撞击的行星系低得多。同样，如果行星位于宇宙中有大量天体碰撞、超新星、伽马射线暴或其他宇宙灾难发生的地方附近，那么这些事件也会降低它获得和维持动物生命的概率。

最佳的“生命保险”似乎是多样性。在下一章中，我们会详述对板块构造的看法。板块构造也叫大陆漂移，是促进地球动物产生较高多样性的主要过程。

第九章　板块构造令人意外的重要性

想象一下，我们有一艘飞船，能够载着我们在太阳系中的各个行星间迅捷地航行。我们这趟行程的目标，是尽力确定地球上的什么特征对动物生命的存在来说不可或缺。因此，我们在航行中会去寻找一些线索，它们能提示动物在近10亿年的时段里一直能够在地球上存活的原因。这些促进了地球上动物多样性的因素都有哪些呢？

我们这趟天界之旅，不妨从水星开始。这颗自转缓慢的行星，是一个满是环形山的世界，被太阳照亮的一侧接收了大量的热，但在黑暗的一侧却又极为寒冷。我们很快还会发现水星不仅没有大气、液态水和生命，连火山活动都已归于死寂。它的表面展现的基本是一个陨星肆虐的世界，其中不计其数的环形山，是彗星和小行星轰击后留下的伤疤。与陨石雨时代结束以来40亿年间的地球相反，水星上几乎没有发生过什么重要的地质事件。这颗行星看上去就像我们的月球。

接下来，我们前往浓云遮蔽的金星。它的表面看起来格外年轻，就像孩子的脸，但是金星却与地球同龄。我们发现，金星地壳似乎曾通过某种灾难性事件而获得地质上的“重塑”，这一事件让金星表面在最近 10 亿年间的某个时候完全熔融。正因为如此，我们在水星上见到的数不胜数的环形山，在金星上却很少见。然而金星却另有两个显著的地质特征：它有壳部高原（crustal plateaus），还有火山隆起，看上去就像一串被截掉锥形顶端的火山。这里没有动物，没有植物，也没有海洋或任何形式的液态水。金星表面实在太热了——热到足以熔化焊料。

火星是这次漫长旅程的下一站。当我们环绕着这颗红色和赭黄色的行星时，可以看到壮观的火山在满是环形山和岩块的景观之上高高耸起，令人瞠目结舌。这些火山（在太阳系中体积最大）若以地球的标准来衡量，实在过于庞大。但是它们的数目也相对较少——仿佛是分散在这颗行星表面的孤零零的哨兵。奇怪的是，火星上却没有其他山脉，没有阿尔卑斯山，连阿巴拉契亚山都没有。这里也没有海洋，没有湖泊，没有河流，没有液态水，只在行星表面有很多地形特征，表明很久以前这里曾经有过水。

到达火星之后，我们就结束了对所谓“类地”行星的考察。我们已经充分认识到一点：没有其他行星具有线状的山脉。现在我们继续前往太阳系的外侧区域，来到气态巨行星的领地。首先我们会经过木星。绕着这颗快速自转的行星巨人打转的是它翻滚扭动、五颜六色的大气，还有非常显眼的大红斑。这里没有陆地地形，因为木星没有明确的行星表面，没有大气层结束、陆地开始的明确地点。木星不适合动物生存（这一点我们早就知道），因为它没有固态的行星表面。可能会有类似细菌的生物生存在它咆哮的大气层里，但也可能没有。不过，它的卫星有可能是生命起源和存活之地，所以我们现在要绕路去拜访它的4颗大型“伽利略卫星”（之所以叫这个名字，是因为它们最早是由伟大的意大利天文学家伽利略看到的）：木卫二（Europa）、木卫四（Callisto）、木卫三（Ganymede）和木卫一（Io）。这4颗卫星都比地球小，全都有着冻结的表面（但木卫一有活火山）。这里没有动物，甚至没有液态海洋，不过有一种诱人的可能性，就是在木卫二冰冷的海洋中存在生命，因为在它冰封的表面之下深处可能有液态水。木卫三和木卫四也可能在地下具有液态水或盐水的区域。

离开木星之后，我们又来到太阳系中的其他气态巨行星：土星，天王星，最后是海王星。与木星一样，它们都是巨大的气体球，没有任何明确的表面，但每一颗周围又都环绕着较小的岩质卫星，其中一些满是环形山，另一些有冰封的表面。没有一颗卫星具有动物生命，不过土星的卫星土卫六（Titan）具有一种奇特的环境，在其表面有冰冷的液态碳氢化合物，在较温暖的深处则有液态水。

最后我们抵达冥王星，这是一个固态的世界，但也是没有山脉或火山的世界。和水星（太阳系中最内侧的行星）一样，酷寒而遥远的冥王星没有任何火山活动。

当结束这次旅行返回地球时，我们不禁深思，地球究竟有什么独特之处，可以为我们提供线索，弄清楚动物为何只在地球上存在，却在太阳系中其他的行星及其卫星上都不存在呢？地球是唯一在表面拥有液态水的星球，这似乎是一个关键性区别。水，作为一种万能的溶剂，似乎是动物不可或缺之物。地球还有其他独特的特征，包括富含氧气的大气，以及让液态水能够存在的温度范围等。

乍一看，地球还有一个独一无二的特征，似乎与动物无关，实际上却可能是个关键因素，这就是线状的山脉。当然，在太阳系中的其他地方也有巨大的山地，比如最高的山峰就是火星上的巨型火山奥林匹斯山（Olympus Mons）。然而，这些山地总是单独存在，从不形成链状，这与地球上的大多数山脉不同。在太阳系中的其他地方，没有任何山地在形态上类似落基山脉、安第斯山脉、喜马拉雅山脉以及其他几十道我们非常熟悉的线状山脉。哪怕只做这种程度的粗浅观察，也能看到海洋、链状山脉和生命都是让地球在太阳系中显得绝无仅有的特色。海洋和山脉的创造，与生命基本无关。然而，地球上的这些地形对于生命的起源来说却可能非常关键。在本章中我们将论述，地球这全部三个宝贵的特征彼此是相关的，形成错综复杂的关系。不仅如此，这三个特征还可能都是板块构造的结果。在板块构造运动的过程中，地壳会在地球表面做水平运动，这在太阳系中是只有地球上才有的现象，在整个宇宙中可能都十分罕见。严格来说，对地球生命如此重要的并不是山脉本身，而是造山的过程——板块构造。

板块构造可能不只是成串山脉和洋盆的成因，而且还以极为神秘的方式，成为驱动地球上复杂后生动物演化和维持的关键，这样的想法听上去可能很怪。然而，有几个理由让我们必须考虑一下这个观点。首先，板块构造促成了全球较高水平的生物多样性。在上一章中我们推断，对抗集群灭绝的主要方式就是高水平的生物多样性。而在本章中我们认为，在地球上长时间维持多样性的最关键因素就是板块构造。其次，板块构造可以让一些化学物质发生再循环，它们具有非常关键的作用，可以让地球大气中二氧化碳的含量保持相对稳定，从而为全球提供温度调节功能，因此板块构造也是让液态水能够在地球表面一直维持40亿年之久的最为重要的机制。再次，板块构造是导致海平面变化的主要动力，而事实表明海平面变化对于那些能有效控制全球二氧化碳水平（由此也就控制了全球温度）的成矿作用至关重要。复次，板块构造在地球上创造了大陆。没有板块构造，地球看上去可能一直会像它最初15亿年里的样子：全球是个水世界，只有孤立的火山岛点缀在水面上。更有甚者，地球还有可能呈现出对生命更不友好的面貌：如果没有大陆，地球发展到今日，可能已经丢失了生命最重要的成分——水，结果变得和金星类似。最后，板块构造还让地球能够拥有最有力的防御系统之一：磁场。没有磁场，地球和栖息其上的生命会被汹汹射来而具有潜在致死性的宇宙射线轰炸，而太阳风也会导致“喷溅”（sputtering，在这个过程中来自太阳的粒子以很高的能量击中外层大气），从而缓慢吹蚀掉大气层，就像火星上的情况一样。

板块构造是什么？

对于火山的起源，18世纪和19世纪的地质学家理解起来几乎没有困难：炽热的岩浆从地球深处上升到地表区域，喷发出熔岩、火山灰和浮石，形成一座锥形的山，这就是火山。然而，他们对非火山性的山地和山脉如何形成的理解，就有很多问题了。学界提出了数不清的假说。有人认为沉积层的负载会导致地壳被压得变形（也就是说，缓慢积聚的沉积物的重量最终导致地壳裂出线状的裂缝），有人认为地球在收缩（由此导致山岭的形成，就像晒干的李子表面会隆起纹路一样），还有人认为地球在膨胀（从而创造了山岭）。1910年，美国地质学家弗兰克·B. 泰勒（Frank B. Taylor）则提出了一个全新的观点：大陆的漂移造就了宏伟的山脉。当时几乎所有其他的地质学家和地球物理学家都在批评这种“异端邪说”，他们无法想象有任何机制能让这种“漂移”发生。

然而，泰勒的假说却引燃了一丝兴趣的火花，此后便未曾熄灭。很快，其他科学家开始考虑这个想法，寻找支持它的证据。这些新支持者中最为坚持不懈的一位，是德国气象学家阿尔弗雷德·魏格纳（Alfred Wegener），他从1912年开始，一直到在1930年在北极冰上遇难为止，都沉迷于这个理论。魏格纳从地质学和地球物理学中搜集证据，他第一次指出，各个大陆海岸线相互之间的吻合情况可以支持所有这些大陆一度联合为单一的“超大陆”的观点。他也是第一个运用古生物学证据来支持这个说法的人：他认为，相似的化石种存在于如今相距甚远的陆块上的现象，只有一种形成的可能性，就是各个大陆曾经是一个完好的整体。虽然他说服了其他一些地质学家相信大陆过去在漂移、现在也在漂移，但是在20世纪60年代之前，学界主流还是对此持怀疑态度。

这个观念遇到的最大障碍（它把所有“反漂移者”号召在一起）是，大陆漂移似乎缺乏任何合理的内在机制。质量如此巨大的大陆如何能“漂浮”在地球多石表层的表面上呢？这个问题的答案最终当然还是被发现了，它与地球最上部圈层不同的相态（phase states）有关。地球最上部是地壳和上地幔，在这些区域存在热对流。苏格兰地质学家阿瑟·霍尔姆斯（Arthur Holmes）最早提出，上地幔的运动就像沸腾的水，其中的物质可产生巨大的“对流单体”（convection cells）。在地面以下深处，构成上地幔的炽热而流动的物质被加热而开始上升；它边上升边冷却，最终便转而沿着平行于地球表面的方向流动。当它冷却到足够的程度之后，又重新下沉。霍尔姆斯提出，在地幔物质上升之处，对流单体会把坚硬的固态地壳撕裂，然后在地幔流与地表平行的区域带着地壳运动，仿佛重物驮在牲畜的背上。

在大陆漂移的早期理论背后的这些观点，听上去十分怪异，但最终被证明是正确的。相关的证据有多个来源，其中包括魏格纳最早提出的古生物数据以至大陆海岸线的吻合性。然而，板块构造（大陆漂移的另一个术语）的两套最有力的证据，来自魏格纳还不知道的研究领域——古地磁学和海洋学。古地磁学的研究可以重现古大陆的位置，而海洋学对洋底的研究揭示了巨大的水下火山中心的存在，这些地方正是海底彼此撕裂分离之处。

现在我们知道，所有大陆都是由密度相对较小的岩石组成的巨块，镶嵌在其下部由密度较大的物质构成的基质上。这些低密度岩石的平均成分类似花岗岩，而构成大洋地壳的较高密度的岩石在成分上属于玄武岩。因为花岗岩的密度比玄武岩小，所以富含花岗岩的大陆会“漂浮”在玄武岩构成的薄岩床（说它薄，是相对地球直径而言）之上。地球科学家喜欢用洋葱来打比方：地壳好比又薄又干又脆的洋葱皮，位于组成同心球层的密度较大、较为湿润的物质顶上；大陆则是由成分略有不同的物质构成的轻薄污渍，镶嵌在洋葱皮上。不过与洋葱不同，地球有一个放射性的内部。随着深埋其中的放射性元素衰变为形形色色的同位素副产物，地球内部便持续不断地产生大量的热。当这些热量升涌到表面，就形成了由地幔中炙热的液态岩石构成的巨大对流单体——正如阿瑟·霍尔姆斯所设想的那样。与沸水一样，黏稠的上地幔上升，沿着与地表平行的方向移动很大距离（并不断散失热量），在充分冷却之后，再向下沉回地球深处。这些巨大的对流单体带着又薄又脆的外层——也就是板块——一起运动。有时候地球最外的这一层仅由洋底构成，有时候却有一个或多个大陆或较小的陆块嵌在其中并随之运动。

在地球表面以下几十千米深处所遇到的高压高温之下，地壳中常见的那些岩石在行为方式上与我们所熟悉的情况非常不同。华盛顿大学的维克托·克雷斯（Victor Kress）指出，除了一小部分之外，绝大部分上地幔是固态的。然而，它在某些方面的表现就像液体，这最为显著地体现在它的对流中。所谓“对流”，指的是液体在加热时向上流动、之后又在容器顶部横向流动的过程。地幔之所以会以类似液体的方式对流，完全是因为它的运动太慢，温度又很高，以致单个的晶体有充足的时间在压力的作用下变形。上地幔是炽热而高度受压的晶体物质，其行为就像非常黏稠的液体。

板块构造中的“板块”，由整个地壳和它下面的一薄层地幔构成，它们合在一起运动，成为相对较为坚实的复合层。板块厚薄不一，很多科学家相信它们的“底部”与1400℃的等温层（在这个区域，岩石被加热到如此高的温度，以致地幔岩石物质熔融成为塑料一般的介质）重合。确定板块基部的另一种方式，是认识到这个区域具有黏性极大降低的特征。上方的板块和下方的低黏度区在黏度上的差别，对于板块构造来说特别重要。它让较为坚实的地壳可以整体在高黏度带上方滑动。由大洋地壳和地幔构成的板块，厚度约为50—60千米；而具有大陆地壳的板块厚度平均为100千米左右。

我们对板块构造过程的考察，不妨从大洋盆地开始。我们所见的作为全球大洋底部的地壳，大部分由玄武岩构成，这种类型的火山岩也正是构成夏威夷群岛的那种岩石。玄武岩物质起源于地球内部的地幔深处，沿着对流单体的上升区域上行。当这种炽热稠密的地幔物质升到近表面处时，它会移入压力较小的区域，因为上覆的物质重量减少了。此时，一种低密度的液体就与高密度的地幔分离开来，作为“熔岩”溢出表面，这熔岩正是我们在许多火山喷发的电影中看到的那种熟悉的东西。在地球表面，两个板块相分离的地方会形成巨大的裂隙；岩浆进入这些裂隙，就凝固为玄武岩洋壳。这些新洋壳之后也开始从它最早石化的“扩张中心”那里向外运动，于是又有更多的新岩浆涌出，取代它们的位置——就像一条永无止息的传送带。

在扩张中心产生的玄武岩，其成分与其“母岩”——沿着对流单体的一侧上升的地幔物质——非常不同。因为玄武岩中构成硅石的元素所占比例非常高，所以它的密度远低于地幔物质。玄武岩是从母岩那里分异出来的（这种母岩如果偶尔出现在地表，则名为橄榄岩）。从橄榄岩式的组成分异出玄武岩式的组成，是洋壳形成的最后一步。然而，大陆地壳的密度，甚至比大洋地壳还低。要形成大陆地壳的配方，在这个神秘的“石材烹饪法”中还要再经过一步，就是花岗岩和安山岩的形成。比起颜色暗淡、呈巧克力色至黑色的玄武岩来，这两种类型的岩石在表面都呈现出特征性的斑点，因为它们含有更多白色（以及低密度）的硅石。因此，形成大陆地壳的主要步骤，是花岗岩再从玄武岩成分的物质中分异出来。这个过程本身又分为几步，但其中的关键成分是水，而关键机制叫俯冲（subduction）。

在数千万年的时间里，对流的地幔会驮着大洋地壳，让它永不停歇地从其出生地——扩张中心那里向外移动。然而，就像所有旅行一样，这段漫长的征程总有一天会结束，洋壳不可能永远扩张下去。玄武岩会随着时间推移慢慢冷却，而更重要的是，它还被另一种较重的岩石搭了便车。这便是辉长岩，一种密度较大的火成岩，成堆成堆地贴附在玄武岩的底部。玄武岩最后只能勉强地漂浮在上面，而当它变冷时，也变得越重。只要有合适的时机，它就会下沉，落回深度可达650千米的地方。地幔对流单体最终开始了它返回深层地幔的下降行程，到了这个时候，在名为“俯冲带”（subduction zones）的地方，它便把表面那些薄薄的洋壳也带了回去。

俯冲带（见图9.1）是长线状地带，洋壳物质在这里被推回地球深处，但与其说它们是被推下去的，不如说是受到重力作用而沉回去的。正是在这些俯冲带附近与它们平行的地方，线状的山脉被创造出来。山脉的形成，有部分原因在于它们是两个板块碰撞的副产物，这种碰撞会导致板块边缘被压弯、起皱；另外部分原因则在于炽热岩浆的上升运动，它们最终会凝固，形成与俯冲带平行的花岗岩和其他岩浆岩。美国华盛顿州的喀斯喀特山脉（Cascade Mountains）就是个例子，那里有贝克火山（Mt. Baker）、雷尼尔火山（Mt. Rainier）和圣海伦斯火山（Mt. St. Helens）等仍然活跃的山峰，它们是俯冲带具有创造山脉的力量和重要意义的直接证据。世界上的大部分火山和山脉链都见于这些俯冲带附近（或者是古老的俯冲带曾经活动过的地方），这是俯冲作用和造山之间有根本关联的进一步证据。我们太阳系中其他行星和卫星上见不到山脉的事实明白无误地显示，如今只有地球具有板块构造。

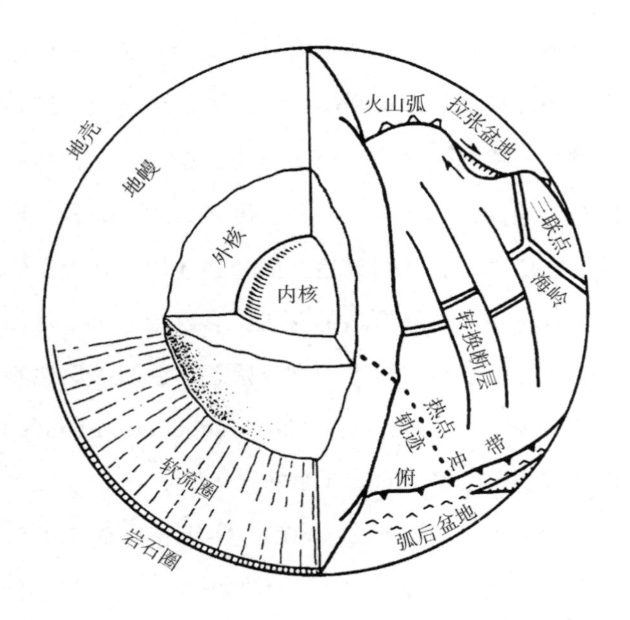

图 9.1　这张示意图显示了岩石圈的主要特征。岩石圈是在地球近表面处不停运动的许多坚硬板块，厚 50—150 千米。板块沿着长达 56,000 千米的扩张海岭系统增生出来，再沿着 36,000 千米长的俯冲带消减。

火山之所以沿着俯冲带出现，是因为当洋壳到达俯冲带开始向下俯冲的时候（这可能发生在它形成的几千万年后），它在成分上与刚从扩张中心那里创造出来时相比已略有不同。随着在扩张中心形成的玄武岩逐渐远离它的起源地，水逐渐加入到其中关键矿物的晶体结构中——换句话说，玄武岩发生了水合。几千几万年间，海水通过洋壳的许多裂缝和罅隙渗入其中，发生化学反应，把水分子添加到构成玄武岩的矿物的晶体点阵中。贫水的矿物在它们的结构中可以结合的水量是惊人的。新形成的水合矿物的熔点，要比未水合的矿物低，所以当洋壳玄武岩随着俯冲的板块下沉时，富含硅酸盐的水合玄武岩矿物便会熔融，由此产生的流体又重新涌向地表。水，可以让如今包围着俯冲板块的上覆地幔岩石的熔化温度降低，在人们本来预计只能见到固态岩石的地方形成液态的岩浆。这种岩浆最终冷却之后，就成为我们称为安山岩和花岗岩的岩石，而它向地表的回涌，正是沿着俯冲带创造出我们所见的新的山脉和呈线状排列的火山的重要力量。不过，这些火山的最关键作用在于，它们是由密度比其母体玄武岩低的岩浆形成的，通过这种方式，一类低密度的新型岩石就创造出来。这类岩石一开始是安山岩（以安第斯山脉命名），它成为大陆地壳的一部分。因为安山岩和花岗岩（也是以类似的方式形成）含有大量硅酸盐矿物，所以它们的密度比玄武岩低。它们不仅构成了大陆的骨干，而且还是大陆的浮力设备！有了富含安山岩和花岗岩的核心，大陆便能漂浮在玄武岩海之上。在俯冲带，大陆永不沉没。它们是不可摧毁的（虽然可以被侵蚀）。大陆可以分裂，可以碎片化，从一个地方漂移到另一个地方，但它们的基本体积却不会减少。事实上，随着时间推移，地球上大陆的数量似乎越来越多。

有关地球历史的最重要的发现之一，是自从地球形成以来，大洋板块的总面积就在逐渐减少，而大陆板块的面积在逐渐增加（见图 9.2）。这似乎有点违背直觉，因为大洋一直在持续扩大，这是海底扩张的结果。然而正如我们刚说过的，大洋地壳是可以下沉的（在这个过程中地壳又重新熔融为岩浆），但较轻的大陆地壳却仍然像木栓一样漂浮在这片玄武岩海之上。不仅如此，大陆还会通过造山过程增大，因为沿着俯冲带和很多大陆边缘作线状分布的火山那里会涌来巨量的花岗岩和安山岩岩浆。地质学家戴维·豪厄尔（David Howell）在他的著作《地体分析原理》（*Principles of Terrane Analysis*）中估计，大陆每年增生的岩石体积在 650 到 1300 立方千米之间。这只是针对现代的估计，而一些地质学家相信，大陆体积在过去增生得更快。特别在是地球历史早期，因为在那时的地球内部可以产生更多热量，所以板块构造过程一定发生得格外迅速。

这样一来，板块彼此之间就有三种相互作用的方式：一种是在扩张中心（这是新岩浆沿着中大西洋海岭之类巨大的线状裂缝到达地表的地方）；一种是在板块以侧面相对、彼此相互碾压的地区（比如美国加利福尼亚州的圣安德列斯断层）；还有一种，是在板块相互碰撞的地区，也就是俯冲带，这是与线状排列的活火山链相关的地方（比如美国的喀斯喀特山脉和阿留申群岛）。

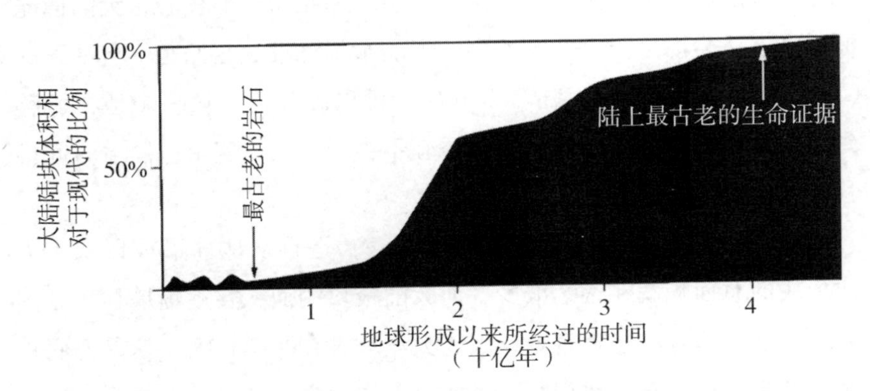

图 9.2　对大陆陆块随时间的增长情况的估计（改自 Taylor, 1992）。在地球历史上近三分之一的时间里，地球是个“水世界”，几乎没有陆地。

为什么板块构造对生命很重要？

大陆的增长速率，对于生命和生态系统来说十分重要。今天，地球上的生物多样性主要见于大陆，没有理由相信这种关系在最近3亿年中发生过变化。当大陆随着时间推移而增长时，它们也影响了全球气候，包括地球的总反照率（对阳光的反射能力）、冰川事件的发生、大洋环流的格局以及进入海洋中的养分的量。所有这些因素都会引发生物学后果，从而影响到全球生物多样性。

在上一章中我们提出，多样性（大致表现为某个特定时刻地球物种的数目和相对丰度）是对抗生命的全行星灭绝甚至完全灭亡的主要止损或防御手段：较高水平的多样性，在集群灭绝中可以抵抗形体构型的损失。板块构造增加了不同生境的数目和彼此分离的程度（从而促进了物种形成），由此提升了多样性。举例来说，当大陆破裂分离时，在它们之间形成的海道会构成扩散的屏障。这又进一步减少了基因流，通过地理隔离促进了新种形成。板块构造还增加了生物圈可利用的养分的量，这也会促进（或抑制）生物多样性的增长。

板块构造在全球尺度上促进了环境复杂性，因此提高了生物多样性。板块构造的力量可以创造那种具有多山脉的大陆、海洋和星罗棋布的岛屿的世界，它们极为复杂，较之那种要么全是陆地、要么全是海洋的没有板块构造的世界，可以让生物挑战更多的演化任务。詹姆斯·瓦伦丁和埃尔德里奇·穆尔斯（Eldredge Moores）在他们20世纪70年代的一系列经典论文中最先指出了这种关系。他们认为，大陆和海洋在位置和布局上的变化，会对生物体产生深远作用，既能增大多样化程度，又能导致灭绝。大陆位置的变化可以影响洋流、温度、降水的季节格局和波动、养分的分布以及生物生产力的格局。如此多样的条件会导致生物从新环境中迁出，由此促进了物种形成。深海可能是最不受这些变化影响的地方，但深海也是今日地球上拥有物种最少的地域。超过三分之二的动物物种都生活在陆地上，而大多数海洋物种也生活在浅水区，这里是最容易受到板块构造运动影响的地方。

今日地球上最为多样化的海洋动物区系见于热带地区，那里的群落中摩肩接踵地生活着巨量高度特化的物种。在较高的纬度带，物种的数目有所下降；而在北极地区，同样水深的地方所拥有的物种和生境的数量只会有热带地区的十分之一。高纬度地区不仅物种较少，物种的构成也不同。生理上的适应让大多数物种局限于十分狭窄的温度范围之内，所以适应了热带温暖环境的动物物种无法在寒冷环境中生存，而适应了寒冷的物种也无法忍受热带的温暖。考虑到温度条件会随纬度发生迅速变化，并不令人意外的是，呈南北走向的大陆海岸线会展示出物种搭配的连续变化。因为这种纬度造成了温度梯度，所以南北海岸线可以促进多样性。与此相反，东西海岸线却常常让人见到类似的种。

随着大陆位置因时间而变动，南北海岸线和东西海岸线的相对丰度也会变化。此外，大陆越大，其环境异质性也越低。如果很多或全部大陆都融合在一起成为“超大陆”，那么可以预计，其生物多样性也会比存在很多较小而分离的陆块时要低。在一块大型大陆上，陆生动物群在扩散时遇到的屏障较少，因此形成新种的机会也较少。显然，大陆的大小和位置会影响生物多样性，而这看起来正是地球历史上发生过的事。

如果板块构造停止会发生什么？

化石记录显示，今天在地球上生存的动物和植物物种，比历史上的任何时候都多，据估计总数在300万到3亿种之间。这样丰富的多样性源自很多物理和演化的因素。我们认为，板块构造的效应就在最重要的因素之列。然而，高度的生物多样性在创造出来之后，也需要板块构造的继续存在才能维持吗？我们可以通过思想实验来考察这个问题。

火山作用的终结

想象一下，地球表面的所有火山作用突然停止。这会让大陆上每年几十次甚至上百次的火山喷发（它们通常会占据媒体报道的重要位置，但基本不造成什么损失）停止发生。然而，火山作用的终止还有十分深远的效应。如果所有火山作用停止，海底扩张也会停止——还有板块构造运动也会停止。而如果板块构造运动不再进行，那么地球最终（通过侵蚀）会失去大部分或全部让大多数陆生生物得已栖息的大陆。不仅如此，二氧化碳也会通过风化作用从大气中清除，导致地球冻结。在让地球成为稀有星球的所有因素中，板块构造可能是最深远的因素之一，而且从演化和动物生命维持的角度来说，也是最重要的因素之一。

只有来自地球内部的热流停止上涌，或地壳变得过厚，才会导致火山作用的终结。正是这些热量，让地球内部存在对流运动，成为板块构造的地下驱动力。停止板块构造运动需要除去这些巨大的岩石蒸锅；除非地球内部停止产生任何热量（这就要求禁锢在地球深处的所有放射性矿物都衰变为稳定的子产物），或者地壳或上地幔的成分发生变化，导致这样的运动再不能发生，否则板块构造运动不会停息。就后一种情况来说，如果地壳变得太厚，或者地幔太黏稠而让对流难以进行，就会造成这样的可能性。虽然在可预计的将来，这些条件中没有一个有可能在地球上出现。但是人们推测，在金星和火星上，过去就曾发生过这样的事件。

如果地球的构造板块突然停止移动，俯冲也就不会再在碰撞板块的接触部位发生。山脉——以及山脉链——也会停止产生。侵蚀作用会开始削减它们的高度。最后，全世界的山脉都会被削平至海平面的高度。这需要多久呢？比起简单地测量平均侵蚀率、计算出让山脉消失所需的年数来，这个问题要略复杂一点。因为还有地壳均衡（isostasy）现象。山脉（以及大陆）有点像冰山：如果你削掉顶部，那么其底部相对海平面会上升，导致整座冰山（或山脉）上升。不过，最终就连这种均衡回弹效应也会被侵蚀的规模盖过去。

在一个不再有板块构造的世界中，海平面会是什么样的呢？由全世界山脉同时发生的侵蚀产生的所有沉积，都必定会有个归宿——海洋中的某个地方。由河流和风携带运入海洋的侵蚀大陆物质，会排开海水，导致海平面上升。华盛顿大学的地貌学家戴维·蒙哥马利（David Montgomery）推断，整个地球会因此被全球性的海洋覆盖——当然，它要比今天的海洋浅得多，但在范围上却是全球性的。我们的行星于是会回到40亿年前的状态：一个完全（或几乎完全）被海洋覆盖的星球。随着大陆被冲蚀，地球将经历一场比以往惨重得多的集群灭绝。所有的陆地生命都会在波涛的拍打之下死绝。似乎矛盾的是，在海洋面积增加的同时，在海洋中很可能也会发生灭绝事件。海洋生命依赖养分生存，大部分养分来自陆地，是河溪径流冲刷下来的物质。随着陆地的消失，养分的总量（虽然一开始会更高，因为有很多新的沉积进入海洋系统）最终会减少；因为资源变得匮乏，海洋动物和植物也会更少。

形成这样一个水世界需要多久？要把山脉和大陆侵蚀到齐平海平面，需要几千万年时间。然而，集群灭绝在此之前很早的时候就发生了。板块运动停止之后，不需要多久，复杂生命就会面临行星灾难，因为板块构造不只让我们有了山脉，事实证明，它还是地球的气温调节器。

行星温度失去控制

为了让动物生命能存续，地球温度必须维持在适合液态水存在的范围之内。地球所经历的温度范围，是多种因素的结果。其中之一是大气的存在。以月球为例，它的平均温度是 –18℃，明显低于水的冰点，这完全是因为它没有任何可察觉的大气。如果地球也没有包裹它的这层大气，没有其中能隔热的水蒸气和二氧化碳等气体（它们能产生人们常常提及的温室效应）的话，那么地球温度就会与月球差不了多少。然而，正因为温室气体的存在，地球的全球平均温度是 15℃（比月球高 33℃）。温室气体是地球上淡水能存在的关键，因此也是动物生命存在的关键；而且现在有很多科学家相信，地球大气中温室气体的平衡，与板块构造的存在直接相关。

温室气体的分子中有 3 个或更多的原子，比如水蒸气（H_2O；3 个原子）、臭氧（O_3；3 个原子）、二氧化碳（CO_2；3 个原子）和甲烷（CH_4；5 个原子）等。它们都能截获地表散放的红外能量，由此便温暖了整个地球。温室气体不仅可以让地球温度保持在液态水存在所需的临界范围（0℃至 100℃）之内，而且还可以进一步保持在动物生命存续所需的范围（约 2℃至 45℃）之内。它们在这方面的作用，在美国哥伦比亚大学的地质学家沃利 · 布勒克（Wally Broecker）的《怎样建造宜居行星》（*How to Build a Habitable Planet*）一书中有精彩的总结。布勒克描述了下面这幅场景。想象一下，太阳的能量输出在一段时期内变少了，尽管这段时期以地质学的标准来说很短暂，但仍然长得足以让海洋冻结。即使太阳之后恢复了今日这种正常的能量输出，地球也仍然会继续冻结。地球一旦冻结，水冰就会把大部分射来的光反射掉，就算大气中的温室气体达到当前的浓度，也不足以把地球重新加热到水冰可以融化的温度。这种状况叫做“全球冰室”，是行星丧失其动物生命的方式之一。动物冻僵了，然后就死了。

然后，假设我们让这个状况反了过来，让太阳的能量输出在一段时期内增多，尽管这段时间以地质学的标准来说也很短暂，但仍然长得足以让地球上的所有海洋沸腾殆尽，让大气中满是水蒸气。即使之后我们把太阳的能量降低到今天的水平，海洋也不会再凝结，地球会一直热下去。一旦进入大气，水蒸气就会通过自身温室气体的性质，让地球一直保持炎热，哪怕射到地球的太阳辐射已经减少。这种状况叫做“失控的温室”。

在地球大气中，温室气体是稀有成分。事实表明，我们大气中的主要成分氮气和氧气对于温室效应引发的变暖几乎不起作用，因为它们不吸收红外辐射。与它们相反，二氧化碳和水蒸气尽管在大气的气体体积中只占很小的百分比（二氧化碳只占大气的 0.035%），但会吸收红外辐射。而板块构造在维持温室气体水平的方面起了重要作用，甚至可能是其中最重要的因素；这又进一步维持了动物所需的温度。

作为全球温度调节器的板块构造

我们要一次又一次地提及那个绕不开的主题：液态水的重要性。以 DNA 为基础的动物生命要存在和演化，就必须有水，还要能在行星表面大量存在。即使是在含水丰富的今日地球上，水量的轻微差异也会显著地影响到生命。在荒漠地区几乎没有生命；但在同一纬度的雨林中，生命却极为繁盛。要想获得（并在之后维持）复杂生命，行星的水供应需要满足如下条件：（1）必须充足，以便在其表面维持一个规模可观的海洋；（2）必须从行星内部迁移到表面；（3）不能丧失到太空；（4）必须主要以液态存在。在所有这 4 个要求中，板块构造都发挥了作用。

以重量计，地球有大约 0.5% 是水。其中大部分水是在地球形成和吸积过程中，由参与这些过程的星子带来的。另一部分水是在地球吸积完成之后，由飞向地球的彗星倾注其上的。这两个过程相对来说各有多重要，现在基本还不清楚。

一旦液态水在行星表面得以出现，维持它的存在就成为获得（并支持）动物生命的主要需求条件。液态水的维持很大程度上受全球温度控制，而全球温度又是行星大气中温室气体含量的副产物。地球（以及任何行星）表面的温度是几个因素的函数。首先，是来自其恒星的能量。其次，温度是行星所吸收的能量大小的函数（有些能量会反射到太空中，这种关系是由行星的反射性能也就是反照率所决定的）。第三个因素与行星大气中保持的温室气体体积有关。温室气体在任何大气中都有滞留时间，最终会降解，或是发生相态的改变。如果它们不能通过新的供应来不断更新，那么这颗行星（比如地球）就会逐渐变冷，最终到达水的冰点温度，之后就将迅速变冷（我们已经提到，如果行星开始积累水冰，那么它的反照率会增大，加快冷却速率）。因此，温室气体对于把行星温度恒定维持在某个数值上下来说具有非常重要的意义。有板块构造和无板块构造的行星通常都能产生温室气体，因为这些行星保温装置最重要的来源就是火山喷发，这在大多数或全部行星上都会发生。在地球上，火山每天都会从地下深处排出巨量二氧化碳。即使是所谓的“休眠”火山，也会把二氧化碳排向大气。在任何有火山作用的行星上，通常都有丰富的温室气体——有时候实在太多了；而这就是让板块构造成为关键因素的地方。

温室气体成分，以及由此造成的行星温度，是行星内部、表面和大气化学成分之间复杂相互作用的副产物。板块构造最重要的副产物之一，是锁闭在行星任何沉积岩覆盖之中的矿物和化学成分的再释放。在无板块构造的世界中，大量沉积物质也会由侵蚀产生。这些物质和矿物被隔离起来，最终通过沉积作用和沉积岩的形成过程被深埋、成岩，而在大多数情况下，除非有某种能导致造山的过程发生，否则它们不会再剥露。然而正如我们已经看到的，在无板块构造的世界中，造山基本仅限于热点之上大型火山的形成。而如果存在板块构造，那么板块的运动（和碰撞）、链状山脉的形成和俯冲过程都会引致很多物质的再循环。这个再循环过程起了重要的作用，让地球的全球温度值可以维持在允许液态水存在的范围之内。再循环过程中最重要的一种，是把二氧化碳释放回大气。当石灰岩向地幔深处俯冲时，它会发生变质，在这个过程中把二氧化碳返还给大气。这显然是全球变暖中的一个重要因素。

降低大气二氧化碳含量（这可导致全球变冷）的最重要因素，是硅酸盐矿物的风化。这些硅酸盐矿物包括长石和云母（花岗岩里就有很多这样的矿物）等。在某颗行星上，板块构造的有无，对这个“全球温度调节器”的调节速率和效能会有很大影响。风化反应的基本方程式是：$CaSiO_3 + CO_2 = CaCO_3 + SiO_2$。在这个方程式中，前面两种物质（硅酸钙和二氧化碳）结合，便产生石灰岩（碳酸钙），二氧化碳由此便从反应体系中移除。在这里起作用的反馈机制，最早是在1981年由一篇里程碑意义的论文指出的，该论文的作者是J. 沃克（J. Walker）、P. 海斯（P. Hays）和詹姆斯·卡斯廷。（卡斯廷曾告诉我，他第一次萌生这个想法，是在一次博士研究生考试中！）这个机制与风化速率相关，也就是说，与岩石和矿物的物理或化学分解有关。虽然风化会造成岩石变小（随着时间推移，大块砾石会风化为沙和黏土），但其中也在发生非常重要的化学变化（见图9.3）。风化作用可以导致正在风化的岩石发生实际矿物成分的变化。含有硅酸盐矿物的岩石

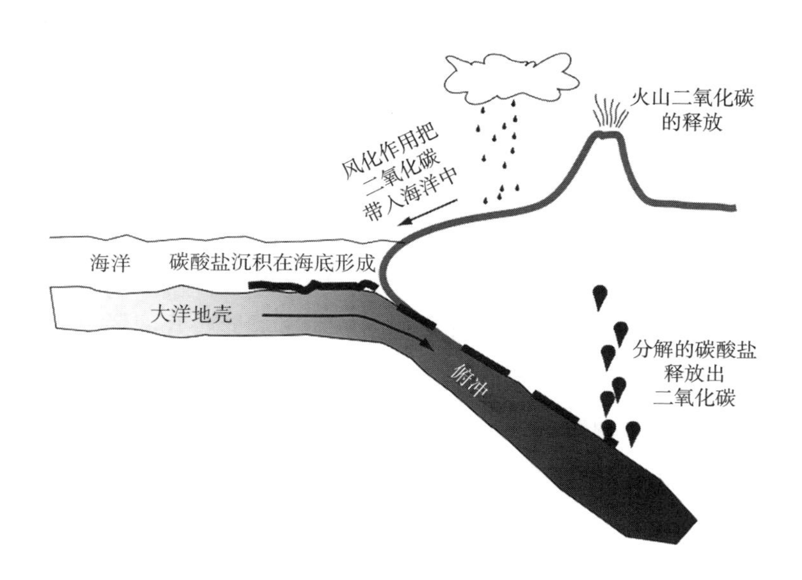

图9.3　二氧化碳—岩石风化循环。这个大规模的循环控制了作为温室气体的二氧化碳在大气中的含量，几十亿年来一直调节着地球表面温度。因为这个过程既需要地表水又需要板块构造，在其他行星上尚未见其发生。

（如花岗岩）的风化，在行星温度调节器的调节中起着关键作用。沃克及其同事指出，当行星变暖时，其表面的化学风化速率也会增大。而当化学风化速率增大时，会有更多的硅酸盐矿物可以与大气反应，更多的二氧化碳被移除，由此导致变冷。而当行星变冷时，风化速率会降低，大气中的二氧化碳含量开始回升，又导致变暖。通过这种方式，地球温度就在较暖和较冷之间振荡，这是碳酸盐—硅酸盐风化和沉积循环造成的结果。如果没有板块构造，这个体系就不会有效地运行。而在没有陆地表面的行星上，它的运行效率也比较低——特别是在没有类似今天地球上常见的高等植物这样的维管植物的行星上，其运行效率更是低得多。

在这个过程中，钙是重要的成分，它在行星表面有两个主要来源。钙可见于火成岩中，又可见于名为石灰岩的沉积岩中（这种来源的钙更重要）。钙与二氧化碳反应形成石灰岩，海洋动物就用这种材料来构建贝壳（我们人类则用来制造水泥和混凝土）。因此，钙可以把二氧化碳拉出大气。当二氧化碳开始在大气中增加时，更多的石灰岩会形成，但这就要求有稳定的新钙源可用。板块构造就能让钙成分一直有稳定的供应，因为古老的石灰岩会剥露（在岩浆中），遭到侵蚀，从而释放出可以和更多二氧化碳反应的钙，再通过新山脉的形成，就能够把新的钙源重新带到这个体系中。

行星温度调节器需要两个量的平衡，一是通过火山活动被泵入大气的二氧化碳的量，二是通过石灰岩的形成被移除的二氧化碳的量。在无板块构造的世界中，埋藏的石灰岩会一直埋藏，导致钙从体系中移除，于是二氧化碳的含量会上升。但在地球上，至少有板块构造能让石灰岩再循环进入体系，从而在维持全球温度的稳定时起到了不可或缺的作用。

虽然大多数有关行星宜居性的解释提到的都是 0℃和 100℃之间的温度范围，但如果要让动物能生存，所需的温度范围实际上要狭窄得多。正如我们所见，像细菌这样的生命，可以在高压环境下忍受高达 200℃的温度范围上限。但是动物要脆弱得多。在允许液态水存在的较为宽广的温度范围内，地球上的动物生命——可能也包括宇宙中任何地方的动物生命——又依赖于极为狭窄的温度范围。超过 40℃或远低于 5℃的温度持续的时期一长，动物的生存就会受到妨碍。行星温度调节器必须设置为狭窄的温度范围，也许只有板块构造温度调节机制能让这种精细调节成为可能。

板块构造和磁场

外层空间完全不是友好之地。其危险之一在于宇宙射线，那是以接近光速远道而来的基本粒子——电子、质子，还有氦核和更重的原子核。它们有多种来源，有的来自太阳，有的来自远处由恒星爆炸形成的超新星。这些灾难性事件让大量的粒子在太空中纵横驰骋。

在《在宇宙中寻找生命》(*The Search for Life in the Universe*)一书中，D. 戈尔德史密斯（D. Goldsmith）和 T. 欧文（T. Owen）指出，如果没有某种保护的话，地表生命在几代之内就会因为轰击地表的宇宙射线而灭绝。然而，大多数宇宙射线因为地球磁场而发生了偏转。地球最内的一层是地核，主要由铁构成；地核的最外侧区域则是液态。当地球自转时，在液态外核中造成的对流运动产生了环绕整个行星的大型磁场。地核之所以会产生对流单元，是因为有热量损失。热量必须传送到地核之外，而这个热量释放的过程似乎受到了地球板块构造活动的很大影响。加州理工学院的约瑟夫·基尔什文克推测，如果没有板块构造，整个地核区域中就不会有足够的温差，也就不会产生地磁场形成时所必需的对流单元；没有板块构造，就没有磁场。磁场也会减少大气层的“喷溅”，在这个过程中，大气会逐渐逸失到太空中。没有磁场，可能就没有动物。板块构造再一次拯救了我们。

为什么地球（而不是火星或金星）有板块构造？

为什么地球上有板块构造？乍一看，板块构造的配方似乎很简单。你需要一个分化为顶上的固态薄壳和其下的炽热而能移动的流体区域的行星。你需要这个下部的区域能对流，为此你需要让热量从行星更深处释放出来。很可能你还需要水——由水组成的海洋：大量新研究都表明，没有水，你不可能创造出板块构造（不过这可能只是因为没有水你就造不出大陆）。

就像行星地质学里的其他很多领域一样，我们对于地球（以及任何行星，这更重要）为什么会发展出板块构造、之后又能维持这一现象还有很大的认识空白。因为我们地球是迄今所知的唯一具有板块构造的行星，我们没有别的行星可供与它比较。与板块构造有关的大量数据深埋地下，让我们不太可能去直接采集。

我们可以提出一个研究领域叫“行星板块构造学”，可以定义为对板块构造的理论研究（而与以地球为基础的实际研究相对）。对这样一个领域来说，不确定的东西太多了。比如我们并不清楚，如果地球大 20% 或小 20%，或者地壳中的铁和镍的含量比实际要多，或者地表水总量只有如今的 10%，那么板块构造是否还能运转。对于这类问题，目前最出色的研究正由行星地质学家 V. 索洛马托夫（V. Solomatov）和 L. 莫雷西（L. Moresi）开展，他们正在用计算机模型研究对流（板块构造的驱动力）如何起作用。然而在他们 1997 年那篇关于这个主题的论文的摘要中，他们还是总结说："地球上岩石圈板块运动的本质尚待解释。"我们知道板块在移动，我们也知道是对流在移动它们。对流背后的物理学也已为人熟知，但是把它应用到俯冲运动上，还是一个有待解决的难题。

当我们问到一颗行星产生板块构造所必需的物理条件时，索洛马托夫回答说："这是个非常有趣的问题，我们才刚刚开始探索行星上出现板块构造所需的物理条件。到现在为止，我们一直在接近那个结论：水对板块构造来说可能是至关重要的因素；没有水就没有板块构造。"如果没有水，岩石圈（就是板块构造中的板块，是由地壳和上部地幔构成坚固的地表区域）会过于强硬，无法破裂并沉降回地幔——这个过程就是俯冲。本章前面已经说过，它发生在线状的俯冲带上。根据索洛马托夫的观点，俯冲是板块构造必需的主要条件之一。表面上看去，俯冲带只在地壳较为"软弱"或能够弯折破裂的时候才能起作用，因为这让地壳可以在地幔对流单元下沉的区域沉降。全部工作都是用数学建模来完成的。索洛马托夫及其同事正在利用计算机来达成理论的一般化，而不是与儒勒·凡尔纳笔下的英雄们一起去地心旅行。

即使在无水的情况下，炽热岩浆形成的地幔羽也会升向行星表面。但是这些新物质最终必须有个去处，而如果俯冲不起作用的话，那么板块就不会移动，因为新的壳层物质最终必须沿着线状俯冲带沉回幔部。没有俯冲带，就没有板块构造，即便行星内部还有幔部对流单元在运转。

金星和火星都缺少俯冲带，因此缺少板块构造。虽然这两颗行星内部可能都有移动表面板块所需的幔部对流，但是行星表面本身却是由不能移动的“强硬”岩石（索洛马托夫的用语）构成的。因为这两颗行星的壳部又厚又硬，现在它们都不会移动。两颗行星上都缺乏水，这可能是造成这一切的原因。而因为这两颗行星在过去可能有过液态水，其壳部成分与地壳足够相近，我们也许可以发现金星和火星曾经有过板块构造——可能在它们失去液态水之后也就失去了板块构造。金星和火星可能正在经历索洛马托夫和莫雷西称为“停滞盖状况”（stagnant lid regime）的情况：对流的幔部和固态的表层之间黏性的差异，大到了让壳部几乎或完全没有运动发生的程度。然而热量还是在向上流动，对金星来说，这些热量曾导致它的整个表面在大约10亿年前熔融（这就是我们在本章开头已经提到的金星表面的“重塑”）。在地球上，这样巨大的黏性差异是不可能存在的。根据那篇介绍了本节所有内容的科技论文，地球具有“低黏性差状况”（small viscosity contrast regime），结果就是地壳有非常活跃的移动性，而这对造山、营养循环和生命都很重要。

不过，也可能我们把这个故事讲反了。可能火星和金星虽然曾经有水，但因为它们没有板块构造，于是水就丢失了——因此也就失去了行星温度调节功能。

板块构造在地球上是怎样（及何时）开始的?

关于板块构造开始的时间，现在仍有争议。很多人相信它在地球形成之后10亿至20亿年的时候开始运转，另一些观点则认为板块构造的开启要久远得多，可追溯到40多亿年前。这场争论主要牵涉到早期地球的热流速率，以及这个属性如何影响到地表的组成和坚硬程度。

到地壳固结的时候，源于行星吸积、核形成和放射性同位素（比如铀-235）衰变的热量已经有一半多都从地球上逸失了。在太古宙的20亿年间，热流减缓了。一些研究者相信，早期地壳仍然太热、太薄，无法成为板块构造所需的坚硬板块；根据这种假说，板块构造可能要到25亿年前的时候才开启。然而，在比这个时刻古老得多的岩石中发现了断层线和断层运动的证据，而这是符合板块构造现象的。

板造构造运动构建地球的大陆性表面的速率不是恒定的。如果我们把大陆相对于其现代面积的大小对时间作图，那么我们会发现这不是一条增长的直线，而是一条逻辑斯谛曲线——这种曲线在开始时增长缓慢，在中部加速上升，之后在接近尾部的地方又放缓。在讲到“寒武纪爆发”的时候，我们已经提到了这种增长格局。在这里我们可以说，地球还经历过“大陆爆发”，导致了陆地面积的迅速形成。迄今为止已有很多条证据线索表明，在大约30亿到20亿年前，大陆迅速发生了它最大规模的增生。这次快速的增生完全改变了地球，让它从一个海洋占优势的行星变成了陆地占优势的行星（至少从全球温度和化学的角度来看是如此）。

板块构造可能在实际上阻碍了地球上动物生命的形成吗？

在本章中，我们主张板块构造为地球上动物生命的起源和之后的维持提供了方便。然而，是否相反的情况事实上才是真的？板块构造有没有可能在实际上拖延了动物的起源？NASA有两位科学家H. 哈特曼（H. Hartman）和克里斯·麦克凯（Chris McKay），就持这种观点，他们提出假说，认为板块构造减缓了地球大气的氧化速率。在1995年的一篇文章中，哈特曼和麦克凯提出，板块构造减缓了地球上氧化事件的发生，由此推断，其他任何行星可能也是这样。

在前面的一章中我们已经详细讲到，直到不到10亿年前的时候，动物才在地球上起源。而在此之前大约30亿年的时候，地球就已经有了生命。地球生命历史最令人迷惑的方面之一，是最古老的生命和最古老的动物之间这极为显著的鸿沟。其中肯定涉及了很多因素，但有无可辩驳的证据表明氧气对动物来说是必需的原料（至少在地球上是如此）；还有很多证据表明，直到20亿年前，海洋和大气中才出现了足够浓度的氧气。很多科学家怀疑，地球产生富含氧气的大气所经历的如此漫长的时间，是造成地球上最古老生命的起源和最古老动物的起源之间的大迟滞的部分原因，甚至是全部原因。哈特曼和麦克凯的新推测则认为，这种迟滞应部分归咎于地球上板块构造的存在。

人们普遍同意，地球上之所以会有氧气，是因为游离氧作为光合作用的副产物被释放到了大气中。最早的光合生物利用的酶途径叫做“光系统1”，然而这个系统并不会释放游离氧，能释放的是后来演化出的“光系统2”。后者直到27亿至25亿年前才演化出来。最后，像光合细菌和单细胞植物这样漂浮在早期海洋中的光合生物便释放出巨量的氧气。在早期地球上可能也有一些以无机的方式产生游离氧的源头。比如紫外线击中大气上层的水蒸气之后，就可以制造出游离氧，至少能造出少量。然而，除非各种各样的还原性化合物耗光（它们可以与刚释放出来的氧气结合，让氧气无法作为一种溶解在水中的气体在海洋中积聚，也无法作为一种气体在大气中积聚），否则氧气的净积累就不可能发生。比如行星壳部的铁含量就起着主要作用，因为在行星表面与大气接触的全部铁必须都被氧化，之后游离氧才有积聚的可能。这样的还原性化合物是由火山释放出来的，可以推断，火山作用更剧烈的行星，其海洋和大气中的还原性化合物也越多。还原性化合物的另一个重要来源是有机化合物，或者通过生物体的死亡和腐烂产生，或者通过有机化合物的无机合成产生，比如氨基酸就可以这样形成。在地球海洋中可以找到大量这类物质，但通常都埋藏在沉积物中。哈特曼和麦克凯认为，在不存在板块构造的情况下，这样的沉积物会埋藏在沉积盆地里，绝不会暴露出来与海洋和大气接触；它们由此被移除，而不会积极地参与海洋和大气化学反应。因为它们被带离了系统，这样氧气便可以较快地积累；相比之下，如果还原性化合物经常被重新带入大气中——比如生物死体从不会被埋藏起来——那么氧气积累就很慢。

哈特曼和麦克凯提出了一个有趣的观点，认为火星这颗行星在形成之后 1 亿年的时间里可能已经演化出了复杂生物（这当然也假定了生物是在那里起源的）。他们的论证是这样的：通过在不受扰动的沉积之中深埋，火星上还原剂的迅速移除可能让氧化事件发生得比地球上快得多（见图 9.4），因为地球上的板块构造运动会持续不断地通过俯冲、板块碰撞和造山等过程让沉积物发生再循环。所有这些过程都会导致之前埋藏的沉积物被带回地表，其中的还原剂在那里会再次与氧结合，大气中有多少氧就能结合多少。哈特曼和麦克凯还指出，像火星这样没有板块构造的行星上的火山活动要比地球弱得多。因此，火星上经由火山来源进入大气—海洋系统的还原性化合物（比如硫化氢）的量也要比地球少得多。

那么，实际情况会是地球即使在具有板块构造的情况下，也能让演化发生，然后维持动物的存在吗？会不会因为板块构造在某颗行星上的存在会减缓动物所需的富氧大气的积聚，所以它实际上会妨碍动物的产生？

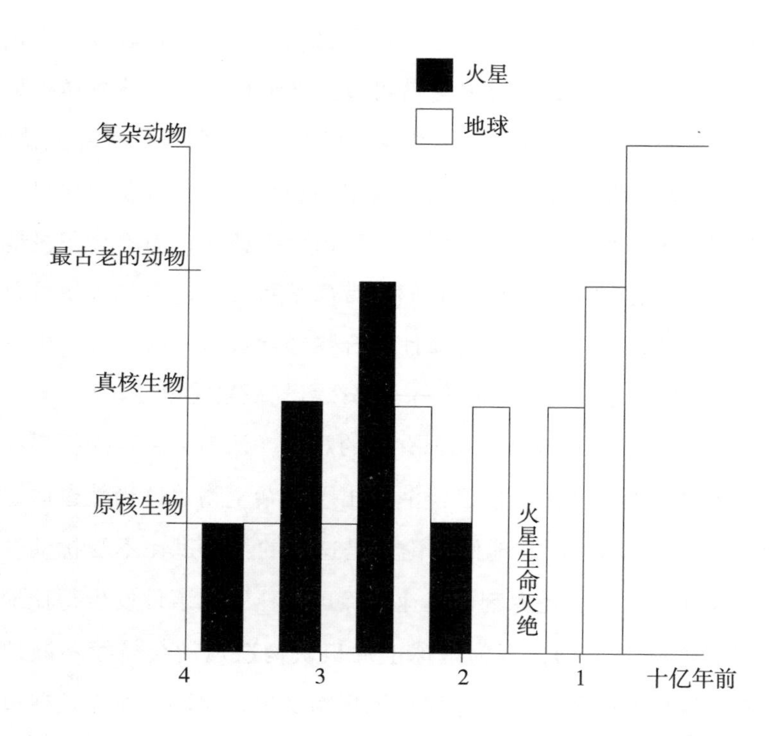

图 9.4 没有板块构造的行星（火星）与具有板块构造的行星（地球）的比较演化史。

在哈特曼和麦克凯所考虑的还原剂具有延缓氧化作用的论述中，

我们找不出什么缺陷。不过，我们可以指出，板块构造在任何世界中肯定都增大了生物产生氧气的速率，因为它通过循环利用硝酸盐和磷酸盐之类的养分增加了生物的生产力。因此在具有板块构造的世界中，可以预期其净生产力应该比无板块构造的世界要高得多，那么通过光合作用进行的氧化速率也应该高得多，可能足以抵消被隔离在沉积物中的还原剂因为再循环而产生的延缓效应。

稀有地球假说中最关键的要素？

对于动物的维持来说，板块构造至少起着三个关键作用：提升生物的生产力；提升多样性（这是对抗集群灭绝的机制）；有助于维持平稳的温度，这是动物必需的条件。板块构造可能是行星之上生命的核心需求，是保持一个有水的世界的必需前提。板块构造有多稀有呢？我们知道在太阳系的所有行星和卫星中，只有地球上可以见到板块构造。但是它是否可能比这个情况还更稀有？有一种可能性是，地球上之所以有板块构造，是因为它还有另一个不常见的特性——周围陪伴有一颗大卫星。这就是下一章的主题了。

第十章　月球、木星与地球生命

这里的表面都是细小的粉尘。我用靴尖可以把它们踢散。它们就像木炭末一样，在我靴子的底部和侧面沾成薄层。我只走了一英寸的一小部分，大概是八分之一英寸，就见到了我的靴子留下的印痕，这微细沙粒中的花纹。

——尼尔·阿姆斯特朗（Neil Armstrong）

在月球表面说的第一番话（1969 年）

天文学家（astronomer）最大的恐惧，可能是不知道什么时候，就会有一些人把他们误当成了占星术士（astrologer）。占星术这种古老的信仰体系认为，恒星和行星会对我们的日常生活施加影响——这一整套信仰，经常会遭到天文学家激烈的质疑。然而，最近的研究却以一种奇特的方式证明，占星家还是有一丁点的正确性。事实上，有两个天体——月球和木星——对于我们人类能作为一个物种存在来说确实起到了关键性作用。如果没有月球，没有木星，今天的地球上极有可能不会存在动物。因此，这二者都是稀有地球假说中的重要因素，但原因却彼此不同。

月球

没有月亮，就没有月光，没有月份，没有满月让人精神失常的传说，没有阿波罗工程，诗歌也会大为减少，而这个世界的每个晚上都会是漆黑一团。没有月亮，可能还会没有鸟，没有红杉，没有鲸，没有三叶虫，没有任何高等生物来为地球增光添彩。

虽然在太阳系中有上百颗“月亮”（卫星），但我们最熟悉的这颗——照亮了地球夜空的惨白色月球——却极为异乎寻常，它的存在似乎在生命演化中扮演了令人意外的重要角色。月球只不过是38万千米开外的一个直径3500千米的岩石球体，但是它的存在却让地球能成为生命的长期居所。在稀有地球理论中，月球是个迷人的因素，因为一颗类地行星能拥有这样一个大卫星的几率是很低的。适合卫星形成的条件，在外行星那里很普遍，但在内行星这里却是罕见的。太阳系有众多的卫星，它们几乎都绕着太阳系外侧的巨行星运行。靠近太阳的温暖的类地行星虽然位于宜居带之内，却几乎没有卫星。类地行星仅有的卫星，除了月球之外就是火卫一（Phobos）和火卫二（Deimos），它们是火星的两颗微小的卫星（直径仅10千米）。太阳系中有些卫星很大。环绕木星的木卫三几乎与火星一样大，而环绕土星的土卫六也差不多这么大，其大气层甚至比地球的还浓密，虽然也冷得多。我们的月球则多少是个怪胎，因为与它的母行星相比，它显得过大了。月球的直径几乎是地球的三分之一，从某些方面来看，它更像是地球的双胞胎，而不是随从。在太阳系中，卫星在大小上堪与母行星相比的另一个例子——也是唯一的例子——是冥王星和它的卫星冥卫一（Charon）。

倾斜！

月球有三个关键的作用，影响到了地球生命的演化和存活。它导致了太阴潮（lunar tides），稳定了地球自转轴的倾斜程度，还减缓了地球的自转速率。在这三个作用中，最重要的是它对地球自转轴相对于轨道平面的倾斜角的影响，这个倾斜角术语叫“倾角”（obliquity）。倾角是季节变换的原因。对于地球近期历史上的大部分时期来说，其倾角相对它现在的23度这个数值的变化至多也不会超过一两度。虽然地球在缓慢晃动，就像旋转的陀螺会不断摆动一样——这导致地轴的倾斜方向在以数万年的周期变化——但是地轴相对于轨道平面的倾斜角度却几乎是固定的。这个角度之所以在几亿年的时间里近乎恒定，是因为月球施加了引力效应。没有月球，地球倾角会受太阳和木星的引力牵引而摇摆不定。巨大的月球每月一次的环绕运动阻止了地轴倾斜度的任何潜在变化。如果月球较小，或是离地球较远，或者如果木星更大，离地球较近，又或者如果地球离太阳更近或更远，那么月球维持地轴稳定的影响力就不会这么大。如果没有一个大卫星，地轴倾角的变化可能会达到90度之多。火星是一颗有与地球相同的自转速率和倾角的行星，但是它没有大卫星；学界认为它的自转轴倾角曾有过45度以上的变化。

行星自转轴的倾斜程度，决定了两极和赤道区域在各个季节期间接收到的阳光的量的相对比例，因此会强烈影响到这颗行星的气候。在轻度倾斜的行星上，大部分太阳能被赤道区域吸收，那里正午的太阳总是高高挂在天上。两个极点在半年的时间里处在完全的黑暗之下，在另外半年的时间里则持续不断地受到光照。在极点处，太阳在天空中升到的最大高度与自转轴倾角的数值完全相等。对于较小的倾角来说，太阳在极点的天空中从来不会升得太高，阳光造成的地面升温，即使在仲夏也很微弱。要想知道一颗自转轴几乎与轨道平面完全垂直的行星上会发生什么，水星是一个绝佳的例子。水星是离太阳最近的行星，其大部分表面如地狱般灼热，但地球上的雷达成像却显示其两极处覆盖有冰。虽然这颗行星离太阳非常近，但是从两极看去，太阳总是处在地平线附近。与水星几乎没有倾角截然相反，天王星有 90 度的倾角；它的一个极点有半年时间暴露在阳光下，与此同时，另一个极点却经受着酷寒的长夜。

虽然我们的观点肯定会有偏差，但是地球的自转轴倾角似乎“刚刚好”。倾角的长期稳定，是保持地球表面温度长期稳定的因素之一。如果极轴倾角偏离当前数值太多，那么地球的气候对于高等生命形式的演化来说会显得十分不适宜。最坏的可能性之一，是过大的倾角会导致海洋完全冻结，想要从这样的状况中恢复非常困难。大面积的冰盖会增加行星的反照率，吸收的阳光变少，于是行星就一直冷却下去。天文学家雅克·拉斯卡尔（Jacques Laskar）做过很多计算，得出了令人意外的发现：月球对于维持地球的稳定倾角具有重要作用。他对地球的情况做过如下的概述：

> 这些结果显示，地球的情况是非常独特的。所有类地行星的共同状态，是其倾角会表现出很大尺度的混沌性变化；对于没有月球的地球来说，这意味着演化较为充分的生命形式的出现会受到妨碍。……我们应该把当前的稳定气候归功于一个例外的事件：月球的存在。

高倾角对行星有显著的效应，而且似乎是反直觉的（见图10.1）。想象一下，有一颗行星歪了90度。一年平均下来，极点接收到的太阳能量，会与没有倾角时的赤道正好一样多。于是北极会变成撒哈拉！然而，在90度倾角的情况下，赤道地区一年平均下来接收的能量却要少得多，也会比较寒冷。如果一颗行星的倾角大于54度，那么它的极地接收到的阳光能量输入实际上要比赤道地区还多。如果

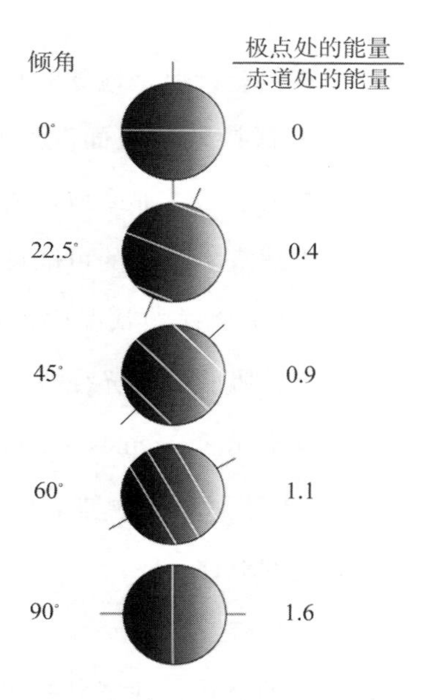

图10.1 每年落到行星极点的太阳能量与落到其赤道的太阳能量之比，会随着行星自转轴倾角的不同而不同。倾角为22.5°时，地球会有非常寒冷的极地；但如果倾角超过54°，极地接收到的阳光实际上会比"热带地区"还多。与赤道平行的线是极圈，在极圈上，太阳在夏至时不会落下，在冬至时不会升起。

地球的倾角大于这个值，那么赤道处的海洋会冻结，极地则更温暖，整个世界变得杂乱无章。最近发现的证据揭示，在8亿至6亿年前，赤道地区确实存在冰盖，在那时位于赤道地区的这个年龄的地层中已经发现了由冰川搬运的沉积。这些发现引出了“雪球地球”假说，认为地球曾经确实有过完全冻结的经历，这是我们在第六章已经讲过的内容。有人推测这个事件可能就是由高倾角引发的，在那个时期，月球对地球还没有完全的控制力。现在我们仍然不确定，月球成功稳定住地球倾角的时间究竟有多长。

在遥远的未来，月球会失去它稳定地球自转轴的能力。月球正在缓慢地远离地球（速率大约是每年4厘米），20亿年之后它就将离地球太远，而不再有足够的影响力来稳定地球倾角。于是地球倾角会开始变化，其气候也会跟着变化。让未来的情况进一步复杂化的另一个因素，是太阳亮度缓慢但持续不断的增加。到地球自转轴开始摇晃的时候，太阳会变得更热，而这两个效应都会降低地球的宜居程度。

对于月球不存在的情况下行星倾角的这种变化会有多迅速的问题，现在有了很多推算。地球从当前情况变为沿着倾面在轨道上“滚动”所需的时间，据估算最多需要几千万年，但也可能短得多。美国华盛顿大学的天文学家汤姆·奎因（Tom Quinn）告诉我们，倾角变化的时间可能短到要用万年这个数量级来衡量，而不是用百万年的数量级。这样的大范围摆动很可能会导致非常迅速而猛烈的气候变化。如果热带地区在永久冰盖之下被封锁上10万年或较短的时间，那么肯定会有一场非常严重的集群灭绝。

如果没有大卫星，会妨碍微生物演化为动物吗？我们对此还不清楚，但因为深海区域隔绝了气候变化的影响，也许我们有理由相信，快速的倾角变化未必会让一颗行星失去动物生命。然而，这个事件却可以让行星失去陆地上的复杂生命。

太阴潮

地球拥有一颗大卫星的第二个好处是潮汐。潮汐是由于太阳和月球的引力效应而产生的。这两个天体的拉力让海洋在指向它们和背对它们的两个方向上都产生隆起。地球当前的潮汐效应很复杂，难怪挖贝工人、钓鱼者和水手都非常重视潮汐表的信息。潮汐表上每日的潮位变动，是太阴潮（月潮）和太阳潮（日潮）共同作用的结果。月球和太阳会分别让地球海洋最靠近它们的一侧和最远离它们的一侧产生隆起。随着地球在这隆起的下面持续自转，任何特定的地点便会出现涨潮和落潮。每两个星期，月球、地球和太阳就会排成一线，此时潮位达到最大值；而当月球和太阳在天空中间隔 90 度（此时月亮呈半圆形，在日出或日落时正位于头顶），潮位的变化也处在最小值。如果月球较小，或者距离较远，那么太阴潮的规模也将比较小，而且会产生不同的年度变动。

在月球刚形成时，它距离地球可能只有 2.4 万千米。那时的太阴潮可能不像今天这样只有几米高，而是可以掀到几百米高。这样一个靠近的月球引发的极端效应，可以强烈加热地球表面。由靠近的月球引发的海潮（以及陆地上的固体潮）不仅非常巨大，而且地壳的弯曲加上摩擦生热的效应实际上会让地球的岩石表面熔化。不管这些效应有多猛烈，巨大的潮位变化肯定只持续了很短的时期，因为引发潮汐的力也会导致月球远离地球，这样就减小了潮汐效应。早期的固体潮可能有 1000 米高，但不到 100 万年之后，它们就可能已下降到较轻微的水平。

月球的退却，是月球与潮汐隆起之间引力拉力的自然结果。地球上的太阴潮隆起实际上并不与地球和月球排成一线，而是在月球环绕地球公转时处在比它领先一点的位置上（见图 10.2）。这时候会产生

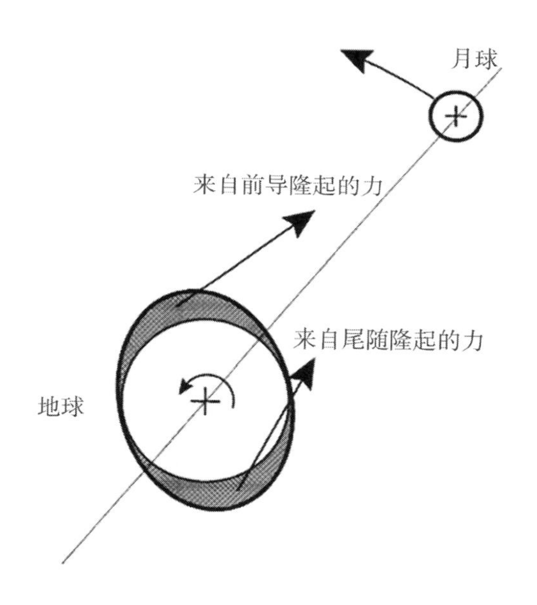

图 10.2　地球上的前导潮汐隆起会产生一个始终指向月球的力，而无法被离月球更远的尾随潮汐隆起的反方向拉力完全平衡。总的净作用力仍是指向月球的，这让它从起源时离地球很近的位置以螺旋的方式逐渐向外移动。如果月球形成时，公转方向完全相反，那么这个引潮效应会让它以螺旋的方式逐渐向内移动，最后导致灾难性的撞击。这样一个戏剧性的命运正摆在海王星的大卫星海卫一面前，因为它是一颗逆向公转的卫星。

一个力矩，导致地球的自转速率缓慢下降，而地月距离却缓慢增加。除了用激光测量之外，月球的远离也可以在化石记录中探测到。泥盆纪的角珊瑚化石有逐日和逐年形成的层，这些化石层显示在大约4亿年前，一年有400天，月球离得更近，地球也转得更快。这样两种效应之所以相互关联，是因为角动量守恒。同样的物理定律也让滑冰运动员把双臂收回身体时旋转得更快。如果月球碰巧以相反的方向环绕地球公转的话，那么它远离地球的运动也会反过来，不是越退越远，而是越凑越近，最后撞上地球。虽然我们完全不用担心地球的卫星会造成这样的灾难，但是海王星的大卫星海卫一（Triton）却正在轨道上逆行，并将在几亿年后与海王星相撞。

月球起源的新解释

月球的一个非常显著的特点，就是它似乎本来是极不可能形成的，其形成可以说是个稀有的偶然事件。从人类第一次望向天空开始，月球的起源就引发了无穷无尽的推测，但人们对这个问题的兴趣在1969年达到了顶峰。那一年，“阿波罗11号”（*Apollo 11*）在月球上着陆，把月球岩石带回到了地球上的实验室中。对这些样品开展的热切的研究活动有一个主要目标，是确定月球这个堪称“太阳系的罗塞塔石”的天体如何形成。

在这些月岩被带回来之前，最流行的观点认为，月球形成的时候是冷的，因此会保留着太阳系最古老历史的记录。当月球样品送返地球时，人们都屏住呼吸，期待这些样品最终会表明月球如何形成。然而，无论是1969年还是之后的10年中，都没有人能令人满意地解决月球起源之谜。具有讽刺意味的是，来自这些样本的极为详尽的数据，虽然是一笔巨额的财富，却反而让人们更难就月球起源问题建立起一个能赢得共识的理论。大量研究都表明，月球有一个狂暴而高温的历史阶段，因此不是一个能慷慨地保存记录来展现它最古老过去的天体。不过，这些岩石也确实记录了40亿到30亿年前的月球历史的精致细节，而人们对这个时段的地球历史只有极少的了解。

在阿波罗工程执行期间，人人都在谈论月球起源；而在之后若干年间，大多数月球科学家都在研究细节，“大场面”却几乎不谈了。但就像科学上不时发生的事情那样，1984年，在夏威夷的科纳（Kona）召开了一场有关月球起源的会议，与会者的观点在会场上发生了某种意义重大的融合，于是整个状况便发生了根本改变。在这场会议上，月球样品分析的很多细节和理论上的进展都得到了公开，很多离开科纳的科学家都确信，月球的起源是相当独特而罕见的。有关月球起源的理论通常可以归为三个类别：在原地形成，在别处形成之后被地球俘获，以某种方式从地球抛出。而这回的新观点在某种意义上是这三个类别的综合（见图10.3）。新的模型认为，月球的形成，是源于地球被一个火星大小的天体（直径是地球的一半）击中。这次撞击产生的碎屑被抛入太空，其中一些留在绕地轨道上，彼此的碰撞让它们形成了薄薄一层环绕地球的岩石环，有如土星的光环。通过撞击和黏合，月球便在这个岩石环中形成，太阳系中大多数天体都是由这样的吸积过程建造的。

这样一个过程有几个重要方面，与由月球样品研究推导出的月球性质一致。首先，这个事件产生的巨大力量，会让月球完全失去所谓的挥发性元素。比起陨石来，月球缺乏锌、镉和锡等元素。这些是相

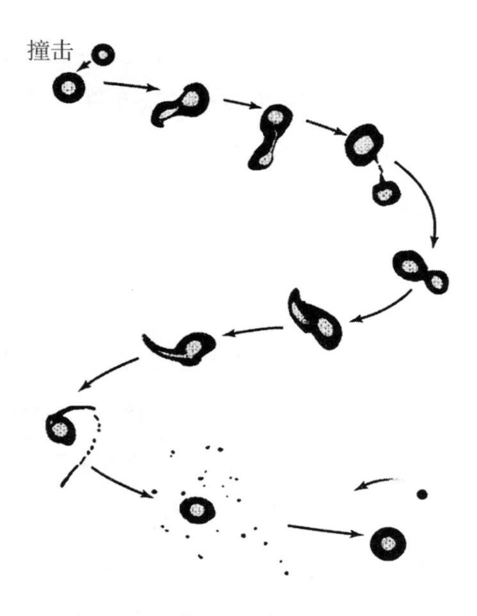

图 10.3　卡梅伦（Cameron）和卡努普（Canup）在 1998 年提出的月球撞击起源模型。一个质量是火星数倍的天体撞到了正在成长的地球的边缘，产生了壮观的后果。在这偏斜的一撞之后，两个撞变形的天体分离后又重新结合。二者的金属内核（浅灰色）合并形成地核，而它们的幔部（黑色）各有一部分被抛到绕地轨道上，逐渐积聚而形成月球。月球形成之后就以螺旋的方式远离地球，这个过程持续至今。要产生这样一颗大质量的卫星，撞击地球的天体必须具有合适的大小，必须以合适的角度撞向地球，而且这场撞击还必须发生在地球成长过程中的合适时间。

对容易挥发的元素，会在撞击中蒸发，产生的蒸气很难从炽热的气体中完全重新凝结下来。这些挥发性元素因为还保持为气态，会被吹向太空，而从地月系统中流失。在这些逸失的元素和化合物中还有氮、碳和水等。阿波罗工程从月球那里得出了许多令人意外的初步调查结论，其中之一就是月球样品极为干燥。与地球岩石不同，月岩不含能够检测到的水分。月球样品的另一个显著特征，是它们也高度缺乏亲铁元素。这些元素在行星上倾向于集中在其金属铁核之中。行星上熔融的铁会沉到其中心，形成行星内核，此时亲铁元素（如铂、金和铱等）也混合在下沉的铁中，而从留在上部的行星壳和行星幔中大量流失。月岩缺失亲铁元素却是没有想到的事，因为月球不可能有很大的铁核。月球的平均密度是水的 3.4 倍，非常接近于月球表面岩石的密度，而明显低于地球平均密度（水的 5.5 倍）。如果月球有个由致密的金属铁构成的大月核，那么它的平均密度应该比观测值高。月震和月磁数据也没有显示出大月核的存在迹象。

撞击模型则解决了这个亲铁元素之谜。据推断，在撞击之前，地球和撞击体中都形成了金属核。在撞击中，两个核最后都沉到地球中心，而抛射到轨道上的碎屑主要来自两个天体的幔部。这种与亲铁元素隔离的机制，可以解释为什么金和铂在月球以及地壳岩石中都如此稀有。如果认为撞击后抛射的幔部物质来自巨型撞击体和作为撞击目标的地球，那么这就符合于月球和地幔岩石的痕量元素含量之间存在相似性的事实。这个推断也符合于另一个事实，就是地球和月球在同位素组分上也是等同的。

撞击起源理论非常有吸引力，但它真的能发生吗？在较早的时候，人们常常想象，行星的吸积是通过小天体的撞击这种常规方式来实现的。这也是为什么人们认为月球形成时是冷的。通过吸积小物体而增长的天体不会把热量埋藏在内部。就算天体会以高速撞来，如果它们很小，那就只能产生小型环形山，碰撞的能量大部分都辐射回太空了。如果一场撞击能抛出足够的物质来形成月球，那么撞击体必须是个火星规模的巨大天体。乔治·威瑟里尔（George Wetherill）是美国华盛顿卡耐基研究所地磁部的行星科学家，曾获得美国国家科学奖。他做的理论建模显示，吸积过程的自然结果，确实是在每个行星的吸积带中形成几个大型天体。行星生长过程中会有这样几个天体相撞，每个天体的质量都在最终成形的行星质量的10%以上。

就地球的情况来说，这些大天体达到了火星的大小，甚至更大。它们的撞击不仅把物质抛入太空，形成月球，而且也把巨量的热注入了地幔。这些热量输入和巨大的撞击力在地球完全形成之前的吸积阶段便铸造了地核。这个情况是与通过缓慢吸积小天体而冷形成的行星相反的。核的形成需要很高的内部温度，这样可以让熔融的铁块穿过幔部下沉，到达核心。冷形成的行星只能在铀、钾和钍衰变产生的放射性热量长时间积累之后，才能形成一个核。而在地球上，还在吸积期间，来自大天体吸积的早期热量就已经引致了核的形成。月球的形成则出现在地核形成之后。导致月球形成的撞击事件中的两个天体，在撞击之时就都已经发生分化，而具备了金属内核。

最近由卡梅伦及其同事所做的计算机模拟表明，如果导致月球形成的碰撞发生在地球只增长到其最终质量的大约一半的时候，而且撞击体的质量大约是地球最终质量的四分之一，那么模拟所得的结果就最符合地球和月球的实际属性。当碰撞发生时，施加给两个天体的影响都是极为巨大的。它们短暂地融合在一起，但作用在碰撞造成的这团塑性物质之上的惯性又把它真真切切地撕裂成两大块。迸出去的碎屑会保持几个小时的分离状态，但之后在重力作用下又会回落。经过几次暴力的振荡之后，地球最终平定下来。就像一块在池塘里打水漂的石头会溅起水滴一样，有少量物质被抛射出去，在地球周围形成碎屑环。环中的物质来自两个天体的硅酸盐幔部。在几万年的时段里，通过吸积固体颗粒，月球就在这个碎屑盘中形成了。

当月球最终形成时，它离地球表面只有 2.4 万千米远。在如此靠近的月球陪伴下，地球的自转速率非常快，一天可能只有 5 小时。潮汐的高度一定极为巨大，正如前面已经提到的，由此造成的热量完全可以让地球表面熔化。不过这种热量的巨大程度只有纯学术意义，因为地球当时仍然处在前不久的巨大碰撞造成的过热状态中。撞击事件释放的能量如此巨大，以致岩石都被蒸发，形成一层“硅酸盐大气”，短暂地保持了一段时间后，又冷却凝结成为一场硅酸盐雨。对于任何想要尝试在这样的早期地球上出现的生命来说，所有这些效应都是毁灭性的。

虽然多少是一种推测，但我们可以说，地球狂暴的早期历史，可能为其上板块构造最终的发展埋下了伏笔。如此大规模的热量可以让地球形成覆盖其表面的岩浆海洋。这片“海洋”的分异，可以孕育出最早的岩石，它们后来便形成了长期存在的大陆。这段狂暴的早期历史一定也对海洋和大气产生了严重影响。

如果地球的形成可以重复 100 次，那么有多少次会让它拥有这样一颗大卫星呢？如果那个巨大的撞击体导致的是逆行轨道，那么这轨道会不断衰减。曾有人推测，这可能就是发生在金星上的事，可以用来解释金星的缓慢自转和缺乏任何卫星的现状。如果这场大撞击发生在地球形成较晚的阶段，那么地球较大的质量和重力会让抛射出的物质质量不足以形成一颗大卫星；而如果撞击发生早了，许多碎屑又会逸失到太空中，最终形成的卫星还是太小，无法稳定地球自转轴的倾角；如果这场大撞击根本没有发生，那么地球又可能保留过多的水、碳和氮的储备，这样形成的大气可能会导致地球成为失控的温室。

在稀有地球假说的许多因素中，我们这颗巨大的月球的存在，似乎是最重要也最令人困惑的因素之一。如果没有巨大的月球，那么地球会有非常不稳定的大气，生命要想取得同样成功的进展，似乎是极不可能的。就算地球能长期保持相对稳定的气候，在它到现在为止的一生中，也要有 90% 的时间花在陆生动物的发展上。不巧的是，我们没有证据能确定靠近母恒星的温暖类地行星拥有大卫星的概率。我们现在不知道，将来可能也会有很长时间不知道。在接下来的几十年中，我们有可能探测到类地行星，但是探测到它们的卫星就困难得多了。

我们在太空中最近的邻居——月球，就这样在地球生命的起源和演化中起了突出的作用。太阳系中的其他天体虽然距离要远得多，但也对地球产生了足够的影响，这表明促进地球生命发展的环境即使不是独一无二的，也是十分稀有的。这方面的一个迷人的例子，是一颗离我们有 6 亿多千米远的天体——木星。

木星

即使对架设在后院的一台小型望远镜而言，木星也是一个很好的观测对象。在目镜中，木星呈现为一个明显发扁的圆盘，这是因为它的自转速度很快，一天可以转两圈。木星有与赤道平行的条纹和发白的色调，外观与地球完全不同；地球被卡尔·萨根称为“暗淡的蓝点”，是一颗被绺绺云朵遮盖的蓝色行星。在小型天文望远镜中可见的木星最显著的特征，是它拥有 4 个卫星，在几个小时的时间里便可见到这些光点发生了移动。木星这 4 个最大的卫星最早是由伽利略在

1612 年观测到的，它们跳的有节奏的数学舞蹈，是那时的一个震惊西方的科学发现，因为它们仿佛就是一个微缩的哥白尼式太阳系，在其中可以直接观测到轨道运动。

当然，我们用望远镜不可能看见这颗行星奇异的内部。木星是一个巨大的气体球，越深的地方温度越高、密度越大，但与太阳系中其他的巨行星一样，它没有明确的表面。木星大部分由氢和氦构成，在其内部深处，压强高到了电子不再与单个氢原子绑定的程度；这些电子会在原子间自由移动，就像金属中的情况一样。在木星内部 100 万个大气压的压强下，氢实际上成了金属态。

在小型望远镜中，木星是迷人的，它有着神奇的性质和悠久的历史；但是用肉眼看去，这颗巨行星也不过就是个光点而已——仿佛是天空中的又一颗“星”。地木距离有 6 亿千米之远，这让人（至少对一个不相信占星术的人来说）很难想象，这样一颗有着寒冷上层大气的遥远行星可能也对地球上的生灵产生过影响。然而出乎意料的是，木星的存在，以及它形成的时间和位置，都深刻地影响了我们地球为生命提供和维持稳定环境的能力。

行星形成时巨行星的影响

木星的直径是地球的 10 倍大（质量超过地球的 300 倍），现在是环绕太阳运行的质量最大的行星。木星以及与它相邻的土星（二者合称“类木行星”）的起源，与太阳系中其他天体的起源不同。除了吸积固体物质外，它们的增长在很大程度上是因为直接从太阳星云中吸积了气体，相应地，它们的元素组成也就与太阳非常相似，大部分是氢和氦。木星形成得非常迅速，它的快速增长对内行星产生了很大影响，特别是那些就在它轨道内侧不远处竭力想要积聚起来的天体。比如在位于木星和太阳距离的大约一半处，本来有一颗类地行星正在形成的过程中，但因为木星比它先形成，它的发展就被迫终止了。这颗失败的行星现在就成了小行星带，在这个区域里现在还存在着一些原始的星子及其碎片，但是它们再也无法组装成一颗真正的行星了。这些星子里面最大的一颗是小行星谷神星，它是一个直径为 1000 千米的球形天体。

小行星是陨石的来源，对这些古老岩石的详细考察可以让我们对行星形成的本质获得深入了解。大多数陨石是古老的“碎石堆”，由多种物质混合组成，与太阳系年龄一样大。它们是用放射性测年法确定的最古老的岩石。这些陨石表明，在最开始的时候它们曾有一个增长期，与之碰撞的物质可以吸积其上；但后来在太阳系的大部分历史时期中，碰撞的能量却变得太高，导致的不是增长，而是侵蚀和破坏。

让小行星带中无法形成行星的效应，也严重影响了火星的形成。人们常常把火星描述为最像地球的行星，但它的直径事实上只有地球的一半大，质量只是地球的十分之一。本来，如果旁边没有迅速形成一颗巨行星的话，火星和小行星带行星很可能都能增长到地球大小。如果这种情况发生的话，那么太阳系最后就会有三颗真正的类地行星，每一颗都有海洋，在其表面或近表面处还有较高等的生命形式生存。如果火星能像地球一样大，那么它很可能也会保持有浓密的大气；又因为更大的质量带来了更多的放射性热，火星上本来可能会有更多的火山活动，说不定还能驱动板块构造。（但因为火星个头较小，其上的火山活动规模仅相当于地球的百分之几。）更大的火星还可能有更大的核，可以产生更强的磁场。从生命宜居性的观点来看，火星最关键的缺陷之一是它几乎完全缺乏全球性的磁场。因此，从太阳向外吹送的带电荷的粒子（太阳风）在火星大气向太空喷溅的过程中起了主要作用。而一个类似地球的强大磁场可以让太阳风偏转，保护大气免遭侵蚀。

如果地球离木星再近一点，或者木星的质量多少再大一点，那么让小行星带行星最终夭折、火星的形成也几乎被破坏的“木星效应”就会影响到地球，让它成为一颗较小的行星。而如果地球比现在小的话，那么它的大气圈、水圈和让生命长期存在的适宜性肯定都不太理想。

在发现火星陨石会以每年 6 颗的频率抵达地球之后，一些研究者认为，火星起到了把生命播种到地球的作用。其理由是，比起地球来，火星生命不易发生全球性灭亡。似乎矛盾的是，这种宜居性恰恰源于火星缺乏海洋。太阳系历史的最初 5 亿年中有个时期叫“重轰炸期”，在此期间，类地行星屡屡遭到直径大于 100 千米的天体的撞击。在地球上，这种规模的撞击会让部分海洋蒸发，撞击产生的热和由此导致的温室效应会使整个地表的温度上升到让生命彻底消亡的程度。但在火星上，因为没有海洋，虽然这样的撞击可以导致很大的局地损失，却不会让整个行星的生命都灭亡。由于火星大气稀薄，其表面增加的热量也会更迅速地辐射到太空中去。因此，火星上较低的总水量，可能是这些巨型撞击与火星较低的质量和表面重力联合作用的结果。即使早期火星有海洋，它们可能也已经被一次次的撞击抛到太空去了。就算年轻的火星上曾有更多的水，在早期的撞击历史中，大部分撞击也是发生在这样一颗比地球干燥的行星上的。如果生命在这两颗行星上一起演化出来，那么地球生命可能被毁灭了一次以至多次，但生命却在火星上存活了下来。

现在有坚实的理由让人相信，生命可能是在有限的机遇窗口期中形成的。这段短暂的时期，在地球上的重轰炸停止之前就已经结束了。因此，地球上的现生生命可能起源于火星，由大型撞击抛出的陨石运送到了地球。如果火星像地球一样有海洋，那么它也会因为撞击而发生全球性的生命消亡。而如果火星再大一些、拥有更浓密的大气的话，它受到撞击之后要把陨石抛入空间也会困难得多。

遥远的哨兵

木星还扮演了另一个关键的角色，就是把内太阳系中在行星形成之后剩余的天体都“清洗”掉。木星的质量是地球的 318 倍，可以施加巨大的引力影响。它与接近它的那些零散天体之间有非常显著的引力作用，可以把太阳系中很大区域中的大部分流浪天体清除干净。在早期太阳系中有巨量的小天体未能融合到行星中，但是 5 亿多年过去，土星轨道内大部分较大的天体都消失了。它们有的被行星吸积，有的被抛出了太阳系，还有的融入了奥尔特彗星云（Oort cloud of comets）。木星是造成这场针对太阳系中部区域的清洗（purging）的主要原因。

今天仍然会撞击地球的天体，是设法在三个特殊的生态位中存活下来的星子：比冥王星还远的奥尔特彗星云，位于外侧行星以外不远处的彗星的柯伊伯带（Kuiper Belt），以及作为火星和木星之间的特别避难所的小行星带。当前的撞击发生率，平均来说是每 1 亿年有一次直径 10 千米的天体撞击事件。6500 万年前，也就是结束了恐龙时代的 K-T 灭绝发生的时候，就发生了由这样一个由天体导致的撞击。美国华盛顿卡耐基研究所的乔治·威瑟里尔估计，如果木星不存在，没有把太阳系中部许多剩余的天体清除掉，那么这些直径 10 千米的天体撞击地球的频率将高达现在的 1 万倍。如果地球不是每 1 亿年，而是每 1 万年就会遭受这种可致灭绝的撞击体的轰击，而且还有相当大的概率遭受更大天体的撞击，那么动物似乎很难幸存下来。

大多数行星系都拥有类似木星的行星吗？我们太阳的系有两个（木星和土星），对环绕其他恒星的木星质量的行星的探测表明，其他行星系中也存在类木行星，但是它们的出现频率仍然未知。有可能很多行星系并没有类木行星。木星的标准形成模型要求它在开始吸积气体作为其主成分之前，先吸积一个大型固体核。所需的条件（即在气体从行星系中逸失之前有足够可利用的质量和迅速的吸积过程）也许不是很常见，所以木星质量的行星在其他行星系中或许是稀有的。如果行星系缺乏一颗类木行星来保卫其类地行星区域的外边界，那么这些内行星除了微生物之外就可能无法支持更多的生命。

木星的起源及其碰巧的稳定性

木星为什么能够在它的起源地形成？又是如何形成的？人们一般相信，木星的形成始于固态内核的吸积。通过碰撞，以及不断吸附尘埃、冰、岩石和较大的天体，这个内核便不断增长——其过程颇类似地球的吸积。然而，木星形成于太阳系的“雪线”之外。在“雪线”这个特别的区域，水蒸气可以凝结形成冰粒，而这种“雪”的存在可以增大固态物质的密度，加快吸积过程。原始木星为何增长得如此迅速，是个未解之谜。似乎在火星增长到地球质量的 10% 之前，木星就增长到了地球质量的15倍。美国加州理工学院的戴维·斯蒂文森（David Stevenson）认为，水蒸气向太阳系外侧的迁移以及在“雪线”处的凝结，可能在这个地点提供了较高密度的凝结物质，因此加快了胚胎木星的形成。

当木星由岩石和冰构成的内核质量达到15倍地球质量时，它就开始增长成为一颗巨行星。达到这个质量后，内核的引力可以吸引并保持住氢和氦，这两种轻气体占了太阳系星云质量的99%。当这种气体吸积过程开始之后，进度就非常迅猛，因为气体的吸积速率与已经吸积的质量的平方成正比。换句话说，木星越大，增长越快。如果气体能有源源不断的补给的话，木星会在相当短的时间里就把整个宇宙吞没！当然，实际发生的情况是，类木行星的形成耗尽了其补给带的物质，这反过来又中断了行星形成过程。虽然这个过程的一般性质可以通过建立模型来模拟，但是木星具体的形成过程似乎仍有很多碰巧的成分。

因为木星清理了太阳系中与地球轨道相交的危险小行星和彗星，它对地球生命便产生了有益的影响。然而，我们似乎特别幸运的是，木星在太阳系中维持了一个稳定的绕日公转轨道。一颗木星和一颗像土星这样与之相邻的巨行星是具有潜在致命性的组合，可以引发灾难性的情况，让行星系实实在在被撕裂。近年来，我们已有可能利用计算能力强大的计算机来确定木星和土星轨道在整个太阳系历史上的稳定性。在这整个历史中，它们的轨道只有微小的混沌性变化，没有大的变化，而太阳系也是稳定的，至少就一级近似（first approximation）的结果来说是如此。然而，如果木星和土星有任何一颗的质量更大，或者如果它们离得更近，情况可能就不同了。如果在行星系中再有第三颗木星大小的行星，结果也是危险的。在不稳定的行星系中，结局会是灾难性的。行星之间的引力摄动会让其轨道发生根本性变化，让它们不再呈圆形，实际上这甚至会导致行星被抛入星际空间而从行星系中丢失。即使一个系统能稳定几十亿年，之后也仍可能发生破坏性的混沌变动，在最坏的情况下，将导致行星呈螺旋状远离行星系，而逃脱恒星的引力束缚。如果一个具有生命的行星被抛入星系内的星际空间，那么它将不会有外部热源来温暖它的表面，没有阳光来为光合作用提供能量。虽然这种不稳定状态最初只是始于两颗行星，但其效应会遍及所有行星。在相对不那么严重的情况下，行星的轨道会变成很扁的椭圆形，行星之间及它们与恒星之间的距离变化会让维持稳定的大气、海洋和复杂生命所需的条件无法存在。

大量的计算最先表明，一些行星会变得不稳定；而最近的一些观察提供了证据，表明这种情况在现实中确实会发生。当前，通过探测恒星的微小速度变化，人们在不断发现以其他恒星为中心公转的行星。在已经探测到的行星中，很多是远离恒星的木星质量的行星，具有高度压扁的非圆形轨道。这与太阳系非常不同，在太阳系中，所有巨行星都有非常圆的轨道。人们一般都赞同，对这些椭圆轨道的最佳解释就是这些行星的轨道曾被其他行星所改变，另外那颗行星可能在这个过程中被抛入了星际空间。

正是在行星系的形成期间，类木行星对类地行星构成了最可怕的威胁。对于典型的行星系来说，类地行星会在靠近恒星的宜居带中形成，而类木行星在较远的地方形成，它们离恒星的远近次序与太阳系中的情况类似。我们有理由相信这是“自然的方式”，因为类木行星的形成很可能只发生在前面提到的“雪线”之外又冷又远的区域。我们本来也会期望，木星这样的气态巨行星无法在靠近恒星的地方形成，因为引潮力（tidal force，指引力之差）会让这类行星在松散的早期阶段就遭到破坏。如果一颗原始木星非常松散，又过于靠近恒星，那么它近星一侧和远星一侧所受的引力之差会把这颗正在形成的行星扯碎。因此，当人们看到第一批发现的系外行星中有一些拥有木星的质量，却离其中央恒星非常之近——比水星到太阳还近——的时候，自然大感意外。所有这些“热木星”都有非常圆的轨道，很难想象它们真的就在这种地方形成。

对这种现象的一种流行解释是，这些行星系中的巨行星实际上还是在类似木星的距离上形成的，但是它们的轨道发生了衰减，导致行星呈螺旋状向内移动。这在充分演化的行星系中不会发生，但在早期的恒星星云阶段则可以发生，那时候在行星之间的区域中还广泛分布着气体和尘埃。美国加利福尼亚大学圣克鲁斯分校的林潮（Doug Lin）通过计算表明，恒星星云阶段时产生的螺旋波可以从年幼的类木行星那里吸取能量，导致其轨道向内旋进。在很多情况下，行星实际上会撞向恒星；在其他情况下，在撞击发生前，向内的移徙得以停止。我们所观察到的非常靠近恒星的巨行星可能就是这种向内移徙的实例。类似这样的事件，对于类地行星可产生灾难性后果。当类木行星向内旋进时，其内侧的行星会先它一步被推向恒星。如果我们太阳系的木星也表现出这种行为，那么地球早在其表面建立起生命能够忍受的环境之前，就已经被烧化成烟气了。林潮认为，太阳系可能曾有几颗木星，确实这样螺旋状地跌入了太阳，最后它们便被一颗晚形成的类木行星所取代。如今的木星之所以处在距离太阳的“正确”位置上，可能只是因为它是最后一颗形成的类木行星；在它形成的时候，太阳星云已经稀薄到了轨道衰减再不显著的程度。

探测系外行星的项目已经揭示，几乎所有已发现的行星要么是在离恒星很近的圆形轨道上运行的“热木星”，要么在远离恒星的地方画着椭圆轨道。所有这些行星都是“坏”木星，它们的行为和效应，会妨碍这些行星系里处在母星宜居带中的类地行星上发展出动物生命的概率。在太阳系附近的恒星中，有大约5%已经发现拥有这些对生命不友好的行星系。不过，当前的搜寻技术对于探测靠近恒星的类木行星最为有效，但还探测不到处在太阳系中日木距离上的木星质量的行星，也探测不到质量比木星小的行星。在附近的恒星那样远的地方，当前的这些技术是探测不到我们太阳系的，因此在附近类似太阳的恒星中，可能多达95%都拥有类似我们太阳系的“常规”行星系，其中的类地行星靠近恒星，而类木行星处在远离恒星的圆形轨道上。但换个角度来看，到目前为止探测到的其他大多数“木星”似乎都会妨碍它们各自所在的行星系中的任何地方发展出动物生命。

月球和木星这两个因素，让我们相信复杂生命必须要受到形形色色的条件影响。在下一章中我们会看到，这个假说可以如何付诸检验。

第十一章　检验稀有地球假说

稀有地球假说是未经证明的推测，认为虽然微观的、淤泥般的生物在行星系中可能相对较为常见，但是较大、更复杂的生物以至智慧生物的演化和长时间的存在却是罕见现象。作为这个假说基础的事实观察包括：（1）只要地球环境允许，微生物生命就可以存在，这样一种几乎不可摧毁的生命形式在地球历史的大部分时候都很繁盛，占据了地球上范围广泛的严酷环境；（2）更大、更复杂的生命，只出现在地球历史的晚期，只在非常局限的环境中产生，而且这类较为脆弱的地球生命的演化和存活似乎都需要一套极为凑巧的条件，很难期待这些条件在其他行星上也普遍存在。这个假说是可以检验的。

在人类的整个历史中，人们都在好奇，在已知世界的界限之外会有什么。这种出自本能的痴迷，驱动着人类（可能还有其他物种）去扩张自己的领地。这个萦绕不散的问题贯穿在神话和宗教中，也激发了人类一些最深邃的思想。在古代，“已知世界之外”（beyond the known world）这个短语可以用来指代只有几百千米到几千千米远的地方。在现代，它的含义已经延伸到了真正的“世界”——其他的行星。最近一个半世纪以来，无论是科学还是我们对自然和物理过程的理解，都取得了巨大进步，这让我们有了更为精湛的能力，去实实在在地想象其他的世界，估测地外生命的可能性。我们现在真正具备了相关的知识和技术工具，可以开始认真地搜寻外星生命；我们也在人类历史上头一回有了检验稀有地球假说的能力。这些检验可以通过两种方式进行。一种是在太阳系的其他天体上努力探寻微生物生命的存在。活体微生物或微生物化石证据的发现，可以支持微生物很容易起源、经常形成的观点；这样我们就可以期望，众多在内部某个地方具有温暖潮湿环境的星球上都会有生命产生。为了搜寻太阳系中的微生物，我们可以派出专门的探测器，用“原位”（*in situ*）分析技术直接寻找生命。

稀有地球假说的第二种检验方法，是寻找高等生命形式的证据，它们可以是简单的多细胞生物，也可以是大型动物。除了地球以外，在太阳系中我们找不到高等生命存在的任何证据，所以高等生命的主要搜寻目标要集中在附近恒星周围的行星系中。这些搜寻可以用大型空间望远镜来开展。无论是微生物生命的原位探测，还是用望远镜对高等生命的探测，都已处在筹备阶段，二者在美国和欧洲都是机构优先资助的研究。现在是一个激动人心的时代。我们第一次有了机会，可以对宇宙中引发生命起源、演化和存续的过程开展实际研究了。

高等生命

一名外星天文学家，即使从很远的距离观察地球，也能比较轻松地探测到这颗行星上生命存在的迹象。做到这一点不是靠直接拍照成像的方式，而是要靠间接的方式，对其大气组成做光谱分析。就算外星人有极为巨大的望远镜，我们仍然怀疑这些地外天文学家未必能直接探测到地球生物和生物群落；它们甚至可能连生命造就的那些最为壮观的景象——珊瑚礁、森林、森林大火、赤潮、城市灯光、中国的长城、高速公路、大坝等——都看不到。最理想的情况下，地球的图像可能也就只能被勉强解析为卡尔·萨根所说的“暗淡的蓝点”。因此，向这些遥远的天文学家提醒地球生命存在的主要线索，必须得是一种明显而无误的迹象。而红外线的光谱分析就可以揭示，生命在地球上具有非常重要的作用，以至于大气组成都受到了生命的控制。

拥有生命的行星的光谱

对于无生命的行星来说，地球大气实际上是相当“不自然”的。与地球的邻居火星和金星上几乎纯粹由二氧化碳组成的大气相比，地球大气的差别是显而易见的。氮气、氧气和水蒸气的混合物，在化学上是不稳定的，在死寂的行星上不可能出现。如果没有生命，那么在水存在的情况下，氮气和氧气会结合，形成硝酸，变成海洋中一种稀薄的酸性成分。地球这层特别的大气并不处在化学平衡之中，它成功地违背了自然的化学法则，这全都是因为有生命存在。地球大气最为特别之处，在于其中含有丰富的游离氧。氧在整个地球中是最丰富的元素（以重量计占45%，以体积计占85%！），但是在大气中，它是一种反应性很高的气体；如果是没有生命的类地行星的大气，氧气在其中只能以痕量存在。氧气是一种有毒气体，可以氧化行星表面的有机物和无机物；对于还没有演化出防御机制的生物体来说，它具有致死性。大气中氧气的来源是光合作用，这种神奇的生物过程利用阳光中的能量把二氧化碳转化为纯氧和有机物。讽刺的是，恰恰是因为长期的光合作用产生了这种有毒气体，然后生命适应了它的存在，才让地球上有可能出现复杂而蓬勃的生命。除了稀有气体氩气之外，地球大气的所有主要组分也都是通过生物过程在短暂的时间尺度上产生和循环的。

这些遥远的外星天文学家，只要能探测到地球的红外光谱中存在由二氧化碳、臭氧和水蒸气导致的吸收带（见图 11.1），就马上会意识到地球上存在生命。虽然氮气和氧气是大气中的主要气体，但是它们不会产生可探测到的吸收效应。这些大有深意的吸收带之所以存在，与地球和阳光相互作用的方式有关。地球表面被太阳光中的可见光温暖之后，又会向外释放红外线。到达地球的能量位于光谱的可见光波段（波长大约为 0.5 微米），表面温度为 5400℃的太阳释放的大部分能量都集中在这个波段。对可见光波段来说，大气基本是透明的，没有反射到太空中的光大部分都被地表吸收了。这些能量把地表加热到了“室温”——就绝对温度来说，只是太阳表面温度的大约 5%。地表则通过把红外线辐射回太空的方式来为自己降温，精确地抵消掉吸收的阳光能量（这是就一段时间的平均情况而言）。因为地球温度相对较低，所以释放的大部分能量处在“热红外”波段，波长近于 10 微米。然而，因为某些气体的吸收，大气会封闭这个波段中的部分传送通道。水蒸气、臭氧和二氧化碳会吸收掉向外释放的部分红外辐射，阻止它们逸出地球。正是这个过程和这几种气体，在根本上导致了能够避免地球海洋冻结的大气温室效应。所有这些温室气体都只是大气中的微量成分，但是比起那种对红外波段完全透明的大气来，它们产生的暖化效应可以让温度升高大约 40℃。它们还产生了非常强的光谱信号，可以被外星天文学家看到。水在大气中只占几个百分点，二氧化碳的当前含量只是百万分之 375，而臭氧的浓度更是只能以十亿分之几来计。虽然如此稀少，但是它们可以吸收掉相当一部分流向太空的红外辐射。向外释放的红外线在波长 7、10 和 15 微米处有显著的吸收谷，这分别代表了水蒸气、臭氧和二氧化碳的吸收。

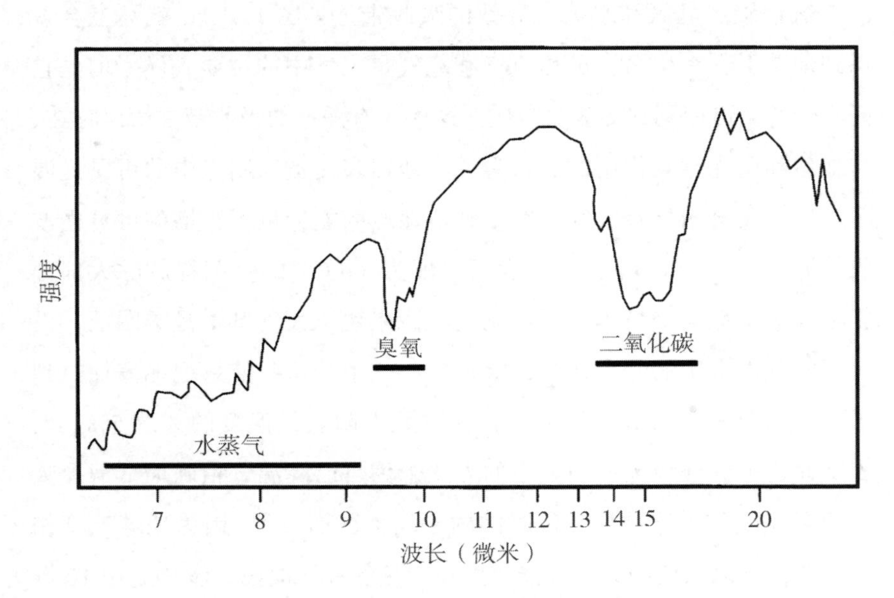

图 11.1　具有生命的类地行星的推测红外光谱。水蒸气、二氧化碳和臭氧的丰度会是线索，它们可提示这颗行星位于其恒星的宜居带中，而且其上的生命正在制造氧气。

搜寻生命的光谱信号

若是在未知行星大气中观察到臭氧、二氧化碳和水，即可强有力地表明这里有宜居条件和生命的存在。中等水平的水蒸气意味着行星正位于恒星的宜居带中。水蒸气的含量取决于大气温度和表面水的供应能力。二氧化碳的含量也为类地行星的“宜居性”提供了线索。至少在地球上，把这种危险的温室气体锁定在沉积中的能力也要求有温和的表面温度和活跃的陆—海风化循环，通过这个循环，“过剩”的二氧化碳被隔离在碳酸盐里，而从大气中移除。二氧化碳和水的吸收强度是有力的线索，可用来确定一颗行星是真正的类地行星，有陆地、海洋和温和的表面温度。探测到臭氧的信号则喻示着能进行光合作用的活跃生命的存在。臭氧（O_3）是由 3 个氧原子构成的分子。它是一种化学活性极强的分子，所以很不稳定。它在大气中的产生，是源于太阳中的紫外辐射与氧气的相互作用。光把氧气分解为单个的氧原子，氧原子再与氧分子反应形成臭氧。大气中的氧只有很少一部分以臭氧的形式存在，但是它能强烈吸收红外线。臭氧的存在意味着氧气的存在，而足够浓度的氧气又意味着生命的存在。维持中等水平的氧气需要它能持续不断地产生，以平衡造成氧气从大气移除的很多过程带来的损失。

人们已经提出了几个在太空中进行的项目，去探测那些表明类地行星、海洋、温和的表面温度以及生命活动存在的红外光谱信号。NASA 有一个处在筹备阶段的项目，叫“类地行星搜寻者”；而欧洲航天局（European Space Agency, ESA）也在研究一个类似的项目，名字很恰当，叫“达尔文”（Darwin）。这两项任务都会利用非常大的望远镜来获取类地行星的图像，观察它们的红外光谱。其中的艰巨挑战，在于如何测量那些需要离母恒星近到能处在宜居带之中的类地行星的光谱信号。这是一个令人生畏的任务，部分原因在于行星太暗，但也有部分原因在于它们离恒星太近。从很远的距离来看，地球本身也会离太阳非常近，而且相当暗弱。即使从最近恒星的距离来看，地球与太阳之间的角距离也只相当于从6.4千米远的地方看一枚25美分硬币的直径。这已经接近传统的地基望远镜的分辨能力极限，但是如果利用空间望远镜，或者让地基望远镜加上适应性的光学系统以降低大气的模糊效应，那还是比较容易看到的。

研究系外行星——哪怕是附近恒星的行星——的主要困难是，行星比恒星要暗得多。在可见光波段，我们只能通过地球反射的阳光才能看到它。与反射的“地光”相比，太阳的亮度是其10亿倍，在任何望远镜系统中，来自这样一个极为明亮的天体的光辉都会盖过附近暗弱行星的影像。在10微米波长的红外波段，情况要好一些。此时太阳显得暗多了，而这个波长恰是温暖的地球把能量辐射回太空的峰值区域。在这个波长处，太阳的亮度只是地球的1万倍，通过以干涉测量为基础的特殊技术，是可以把两个天体的影像分离开的。

要开展在系外行星上探测生命的宏大计划，就需要建造非常大的望远镜。建造虽然只有一块镜面却大到可以探测单个系外行星的望远镜，是很不经济的，甚至可能是无法实现的；这种限制意味着我们应该把较小的望远镜联合成组，让它们协同工作。望远镜分辨超精细角度细节的能力取决于它的口径。联合组成阵列的望远镜所拥有的分辨能力，相当于与整个阵列同等大小的单镜面望远镜。当前正在进行的“类地行星搜寻者”项目采用了一套由4台望远镜构成的镜组，每台望远镜都有口径为4至8米的单镜面。这些望远镜既可以架设在桁架上，又可以发射到太空中，成为总间距为大约100米的自由飞行体（free flyers）。无论哪种情况，单台望远镜的间隔必须得到极为精密的控制，要求精确到光的波长的微小分数。这些望远镜于是可以把光束组合起来，并成为具有非常特别的性质的干涉测量仪。它们的灵敏度在成像场的中央最小，在相等于行星及其恒星的预期角间距的微小偏移处最大。这样，当望远镜直接对准恒星时，恒星的图像强度实际上会被削弱到100万分之一，而从附近行星发出的光却不会被削弱。

这种特别的设计可以在恒星处产生一个“零值”，让行星与恒星之间巨大的亮度差减少到最低程度。这项技术运用的是干涉方法，其中同样的物理原理也让肥皂泡表面产生虹彩，让一些蝴蝶的翅膀呈现出亮丽色泽。投射到远处一面墙上的激光笔可以展示出一种反向的类似效果。我们会看到激光笔的投影在墙面中央有个亮斑，周围环绕着亮暗相间的环。“类地行星搜寻者”则用干涉现象来产生相反的效应：在中央是无光区，周围则有高灵敏度的环带。在太空中用这样巨大的望远镜进行精确的干涉测量，需要卓绝的努力和几十亿美元的投入。尽管现有的技术水平只能勉强实现这项技术，但已经表明了它的可行性。这一系统可用来搜寻离我们最近的几百颗恒星周围的类地行星，在近期内，它承载了我们探测太阳系外生命的最大希望。

搜寻智慧生命

另一种搜寻系外生命的思路，是探测其他文明发送的无线电信号。只要有人对这类信号的接收略作尝试，便会引发人们极大的兴趣、猜测和争论。地球上最强大的射电望远镜确实可以接收到类似的望远镜发出的信号；只要它们直接瞄准了地球，那么不管它们位于银河系中其他任何地点，都可以在地球上被探测到。人们还花了很多精力去思考，外星人会用什么波段来通信，它们会传达什么类型的信息。银河系中物理学和无线电传播的定律表明，最佳的通信波段是20厘米附近的所谓“水洞”。这些搜寻活动通常叫做SETI，是“搜寻地外智慧”（Search for ExtraTerrestrial Intelligence）的缩写。1990年，NASA为SETI的一项工作给予了一定的资助，但仅仅几年后，在这个项目正式启动之前，这笔预算就被砍掉了。参议员普罗克斯迈尔（Proxmire）为SETI颁发了他设立的著名的“金羊毛奖”（Golden Fleece Award），并愤怒地说：“一分钱都不要给SETI。”其他一些位高权重的人也认为这种项目太荒谬，花上几十年甚至几千年时间，就为了搜寻来自其他文明的微弱无线电信号。SETI搜寻计划所获的公共资助也非常有限。（资金支持不仅在地球上是个问题，可能在其他世界中也是个关键因素。在地球上，即使是在我们经济最繁荣的时代，也无法去倾听别的文明。而把信号送出去就更是十分复杂而开支巨大的活动。）

不幸的是，我们很难知道SETI是不是对资源的有效利用。如果稀有地球假说是正确的，那么这显然会是件徒劳的事。如果不仅生命普遍存在，而且它还能普遍演化出智慧生命，能够在行星上长久而繁荣地存在，那么那些受过启蒙的外星人便有可能把无线电信号射往太空。在确定SETI是否有意义时，一个关键因素是拥有无线电技术的文明的寿命。这样一个文明在核战争、饥荒或其他导致它衰落的灾难之前是否只能存在几个世纪？还是说它能永远存在？在最乐观的想法当中，《星际迷航》式的社会可以向其他恒星移民。但就算它们能做到这一点，仍然有个实际的问题，就是其中是否会有一些社会想要或有能力把巨量的无线电能量发射到太空中供潜在的听众收听，哪怕这些听众因为受到广袤星际距离的阻隔，甚至连及时回复讯息都做不到。在银河系中可能真的有其他文明拥有射电望远镜，但是巨量的恒星和其间遥远的距离都是壁垒，可能让SETI永远更像是一种想象力的实验，而不是一种大规模的科学事业。当然也有一种例外，就是只对附近有限数目的拥有行星系的恒星加以探测。如果这些恒星中有一些被发现拥有大气成分能够提示生命存在的类地行星，那么公众可能会支持向它们发送信号，或是聆听那里发来的信号。当然，就算我们并没有特意把无线电信息发射到附近的恒星，地球也是一台大功率的无线电发射机，通过雷达、电视站和其他信号源释放着能量。

太阳系中的微生物

在太阳系中对微生物生命的认真搜寻，始于“阿波罗11号”。虽然月球显然不是生命的群居之地，但人们认为月球可能会提供早期生命的线索，至少能暗示一点生命起源前的化学环境。宇航员和他们采集的样品都经过了严格的隔离，以免月球微生物入侵地球人，就像450年前那些灾难性的传染病跨越大西洋而传播一样。在“阿波罗”任务之前，有些人就认为月球在成分上与原始流星体类似——它可能含有丰富的碳和水，水以水合矿物的形式存在。有关月球起源的一个流行的理论是，它在别处形成，在与地球密近接触的时候被地球俘获。这个理论认为月球在最开始时具有小得多的轨道，后来在潮汐效应的作用下才逐渐向外退却。获得诺贝尔奖的化学家哈罗德·尤里（他也是行星科学领域的开拓先驱之一）就想象，月球可能曾经经过离地球非常近的地方，引起巨大的潮汐作用，这导致地球部分海水溅入太空，落到月面上。虽然几乎没有人相信会有什么活生物能在月球没有空气的严酷环境下欣欣向荣，但是尤里认为，月球可能保留了关键的记录，记载着生命起源前的化学状况，甚至可能会有地球生命最早期形式的干燥残骸。尤里由此把月球称为太阳系的“罗塞塔石”。

当“阿波罗11号”样品返回地球时，科学家所做的第一批测试是毒理学测试，看看这些样品对地球生命是否存在严重危害。人们从这批价值连城的月壤货物中取出一些喂给大鼠，或是放在正在生长的植物根系中。之后，没有观察到任何负面影响，对月岩和月壤的详细分析也揭示了其中没有任何生物来源的有机物质。虽然确实有碳，但它们似乎全都来自撞向月球的流星体，或是被太阳风吹到这里。就像前文已经提到的，月球样品极为“干燥”，其中连结合在矿物中的水都没有。于是人们发现，月球是毫无生气的天体，既不含生命的建造构件，又没有能支持生命的环境。

“海盗”项目是唯一直接在目标中包含了生命探测的太空任务。这个非凡的项目包括四个航天器：两个在火星表面着陆，进行详细的原位研究；另两个在轨道上运行，为火星做全球尺度的测绘，并把登陆器获得的信息传送回地球。可能除了哈勃空间望远镜之外，“海盗”就是NASA纯粹为了科学探索而开展的最为昂贵的任务。（“阿波罗”任务有很大的科研成分，但是其动机主要来自国家的头等大事——美国人要第一个登上月球。）“海盗”任务的耗费相当于1999年的40亿美元，它需要机器人一般的航天器在另一颗行星上着陆，对生命的存在开展化学搜寻。第一次任务是“海盗1号”于1976年在火星上实现着陆，当时是美国建国两百周年，参与其中的很多科学家彼此都用“76年海盗”来称呼对方。他们中的很多人都佩戴着牛仔风格的硕大黄铜皮带扣，上面刻着这次任务的标志，至今还能在行星科学家和工程师参加的好些会议上看到。

“海盗”是一个极为困难却又极为成功的任务。但从某种意义上来说，这也是一次失败的任务，因为它未能探测到生命。它不仅未能探测到生命，其探测结果甚至还表明，火星表面根本就是高度不适宜生命生存的环境。火星土壤中的碳比月球还少，更糟的是，其中存在高度氧化的环境，意味着有机物不可能在土壤中存留。如果一只死老鼠被埋葬在火星的浅层土壤中，其中的碳会被转化为二氧化碳，然后流入大气。来自“海盗”项目的结果，把认为火星是类似地球的行星、可能存在生命的观点送进了棺材，还钉上了很多钉子。

“海盗”任务执行了三个主要的生命探测实验，每个实验都配备了高度特殊化的微型化学实验室，设计目的是用来探测那些可以作为生物活动特征的化学变化。两个着陆器都有可伸缩的机器臂，末端有个挖斗。在 20 世纪 70 年代中期学界有一大乐趣，就是观看这些挖斗如何在火星这颗被如此众多的科幻小说描述过的著名红色行星上实地挖掘沟壕、采集样品。挖斗会挖出土壤样品，通过一面筛子倒入分析仪器。这三个主要的生命探测实验是气体交换（GEX）、标记释放（LR）和热解释放（PR）。第一批数据来自气体交换实验，在“海盗 1 号”着陆的 8 天之后就获得了，其结果是阳性的——或者说看上去是阳性的。在实验间中放入 1 克土壤，再加入少量水和营养物质。两天之后，仪器探测到了大量新生成的氧气，这便是人们预期的存在生命活动的信号。仅仅一天之后，标记释放实验也获得了肯定性结果。在这个实验中，土壤样品中加入了用放射性碳-14 标记的水和营养物质，然后仪器会记录是否有带着碳-14 标记的二氧化碳或甲烷释放出来。信号再次呈阳性，而且令人震惊的是，这阳性的程度事实上比地球上的很多土壤还强！在热解释放实验中，土壤中不加入营养物质或水，而是分别暴露在用碳-14 标记过的二氧化碳中及一氧化碳气体和光照中。在做了这样的暴露之后，再把土壤加热（热解），看看是否有带着碳-14 标记的物质从任何新形成的有机化合物中释放出来。这次的信号较弱，但仍是阳性的。

虽然这些结果让人们寄予了深厚的希望和期待，但是“海盗”项目的科学家又做了备用测试。这些仪器在设计时就是可以做多次实验的，样品能够重复添加，就像在一个“真正”的地基实验室中一样。重复测试显示，这些“阳性”结果可能要归因于火星土壤不同寻常的化学成分。因为没有臭氧层阻碍，来自太阳的严酷紫外线会直接照到土壤上，产生过氧化物之类高度氧化、具有高度活性的化合物，它们也可以发生所观察到的那些反应。在火星土壤经过剧烈加热、足以杀死所有陆地生命之后，它仍然能够产生“阳性信号”。“海盗”团队对这些数据的解读表明，所观察到的结果并非源于火星上活生物的活动，而是源于非生物起源的表面化学反应。

“海盗”着陆器未能令人信服地探测到火星生命，反而实实在在地表明，要在一颗与地球非常不同的行星上识别出具有未知性质的微生物生命是很困难的事情。“海盗”能够在大多数地表物质中探测到生物，但是地球上满是生命，典型的 1 克土壤中就包含有 10 亿多个生物个体。“海盗”发现，火星的表面土壤没有也不能支持任何地球上所见的生命形式的生存。如果火星上真的存在生命，那么我们必须在冻结的“冰圈”（cryosphere）以下的地下区域中搜寻，深度要让液态水能够长久存在。未来的任务不能只是在少量的表层土壤中寻找生命，必须在不适合生命的表面以下温暖潮湿的区域中搜寻。未来对活生物的搜寻工作要想直接触及湿润岩石，就必须向下钻探。而且钻探也不是在任何地方都能进行，因为冰圈通常会向下延伸到几千米的深度。未来的任务不会打算钻这么深，而是会搜寻少见的地热热点，那里的液态水可能会位于靠近地表之处。因此，这些任务要搜寻的是火星的“黄石公园”。还有一种可能情况是，在火星表面那些从撞击坑抛出的碎屑中，可能会找到带有生命的岩石样品。对地球和月球撞击坑的研究表明，差不多像一栋房屋那么大的大块岩石可以从相当深的地方被炸出来，落在撞击坑边缘。在这些又冷又干的岩石中不会有生物能开展生命活动，但是它们也可能处于休眠状态而幸存几千年，甚至几百万年。

虽然找到可以观察到繁殖现象的活生物是最有说服力的发现，但是接下来在火星上继续开展的搜寻，将不会设定这么野心勃勃的目标。这些任务会去搜寻古老生命的化石，或是能指示它们存在的同位素、矿物等化学物质。即使火星在今天是完全没有生命的荒凉行星，在久远的过去，它仍有可能曾拥有生命。水沟和其他表面一些特征都说明，火星在 30 亿或 40 亿年前与地球的相似程度要高得多。火星表面偶尔会存在液态水，在厚厚的冰壳之下可能还有过湖泊或更大的水体，维持了不算太短的时间。如果稀有地球假说是正确的，且生命很容易形成，那么我们可以预期，在火星演化的早期阶段，当它的表面环境更像地球时，其上曾经有生命演化出来。对火星生命的搜寻，是检验这个假说的关键工作。

搜寻生命的微观化石或其他指示物是非常复杂的事情，在航天器搭载的仪器中也很难以一种令人信服的方式来完成。空间仪器在设计上必须只能执行非常特殊的任务。动力、质量、花销、可靠性以及在恶劣环境中的远程操作都是限制因素，意味着科学家想要安装在航天器上的下水槽和其他大多数设备都不可避免地要排除在空间实验室之外。空间仪器通常是其时代的奇迹产物，但是它们的能力却很少能够与地面实验室中那些用于日常工作的笨重、耗能而丑陋的同类相媲美。航天器仪器最重要的局限，是它们缺乏适应于新发现的灵活性。它们通常只能做设计时被要求做的事情，再多就不可能了。这与正常的实验室研究有明显差别，因为某些初步结果可能让人们产生新的深入想法，从而开展事先预料不到的调查工作。出于这些原因，对火星生命和化石最为细致的搜寻，就要求把样品送回地球。在火星陨石中搜寻生命证据的工作已经获得了诱人的结果，指出了在送返的样品上可以做什么类型的调查。这样的任务里面最早的一次，现在计划于2005 年实行。虽然火星样品返回任务给我们提出了巨大的技术难题，但是它在当前能为我们提供找到火星生命证据的最大希望。样品一旦返回地球，科学家就会用最灵敏的仪器来检查，寻找微生物过去曾经存在的线索。当然，就算生命在火星上存在，其发现也需要一系列的探测和样品返回任务。

除了火星以外，在太阳系中还有其他很多天体可能拥有微生物生命。这包括木星最外侧的三个大卫星（木卫二、木卫三和木卫四）和土星的大卫星（土卫六），可能还有其他卫星。除火星之外，木卫二现在展现出了最有吸引力的前景。其表面图像展示了漂移的冰层和神秘岭脊构成的复杂景观。在潮汐能的加热之下，有液态水潜藏在其表面之下。在木卫三和木卫四内部，据信也存在着较少量的水或卤水。虽然土卫六的距离是木星卫星的两倍远，但它也是人们饶兴趣的探测目标。它浓密的氮气大气层和富含烃类的表面都充满诱惑——尽管其表面温度远低于水的冰点。2004 年，“卡西尼”（Cassini）任务会让一套仪器在土卫六表面着陆。虽然它们的设计目的并不是探测生命，但是这套探测器可以测量一些对生命有重要意义的环境参数。

行文至此，我们的大部分讨论采用的主要是定性的用语。现在，我们应该看看那些曾经开展过的计算生命演化和存续概率的定量工作，并提出我们自己的一些数据。这就是下一章的主题了。

第十二章　评估概率

事实上，唯一真正严肃的问题，是连孩子都能说出口的问题。只有最天真的问题，才是真正严肃的。

——米兰·昆德拉（Milan Kundera）

《不能承受的生命之轻》

（*The Unbearable Lightness of Being*）

"你觉得幸福吗？你说说看？"

——克林特·伊斯特伍德（Clint Eastwood）

《肮脏的哈里》（*Dirty Harry*）

地球有多稀有？我们终于把那些似乎是创造一颗要充满复杂生命的行星所必需的长长的配料清单开完了。其中包括了材料、时间和碰运气的事件。在本章中，我们会尽量评估这种种因素以及它们的相对重要性；所有这些评估都可以看成概率。对一些因素来说，我们能了解其概率；但对另一些因素来说，还几乎没人做过相关研究，此时我们的问题就像开头引文所说的一样，是孩子在问的简单问题——还没有答案的问题。其中有些问题因此只能靠我们的想象来解决。另一些问题则可以在将来通过我们在前一章中所讨论的太空旅行和仪器探测来回答。

让我们先想象，我们具有观察 100 个恒星星云凝聚为恒星和将要环绕它们运行的行星的能力。那么在这些事件中，有多少可以产生拥有动物生命的类地行星呢？

正如我们已经看到的，为宜居环境做准备的第一步，是形成一颗合适的恒星：一颗能够燃烧足够长的时间、让演化发挥作用并创造出奇迹的恒星，一颗不会脉动、不会让能量输出迅速改变的恒星，一颗没有太多紫外辐射的恒星，以及可能最重要的——一颗足够大的恒星。在 100 颗候选恒星里面，大概只有 2 到 5 颗能够形成像太阳这样大的恒星。宇宙中的绝大多数恒星都比太阳小，虽然较小恒星的行星也可能有生命，但是它们大多数实在太暗，类地行星必须以很近的距离绕其公转，才能获得让水冰能够融化的足够能量。不过离一颗小恒星的距离近到能够获得足够能量也会带来另一个麻烦：潮汐锁定。此时，行星永远以同一面朝向恒星。潮汐锁定的行星很可能不适合动物生存。

如果我们把数量增加到 1000 个行星系，那么我们可以期望其中会诞生 20 个太阳大小或比太阳更大的恒星，这样又如何呢？就算这样一个数字，也还是太小，不足以让我们有较高的概率去在其中找到一颗真正的类地行星。也许想象各种可能性的更好办法，是重新建立引发太阳系形成的初始场景，然后在思想实验中把这个过程重来一遍。斯蒂芬·杰·古尔德在解读寒武纪爆发时，就用了这种类型的思想重构。在1989年的著作《奇妙的生命》中，古尔德对这种方法做了如下的描述：

> 我管这种实验叫“重放磁带”。你按下倒带按钮，然后确定你已经彻底擦除了实际发生的所有事情，回到了过去的某个时间和地点——比如说回到了形成伯吉斯页岩的海域。然后把这盘磁带再播放一遍，看看重放出来的东西是不是和原先的一模一样。

思想实验

就这里讨论的问题来说，我们要让地球形成的过程倒带重放。我们的太阳系始于一片行星星云，其质量和元素组成都与由它创造的太阳系相当。根据大多数理论专家的观点，这片星云有可能再创造一颗与太阳相同的恒星，但也有可能不同。比如，这颗新恒星的自转速率可能与太阳不同，而这会带来尚不清楚的后果。好吧，就算1000个这样的太阳星云有可能创造出1000颗恒星——都是我们亲爱的太阳老伙计的复制品——然而从这团星云中凝聚而成的行星就不一样了。如果把这盘磁带重放一遍，我们会百分之百得不到现在这个太阳系的复制品：拥有九大行星、一颗未能形成的大行星（即今小行星带）、一颗木星和另外三颗气态巨行星在四颗类地行星之外运转、在这整个组合之外还环绕着彗星云。我们现在进入的是受多重偶发事件控制的领域。在1000个新形成的行星系中，没有一个会与今日太阳系一模一样——正如没有任何两个人长得一模一样。在行星系凝聚时，包括行星形成在内的很多过程都是混沌的。

行星在所谓“补给带”中形成，这些区域中的多种化学元素凑到一起，凝聚为星子，星子最终又聚集为行星。最近由行星科学家所做的工作表明，行星的间距很可能是非常有规律的。其中的行星可以少到只有6颗，或多至10颗，甚至更多。美国宾夕法尼亚州立大学的詹姆斯·卡斯廷相信，行星间距不是偶然形成的——行星的位置受到了高度调控，如果太阳系能重新形成多次的话，每次我们还会得到相同数目的行星。然而，迄今为止的观测证据却不支持这个理论。已经发现的系外行星展示了间距和轨道的巨大多样性，它们的位置并不像理论预测的那样有序。1998年获得著名的伦纳德奖（Leonard Award）的天文学家罗斯·泰勒（Ross Taylor）就反对卡斯廷的观点。他认为：“显然，创造我们这个行星系时曾经存在的条件并不容易复制。虽然在恒星周围形成行星的过程很可能在大体上类似，但是魔鬼藏在细节中。”

没有人知道，木星大小的行星是否总能形成，还是说会有几个火星这样的行星取而代之。在大约是地球的位置上很可能会形成一颗行星，但是它可能更大或更小，离太阳更近或更远。它们的物质（物理）性质在根本上相同吗？板块构造会发育吗？是否也有相同数量的水——而且这些水最终也会汇集在行星表面，而不是封锁在行星幔中或逸失到太空中吗？与地球轨道交叉的小行星对生命造成的威胁会更小吗？如果就像我们所相信的那样，月球对地球很重要，可以让地球成为更有利于动物多样化的稳定地点，那么这样一个月球再次形成的几率是多少？

就算所有这些事件多多少少都按历史上实际的情况发生，生命就能再次形成吗？假定有了生命，动物就能再次出现吗？地球历史上有过一些纯靠运气的事件，比如雪球地球和惯量交换事件，如果没有这些事件，会有动物吗？

让我们把这一堆问题按下面的方法重新组织并表述一下。我们可以问：宇宙中所有行星里有多少是类地行星（与木星之类的气态巨行星相对）？它们在宇宙中所有行星中占多大比例？（太阳系中有5颗类地行星，但如果我们把较大的卫星也算上，那数目会变成3倍还多。）在宇宙中的类地行星里面，有多少拥有足够的水，可以形成海洋（不管是水还是冰）？在这些有海洋的行星里面，有多少有陆地？在这些有陆地的行星里面，有多少有大陆（而不是说只有零散的岛屿）？然而这些问题也只是针对被我们称为“现在”的这个无穷小的时间切片而提出的。所有这些条件都很容易变化。

赢得时间：海洋和适当温度的持续存在

就像我们在前面的章节中想要指出的，我们从地球历史上学到的最重要一课，是它要花时间创造出动物来——在漫长的时期里，环境要十分稳定，全球温度要一直保持在远低于水沸点的水平。因此，我们需要给每个问题加入时间的成分。举例来说，有百分之多少的行星，可以在10亿年内保持海洋存在？40亿年呢？100亿年呢？

在评估我们获得（或找到）另一个具有动物生命的世界的概率时，有一个因素在所有重要因素中最为关键：水。地球之所以成功地拥有了动物和复杂植物，让自己像艘方舟一样载着它们，之后又能维持它们继续存在5亿多年（迄今为止），是因为它能维持海洋存在40多亿年。不仅如此，如果我们对沉积记录的分析是正确的，那么在最近20亿年里，地球还让海洋的平均温度维持在50℃以下。而且——

也是至少在最近20亿年里——海洋的化学成分一直维持在有利于复杂动物生存的水平，其盐度和pH值都适合蛋白质的形成和保持。海洋显然是动物的摇篮——既不是淡水，又不是陆地，而是咸水海洋，孵化了这颗行星上现存或曾经存在的所有动物的门和每一种基本形体构型。

发现地球获得其水资源的方式，是天文生物学这个新领域中最需要考虑的关键问题之一。正如我们在前一章中指出的，在行星形成时，水在太阳系内侧区域并不丰富。在太阳系外侧区域中的水，要比内行星那里的水多得多。那么我们的水是从哪里来的呢？

虽然我们的海水从哪里来现在还是个未有定论的主题，但是所有人都同意，它一定是在行星吸积的时候到来的，可能在重轰炸期间有了很大的容积增长。具有讽刺意味的是，地球上最终可见的水量，可能与地核的形成有关。当富含铁和镍的地核形成时，在这颗凝聚而成的行星中所见的大部分水都耗在了氧化过程中，束缚在水中的氧被用于形成铁和镍的氧化物。是剩下没用完的水，才构成了海洋。可能在地球的初始形成之后，由彗星携带的水又显著地补充了剩余的水量，但也可能不是这样。不管哪种情况，到38亿年前，海洋的容积已经大致达到了当前的水平。然而，这并不意味着它们那时的面积也和现在一样。美国斯坦福大学的唐·洛（Don Lowe）估计，在30亿年前，只有不到5%的地表是陆地。直到大约25亿年前，环绕全球的海洋的化学成分还主要受它与底部的大洋地壳和地幔之间的相互作用控制，其中地幔的副产物在海洋中的大洋中脊和裂谷区与海水发生着相互作用。据估计，因为这样的早期地球比我们所知的现代地球要温暖得多，所以海洋—地幔的接触带面积也是今日所见的6倍。

那时地球的大气也和今日非常不同。其中没有氧气，却有多得多的二氧化碳——可能是今天二氧化碳浓度的100至1000倍。地球表面温度要比现在高，因为从地球内部会释放出更多的热量，而且大气中大量二氧化碳和其他温室气体造成了暖化的效应。地球内部的热量产生是个重要因素；太阳那时要暗弱得多，比起现在来，释放的能量可能要少三分之一。

如果地球一直是个水世界，会发生什么事呢？可能全球温度会一直比较高，甚至变得更高。对动物生命的形成来说，温度必须从这种已知是太古宙的特征的高水平降下来。当太阳越来越热时，全球温度的下降就需要大气二氧化碳含量有剧烈的下降——由此造成温室效应的减轻。因此，这时必须要出现一些移除二氧化碳的方法。正如我们在第九章中看到的，最有效的方法是形成石灰岩，石灰岩以二氧化碳作为构造原料之一，因此可以把它从大气中刷除。但是今天只有在浅水中才会形成大规模的石灰岩，最有效的石灰岩形成过程发生于水深不到6米的地方。在更深的水中，高浓度的溶解二氧化碳减缓或阻止了引发石灰岩形成的化学反应。美国麻省理工学院的约翰·格罗青格（John Grotzinger）及其团队曾展示，在地球上非常古老的岩石中存在深水无机石灰岩形成的证据。这些研究表明，能够产生石灰岩的化合物在早期的地球海洋可能达到了饱和，因此可以在那里较深的水中沉淀出石灰岩，由此导致二氧化碳从大气中移除。然而，格罗青格又指出，早太古代期间——差不多是地球历史的最初10亿年间——碳酸盐岩石是稀见的。这个现象只能部分归因为这个年龄的岩石的稀少。看起来，那时从大气中移除二氧化碳的核心模式——碳酸盐岩石的形成——还几乎不存在。

要形成很大体积的石灰岩，就需要浅水，但是在没有大陆的行星上，浅水区是短缺的。如果行星上的水量低到即使没有大陆也能提供很大面积的浅水的话，那当然没有问题。然而，在地球和其他有非常深的海洋的行星上，如果没有大陆，那么浅水区的面积就不会大到能让所需的石灰岩形成过程全面开启的程度。因此，当行星表面有太多水的时候——也就是它们的海洋太深的时候——阻止二氧化碳增长的天然制动机制是不存在的。随着行星温度上升，水温也会上升。

水下风化又如何呢？詹姆斯·卡斯廷已经向我们指出，一个全是水的世界实际上也能调控其温度。他正确地提到，当海洋水温上升时，它最终会导致海底石灰岩的风化。虽然其效率要比大陆物质的风化低得多，但是这个机制也确实能产生反馈机制。然而，要把水温加热到足以作为全球温度调节器发挥作用的程度，行星温度就必须超过40℃的临界值，这是动物能忍受的温度范围的上限。如果地球上的板块构造没有创造出越来越大的陆地面积的话（同时，作为这个过程的副产物，如果没有在大陆旁边创造出具有能轻易形成石灰岩的浅水区广阔海域的话），那么地球的全球温度就可能高于动物能够忍耐的极限。而如果全球温度超过了100℃，那么海洋会蒸发殆尽，巨量的水会变成大气中的蒸汽。这会让地球表面所有的生命迎来灾难性的结局。

二氧化碳的移除，叫做“二氧化碳减量”（CO_2 drawdown）。在地球上，这个过程之所以能够完成，是因为形成了大陆；在地球历史上，大陆的形成是在相对短暂的时段内发生的。可能在27亿到25亿年前，大陆面积发生了迅速的增生。这场增生让陆地面积从可能只有5%增加到大约30%。这场重大变化，对于大气—海洋系统产生了同等深远的影响。

因为板块构造导致大陆形成，海洋化学也变得主要受大陆的风化副产物控制。当大陆发生风化、其岩石物质经受了化学和力学的裂解之后，河流径流便把巨量的这些化学物质携带入海，它们在那里可以很大程度地影响海洋化学，引发矿化作用——比如碳酸盐的形成。似乎自相矛盾的是，较大的大陆也会带来较大的浅水区，因为大陆的出现也创造了水深较浅的大陆架以及大型内陆咸水和淡水湖泊。因此，下面这一串事件就接连发生：大片浅水区被创造出来，来自大陆区域的养分流（nutrient flux）增大；地球上植物物质的量（主要位于浅海的表层区域和浅海底）急速增长；氧气的产生也开始有了实质性增长。所有这些事件，都开辟了最终通往动物演化的道路。

关键的问题是，为什么在地球上，水量正好多到足够缓冲全球温度，却又少到足够通过大陆的抬升而形成浅海？如果地球海洋容积更大，即使能形成大陆，也不会产生浅海。要说明一颗行星上也可能有相对过大的海洋水量，我们只需看一下木星的卫星木卫二就可以了，那里覆盖全球的海洋（现在处于冻结状态）厚达 100 千米。就算珠穆朗玛峰从那里的海底耸起，也还是连海洋的一半深度都达不到。那里不可能有石灰岩形成所需的任何浅滩，也不会有大陆风化。

那如果地球上的海洋容积要比实际小，又会是什么情况呢？如果大陆覆盖了地球表面的三分之二（而不是今天的三分之一），那么我们还会有动物吗？因为高温，晚二叠纪的大规模集群灭绝几乎终结了动物生命。如果大陆面积更大，那么我们可以预期，温度的摆动也会更大，至少陆生动物继续存在的前景会黯淡得多，因为较大的陆地面积会造成非常高和非常低的季节温度。较大的陆地面积还会抑制二氧化碳减量，因为碳酸盐的形成几乎只发生在海洋中。在陆地占优势的世界里，生命繁盛的机会因此也降低了。

地球似乎做得刚刚好。如果没有大陆，行星似乎有很大的可能变得过热（这尤其是因为太阳这样的主序星的能量输出会随着时间推移而增大，而行星无法逃开这个增大的热源）。如果大陆面积太大，相反的情况又可能发生，此时大陆风化把过多的二氧化碳移除，导致冰川作用。地球本来可能会朝向这样的道路发展，要么全球平均温度高到让海洋沸腾，要么虽然相对较冷，足以保持海洋的存在，但对于复杂后生动物的演化来说还是过暖。动物并不是嗜热生物。

多大面积的陆地就是“刚刚好”，多大面积就显得过小或过大？答案可能取决于行星到恒星的距离。如果行星的轨道决定了它从恒星那里接收到的能量比地球从太阳那里接收到的能量少，那么它可能就需要更大面积的海洋覆盖（假定更大的海洋表面可以造成更温暖的行星温度，因为二氧化碳的积累会造成更强的温室效应）。

陆地和海洋的相对面积影响的不只是行星温度。如果板块构造不起作用，那就不会有大陆，只会有大量的海山（seamounts）和岛屿（它们的数目将由火山活动的强度决定，而火山活动强度本身又是行星热流的函数）。而如果没有大陆，行星的海洋可能永远无法拥有适合动物生命的化学状态。NASA 的舍伍德·张（Sherwood Chang）就举出了这样一个例子。张在 1994 年提出，如果没有大规模的风化（只有当陆地可供风化的面积较大时这种现象才能发生），那么类地行星的早期海洋将一直是酸性的——对动物的发展来说，这是非常贫瘠的环境。就短期来看，水世界可能会有繁荣的生物，但它可能不会长时期保持有利于动物发展的温度或化学稳定状态。

月球这颗大卫星的重要性及其全凭运气的形成过程

虽然很多科学家都在孜孜不倦地探寻宜居行星所需的各种属性——我想到了迈克尔·哈特、乔治·威瑟里尔、克里斯·麦克凯、诺曼·斯利普、凯文·扎恩利（Kevin Zahnlee）、戴维·施瓦茨曼、克里斯托弗·希巴（Christopher Chyba）、卡尔·萨根和戴维·德斯马雷（David Des Marais）等人——但是在科学文献中，有一个名字却格外突出，他就是宾夕法尼亚州立大学的詹姆斯·卡斯廷。

卡斯廷认为，其他恒星周围是否存在宜居行星“取决于其他行星是否存在，它们在哪儿形成，它们有多大，彼此间隔如何”。卡斯廷像我们一样强调了板块构造对于宜居行星的创建和维持的重要性，他还推测板块构造在任何行星上的存在都可以归因于行星的成分以及它在行星系中的位置。然而，卡斯廷最有趣的见解之一，却与月球有关。他指出太阳系的四颗“类地”行星里有三颗——水星、金星和火星——的倾角（行星自转轴的角度）曾经有过混沌而不可预测的变化，不过

> 地球是例外，但这只是因为它有一颗大卫星。……如果在卫星不存在的情况下对倾角变化所做的计算是正确的话，那么当月球不存在时，地球的倾角会发生混沌变化，在几千万年的时间尺度上在0度到85度之间变动。……地球的气候稳定性在很大程度上依赖于月球的存在。人们现在普遍相信，月球的形成是地球形成的晚期阶段中由一个火星大小的天体斜向撞击的结果。如果这种形成卫星的碰撞是稀有的，……宜居行星可能也同样稀有。

我们现在已经积累了一张长长的清单，都是动物生命所需的、发生概率可能很低的事件和条件。这里面不光有地球在太阳系（以及银河系）“宜居带”中的位置，还有很多其他因素，包括大卫星、板块构造、在幕后发挥作用的木星、磁场以及很多导致最古老的动物演化出来的事件。让我们考察一下这些条件对地外生命会有怎样的意味。

其他地方的动物以及智慧生命的概率

20 世纪 50 年代，天文学家弗兰克·德雷克提出了一个发人深省的方程，用来预测银河系中可能存在多少文明。这个工作的要点，是估计我们能探测到的、由其他拥有先进技术的文明所发射的信号的概率。如今的地球人不时会做一些尝试工作来探测其他行星上的智慧生命，这个方程的提出就是此类工作的开端。现在，人们管它叫“德雷克方程”，用来纪念其提出者；在一个（可能必须）量化的学术领域，它产生了巨大影响。德雷克方程其实是一串因子，如果把它们乘在一起，就能得到对银河系中智慧文明数目 N 的估计。

按照德雷克最初的写法，德雷克方程是：

$$N^{*} \times fs \times fp \times ne \times fi \times fc \times fl = N$$

其中：

N^{*} = 银河系中的恒星数

fs = 类似太阳的恒星所占比例

fp = 有行星的恒星所占比例

ne = 位于恒星宜居带中的行星数

fi = 诞生了生命的宜居行星所占比例

fc = 有智慧生物居住的行星所占比例

fl = 有通信能力的文明的存在时间在行星寿命中所占的百分比

我们为方程中这些项指定可能数值的能力，对于不同的项有很大差别。当德雷克第一次发表这个著名的方程时，其中大部分因子都有很大的不确定性。对于银河系中恒星的数目，那时（以及现在）倒是有很好的估计（在3000亿颗以上）。然而，有行星的恒星系统的数目，在德雷克的时代就只有非常少的了解了。虽然很多天文学家相信行星普遍存在，但是没有任何理论能证明恒星形成一定包含了行星的创造，还有很多人相信行星系的形成是极为稀有的事情。不过，在20世纪70年代及以后，学界一般还是假定行星普遍存在；事实上，卡尔·萨根就曾估计，平均每颗恒星周围会有10颗行星。虽然直到90年代才发现了系外行星，但它们一经发现，似乎就证实了那些相信行星普遍存在的观点。然而真是这样吗？对这个问题的一种新见解指出，行星可能实际上也是相当稀有的——这样动物的存在就更稀有了。

拥有行星的恒星是非同寻常的吗？

现在我们知道，太阳系之外的行星确实可以形成。最近那些有关系外行星的伟大发现，是20世纪90年代天文学研究所取得的辉煌成果之一，它们证实了人们长期以来的假想：其他恒星也有行星。但是这个频率是多少呢？可能确实有相当一部分恒星拥有行星系，然而到目前为止，天文学家成功探测到的只有巨大的“类木”行星；目前可用的技术还无法识别更小的石质类地世界。现在，人们已经检查了许多恒星，结果表明，在这些检查过的恒星里只有大约 5% 到 6% 拥有可探测到的行星。因为现在只有大型气态巨行星能被探测到，这个数字实际上只表明，与恒星距离较近或在椭圆轨道上运行的类木行星是稀有的。然而，这也可能意味着包括它们在内的所有行星都是稀有的。

表明行星可能稀有的证据，并不是来自行星搜寻者［比如马西-巴特勒（Marcy-Butler）研究组］的直接观察方法，而是来自对看上去类似太阳的恒星所做的光谱研究。对那些周围已经发现有行星运转的恒星所做的研究得出了非常有趣的发现：它们就像太阳一样富含金属。根据从事这些研究的天文学家的说法，在恒星的高金属含量和行星的存在之间似乎有因果关系。我们太阳是富含金属的。天文学家冈萨雷斯在对 174 颗恒星做了研究之后，发现太阳居于其中金属含量最高的恒星之列。我们所环绕的似乎是一颗稀有的恒星。

其他一些新研究也让我们不禁要怀疑，类似太阳系的行星系可能并不如一些人认为的那样常见。1999 年早些时候在得克萨斯州召开了天文学家的大型会议，会上宣布已经有 17 颗附近的恒星被发现有木星大小的行星环绕它们运行。会上的天文学家还对一个新出现的情况感到困惑：没有一个系外行星系类似太阳的行星家族。杰夫・马西（Geoff Marcy）是世界顶尖的行星搜寻者，他指出：“我们第一次有了足够的系外行星，来做一些比较研究。我们发现，大多数远离其母星的类木天体是在椭圆轨道上兜圈子，而不像我们太阳系中的法则那样处在圆形轨道上。"所有这些木星大小的天体，要么位于离母星非常近的轨道上，比木星到太阳的距离近得多，要么虽然与母星有较大的距离，却有高度扁化的椭圆轨道（迄今为止发现的17颗恒星中有9颗的行星都是这样）。在这种行星系中，类地行星在稳定轨道上存在的概率是比较低的。靠近母星的类木行星会把内侧的石质行星摧毁。具有椭圆轨道或不断衰减的轨道的类木行星也会扰乱内侧的行星轨道，导致较小的行星不是螺旋地掉入母星，就是被抛入星际空间的冰冷坟墓中。

现在我们仍然不可能观察到环绕其他恒星的较小的石质行星。可能这样的行星——我们相信是动物生命所必需的——相当常见。但可能这也是个悬而未决的问题。我们已经提出假说，认为除非在同一个行星系里还有巨大的类木行星——而且在石质行星外侧公转——来保护它们免遭彗星撞击，否则动物也不可能在这样一颗行星上存在很长时间。像木星这样在正常轨道上运行的类木行星可能也是稀有的。到现在为止，所有系外类木行星所处的轨道位置，为任何较小的石质行星带来的似乎更多是致命危害，而不是益处。

行星常见程度和德雷克方程

所有关于宇宙中生命出现频率的预测，都不假思索地预先认定行星是普遍存在的。但是新近完成的研究却得出了新的结论，认为类地行星是稀有的，而具有金属的行星又更为稀有——万一这些结论是真的呢？

这个发现对于德雷克方程的最终答案来说具有很大意义。方程中任何一个因子接近零，都会让最终值接近零，因为所有因子都乘在一起。1974 年，卡尔·萨根估计，环绕每颗恒星的平均行星数目是 10。戈尔德史密斯和欧文在 1992 年的《在宇宙中寻找生命》一书中也估计每颗恒星有 10 颗行星。但是新的发现却让我们更为谨慎。可能行星形成远不如这些作者推断的那样普遍。

在估计智慧生命的出现频率时，德雷克方程考虑了类似太阳的恒星周围类地行星的常见程度。星系中最常见的恒星是 M 型星，它们比太阳暗，数目几乎是太阳质量的恒星的 100 倍。这些恒星一般都可以排除掉，因为它们的"宜居带"虽然可以让行星表面温度有利于生命活动，却因为其他原因而不宜居。要想从这些暗弱的恒星那里获得足够的温暖，行星必须非常靠近恒星，这时来自恒星的潮汐效应会强迫行星实行同步公转。行星将永远以一面朝向恒星，在永恒黑暗的另一面，其表面温度会低到让大气冻结的程度。比太阳质量大得多的恒星往往只有一二十亿年的稳定期，这对于高等生命的发展和理想大气的演化来说可能太短了。正如我们已经指出的，大约 1 倍太阳质量的恒星周围的每个行星系中可以有足够的空间，在其宜居带中容纳至少一颗类地行星。但是在这个空间里真的会有一颗地球大小的行星绕着恒星运行吗？当我们考虑到行星常见程度以及宜居带的位置和寿命等因子时，德雷克方程会提示我们，可能只有 0.001% 到 1% 的恒星拥有生境类似地球的行星。然而，现在有很多人相信，即便是这些很小的数字也高估了实际情况。从普遍的观点来说，星系宜居带的存在会极大地降低这个数字。

这样的比例看上去非常小，但考虑到宇宙的广袤，把它们用在宇宙中巨大数量的恒星上，还是可以得出非常大的估测值。卡尔·萨根等人就一次次反复思考过这些变量。他们最终算出的估测值是，在当前这个时刻，在银河系中存在100万个由具有星际通信能力的生命构成的文明。这个估计有多真实呢？

如果微生物生命很容易形成，那么星系中会有数以百万计到数以亿计的行星具有发展出高等生命的潜力。（我们预计，拥有微生物的行星数目要高得多。）然而，如果从微生物到动物的演进需要大陆漂移、大卫星的存在以及本书中讨论过的其他很多稀有的地球因素的话，那么高等生命可能非常稀有，卡尔·萨根的100万个可通信文明的估测值未免过于夸大。如果处在宜居带中的1000颗类地行星中只有一颗能真正像地球这样演化，那么可能只有几千颗这样的行星拥有高等生命。虽然可能有人会说这个数字太悲观，但是它也可能过于乐观了。即便是这个数字，也还是表明了像地球这样一颗有生命栖息、最近刚刚发展出太空旅行和行星系无线电通信的原始技术的行星，可能并非独一无二。

也许我们可以提出一个新方程，我们称之为“稀有地球方程”。就银河系而言：

$$N^* \times fp \times ne \times fi \times fc \times fl = N$$

其中：

N^* = 银河系中的恒星数

fp = 有行星的恒星所占比例

ne = 位于恒星宜居带中的行星数

fi = 诞生了生命的宜居行星所占比例

fc = 复杂后生动物能够从其生命中起源的行星所占比例

fl = 复杂后生动物的存在时间在行星寿命中所占的百分比

在所需条件中，还有一些在地球历史上显得更为奇异的方面，比如板块构造、大卫星、数目非常少的集群灭绝，这些又如何考虑呢？如果方程中的任意一项接近零，那么最终算出来的结果也会接近零。我们会在本章最后回来讨论这个问题。

如果动物如此稀有，那么智慧动物一定更为稀有。如何定义智慧呢？我们最喜欢的定义来自 NASA 的克里斯托弗·麦克凯，这位天文学家把智慧定义为“建造射电望远镜的能力”。虽然化学家可能会把智慧定义为造出一支试管的能力，而英语教授会定义为写一首十四行诗的能力，但让我们姑且先接受麦克凯的定义，然后遵从他在 1996 年发表的那篇绝妙的论文《其他行星上智慧出现所需的时间》（Time for Intelligence on Other Planets）里给出的推理过程。下面的讨论大部分都源自这篇文章。

麦克凯指出，如果我们接受“平庸原理”（也叫“哥白尼原理”），认为地球是一颗典型的非常普通的行星，那么就可以推出“智慧有非常高的出现概率，只是要出现在 35 亿年的演化之后”。这个推断的根据是地球地质记录的记载，在多数学者看来，这份记载意味着演化经历了“坚定向前的发展，越来越复杂精巧的生命形式出现，最后导致了人类智慧的出现”。然而麦克凯认为——这也是我们在本书中竭力强调的——地球上的演化并不是按这种方式开展的，而是受到了机遇性事件的影响，比如由大陆漂移导致的大陆布局和集群灭绝。不仅如此，我们相信可能对地球生命历史产生重大影响的并不只有地球上的事件，还有太阳系的机遇性产生方式，这让它有了特别的行星数目和行星位置。

麦克凯把地球上智慧生命的演化分解为一系列关键事件，并在文中以表格展示：

事件	在地球上发生的时间（百万年前）	完成事件所用时间（百万年）	最快完成可能所需的时间（百万年）
生命起源	3800—3500	<500	10
生氧光合作用	<3500	<500	可忽略
氧气环境	2500	1000	100
组织的多细胞性	550	2000	可忽略
动物的发展	510	5	5
陆地生态系统	400	100	5
动物智慧	250	150	5
人类智慧	3	3	3

我们当然可以仔细计较一下其中的一些（或全部）数字，特别是麦克凯估计的生命第一次在地球上起源的时间，因为我们认为这个事件的发生远早于38亿到35亿年前。不过，这些估测值很可能不会有数量级上的偏差。麦克凯要说的关键点是，复杂生命——以至智慧生命——的起源，可以比地球上的情况发生得更快。如果我们接受麦克凯的数字，那么一颗行星从无生命的状态到成为能建造射电望远镜的文明的家园，可以只用1亿年；相比之下，这个过程在地球上用了将近40亿年。不过，麦克凯也承认，可能还有其他因素，需要一段漫长的时间才能实现：

目前所不知道的是，宜居行星上的生物地球化学过程中是否有某个方面，要求富含氧气的生物圈必须经过极为漫长的发展才能出现在地球上。这样的未知因素包括：与有机质的埋藏有关的机制，恒星在其主序星阶段中光度逐渐增加时宜居温度的维持机制，构造运动驱动的全球再循环，等等。其他重要的未知因素还有生命起源和后续向高等生命形式演化时所受到的太阳系结构的影响。

在这里，他提到了板块构造曾经减缓了地球上氧气的产生。然而，板块构造也可能是保证一个稳定的氧气生境存在的必需因素，就像在太阳系中拥有正确的行星类型也很重要一样。

在1996年的论文《生物介导的表面冷却和宜居性》（Biotically Mediated Surface Cooling and Habitability）中，施瓦茨曼和肖尔也讨论了同样的问题，得出了不同的结论：他们相信，决定行星拥有智慧生命的概率的最关键因素是有宜居潜力的行星的冷却速率。他们的论点是，动物这样的复杂生命是极受温度限制的，它们能忍受的温度上限非常明确。虽然有些类型的动物可以在高达50℃的温度中存活，有时甚至可以忍受60℃高温，但是大部分都要求较低的温度；对维持动物生态系统所必需的复杂植物来说，情况也是如此。45℃的最高温度很可能是现实需求。因此，根据这两位作者的观点，一颗行星冷却到低于这个温度所需的时间就很关键。很多因素会影响到这段时间的长度，包括恒星光度随时间的增加速率（这会对抗行星的冷却）、火山排气速率（这也会对抗行星的冷却，因为这种排气作用会把更多温室气体释放到行星大气中）、大陆性陆地表面的增长速率（随着大陆增长，行星通常也会冷下来）、陆地区域的风化速率、彗星或小行星撞击的数目及频率、恒星的大小、板块构造是否存在、初始行星海洋的规模、行星上的演化史，等等。

考虑到这些，让我们再回到稀有地球方程，对它做些修正，加上本书中详述的其他一些因子：

$$N^* \times fp \times fpm \times ne \times ng \times fi \times fc \times fl \times fm \times fj \times fme = N$$

其中：

N^* = 银河系中的恒星数

fp = 有行星的恒星所占比例

fpm = 富含金属的行星比例

ne = 位于恒星宜居带中的行星数

ng = 位于星系宜居带中的恒星数

fi = 诞生了生命的宜居行星所占比例

fc = 复杂后生动物能够从其生命中起源的行星所占比例

fl = 复杂后生动物的存在时间在行星寿命中所占的百分比

fm = 有大卫星的行星所占比例

fj = 有木星大小的行星的行星系所占比例

fme = 集群灭绝事件次数非常低的行星所占比例

有了我们增加的这些因素，拥有动物生命的行星数目就更少了。而我们仍然没有考虑其他一些可能也牵涉其中的方面——雪球地球和惯量交换事件，但这些也许是必需因素。

同样，只要这个方程中有任何一项接近零，最后的乘积就会接近零。

我们能往这样一个算式中投入多少已知的知识呢？显然，这些项中有很多现在只能做最为粗略的估计。从现在起再过一些年，在天文生物学革命圆满完成之后，我们对各式各样的那些让动物可以在地球上发展的因素的理解也会比现在充分得多。我们会认识到很多新因素，而所涉及的变量列表毫无疑问也会得到修订。然而，我们仍然认为，即使现在只能获取零星的数据，也能感受到某种强烈的征兆。在我们看来，这个征兆已经非常强烈了，哪怕是在当下，也可以说地球真的就是一个极为稀有的地方。

第十三章　星际信使

我们地球并不处在太阳系中的特别位置，我们太阳并不处在银河系中的特别位置，我们的星系也并不处在宇宙中的特别位置。

——马塞洛·格莱泽（Marcelo Gleiser）

《舞动的宇宙》（*The Dancing Universe*）

有些东西，必须要拥有第一手体验；对一些奇妙之事来说，没有任何手写的描述或照片可以替代亲身经历——比如一个孩子的诞生，在管弦乐队演奏现场那里听到第一首音乐，爱情，性，以及在莫奈的油画前伫立。但还有一种这样的启示，体验过的人却不太多，这就是第一次通过望远镜瞥向繁星满天的夜空。

仰观宇宙

我们都见过无穷无尽的星空、星系和星云的照片，但不管它们有多美丽，照片中的恒星都是没有生气的；而且哪怕是在空气最澄朗的时候，用肉眼看到的夜空也比不上我们通过小型望远镜望出的第一眼。如果说用肉眼看银河系就像在珊瑚礁里用通气管潜泳，那么增加一台望远镜就好比在身上绑了氧气瓶：我们不再只是贴着表面游逛，而是可以深入星空中徜徉，在多得不可思议的群星中见到无法想象的盛景。即使只是一台低倍率的望远镜，也能让我们见到新的景象；数不清的光点现在看上去有了生气，虽然必须通过校正的透镜才能看到，这生气却丝毫未损。事实上，恒星现在有了强度、颜色和清晰度。而最让人印象深刻的，则是恒星数目的剧增。美妙的英仙座双星团不再是暗弱看不清的光晕，而成了闪耀在黑色天鹅绒之上的大群钻石；武仙座的球状星团也不再是微小的光影，而成了许多散落的光粒。随着时间和经验的积累，你会看到更瑰丽的美景。我们可以观测到其他的深空天体、星系和星云，从中发现乐趣。最终，当我们身处北半球时，一定会在一个黑暗的夏夜发现自己在人马座熙熙攘攘的繁星中缓慢穿行，感到这片光辉的群星像风一样掠过我们，星云和星系交织成无休无止的视觉旋律，其中点缀着许多更为明亮的“太阳”的断奏。而南半球的人们会见到更奇绝的壮景：两大片麦哲伦星云在头顶上方，它们如此逼近，越看越壮观夺目，最后更显得盛气凌人。不计其数的恒星征服了我们，也彻底让我们所在的小小地球和仰望它们的我们显得卑微（或者说显得边缘化和渺小）。

宇宙似乎是有限的；在太空之海中，环绕巨量恒星运转的行星数量并非无穷。但是这个数量仍然大到超出想象。我们就身在众多行星中的一颗。不过就像我们在这本书中尽力想要展示的那样，在太阳周围的群星中，地外动物可能并没有我们期望的那么多——甚至可能少到了这种程度：不管我们这个物种自身的历史有多长，我们将来也永远无法找到任何地外动物。即使在环绕遥远恒星的行星上，我们除了细菌之外也找不到任何其他生命，这是好莱坞大片从未预言过的命运。

如果稀有地球假说是正确的——也就是说，如果微生物生命常见，而动物生命稀有——那么这会对我们的社会造成影响，至少会对一小部分人造成影响。如果从下一次火星任务返回的快报说，火星上确实有生命——虽然不过是微生物，但也是生命，那这会产生什么影响呢？或者如果宇航员一次次前往太阳系的其他行星上航行，甚至去过了附近的十几颗恒星，但除了细菌我们就没发现更高等的生命呢？又或者万一至少在银河系的这片区域，我们非常孤独，不仅是唯一的智慧生物，而且还是唯一的动物呢？我们努力前往太空的旅行，会在多大程度上让我们发现其他动物——可能还能对它们说话——的希望得以实现呢？

人类历史上的地球观点

自古希腊时代以来，科学就在竭力探究宇宙的意义以及我们在宇宙中的位置。两千多年前有一个叫米利都的泰勒斯（Thales of Miletus）的古希腊人，很多人把他视为西方哲学的奠基者；他是第一批留下记载表明曾经思考过地球在宇宙中的位置的人之一。泰勒斯认为宇宙是个有机的活物，如果细菌或类似细菌的生物体在宇宙中像我们相信的那样广泛存在的话，那么他这个想法似乎也不是错得特别离谱。泰勒斯的学生阿那克西曼德（Anaximander）则是第一批把地球放在宇宙中心的人之一，他假定大地是个漂浮的圆柱体，有一组中间有孔的大轮子在大地周围旋转。毕达哥拉斯学派（Pythagoreans）

努力想要打破这种地心观点，提出地球在空间中运行，并不是宇宙中心。但是地球的中心性又被柏拉图学派再次提出，并得到了亚里士多德的学生的宣扬。欧多克斯（Eudoxus）把地球放在27个同心球壳的中心，每一个球壳都绕它旋转。之后不久，有了两个相互竞争的学派：阿里斯塔克（Aristarchus）的“日心”模型，以及托勒密（Ptolemy）的“地心”模型。后者在中世纪占据了统治地位。

在中世纪，大地不仅被视为宇宙中心，而且再次被人们相信是平的。圣托马斯·阿奎那（St. Thomas Aquinas）虽然重新让地球成为球体，但确立了它作为宇宙中心的权威地位。是尼古拉·哥白尼最终动摇了地心式宇宙的观念，把太阳放到了所有轨道的中心。但就算有了这样大的进步，根据哥白尼1514年的革命性著作《短论》（*Commentariolus*）的观点，太阳却还是维持在宇宙中心的位置上。

哥白尼永远摧毁了地球处在宇宙中心、太阳和其他所有行星以及恒星都围绕我们旋转的神话；他的工作最终引出了“多重世界”（Plurality of Worlds）的观念——我们的行星只是许多这样的世界之一。今天，这个思想被称为“平庸原理”，也叫“哥白尼原理”。然而，望远镜的发明带来了更大的冲击。虽然关于谁制造了第一台光学望远镜还有争论，但是荷兰光学家约翰内斯·利珀尔海（Johannes Lippershey）在1608年获得了制造望远镜的第一份官方执照。这种设备马上引起了轰动，到1609年，这种革命性的新工具已经到了伽利略手里，他在听说望远镜的概念之后马上就自己制造了一架。在伽利略之前，望远镜已经用于估测陆地世界（也用于多种军事目的），但是伽利略把他的望远镜对准了天空，永远改变了我们对宇宙的理解。

伽利略很快提出猜测，天空中恒星的数量要比任何人的估测多得多。他发现银河系是由不计其数的单颗恒星构成的。他观察了月球，发现了绕木星公转的卫星（这同时也让人能够想象地球也是这样绕太阳公转）。亚里士多德认为地球处于宇宙中心的热烈信仰，现在已经能由观察表明是错误的。如果说哥白尼对付的是理论，那么伽利略和他的望远镜就对付了现实。伽利略在他的小册子《星际信使》（*Siderius nuncius*）中所传递的信息，与恒星透露的真相有关：地球只是宇宙中的众多天体之一。为了说明这一点，他提到了肉眼勉强能看到的那些暗弱光斑——名为“星云”的天体——的存在。即使伽利略用的只是那些原始的小望远镜，他也能比以前的任何人都更为清楚细致地打量这些奇特的天体。他认为这些都是巨量的恒星，因为距离很远，看上去才模糊不清。

此后，人们继续马不停蹄地让地球去中心化。1755 年，伊曼努尔·康德（Immanuel Kant）提出理论，认为旋转的气体云会在自身引力作用下收缩，变成被压扁的盘状。康德对夜空中不计其数的星云很熟悉，这些暗淡的光斑散布在整片天空之中。所有早期的天文学家都知道仙女座中那片暗淡的星云。康德认为这些天体是遥远的恒星群，这样的恒星群有很多，他称之为“宇宙岛”（island Universes）。然而，康德没有止步于此：他进一步提出，太阳、地球和其他行星都是在这种打转的大团气体中形成的。皮埃尔–西蒙·德·拉普拉斯（Pierre-Simon de Laplace）让这个观念得到了更深入的阐释，他仔细地推断了行星系在它起源的星云中可能的形成方式。他为恒星及其行星的形成引入了动力学机制。地球和太阳系成了以相同方式形成的许多这样的行星系之一。

然而，这些宇宙岛有多远呢？宇宙中是只有一个星系，我们的太阳是它的一部分，还是有很多星系？这场争论到 20 世纪早期才解决，那时人们正在建造巨型的新望远镜，外层空间得到了从未有过的深入观测。这场争论在 1920 年 4 月 26 日达到高潮。那天，美国加利福尼亚州威尔逊山（Mount Wilson）天文台的哈洛·沙普利（Harlow Sharpley）与匹兹堡阿勒格尼（Allegheny）天文台的赫伯·柯蒂斯（Heber Curtis）在美国国家科学院会员的众目睽睽之下会晤，展开了后来称为"大辩论"（Great Debate）的激烈交锋。这场辩论无果而终，因为那时人们还不能估测星云的距离。然而这个情况很快就变了，这要归功于天文学家埃德温·哈勃（Edwin Hubble）的努力。哈勃利用了一台新建造的 2.5 米口径的反射望远镜，所获得的观测结果足以令人信服地证明岛状星云与我们所在的银河系没有关联，而是十分遥远的天体。即使其中最近的仙女座星系，到地球的距离也至少有 200 万光年，而它在形状上与银河系颇为相似。这场辩论结束了。银河系成了太空中飘浮的巨量星系之一，它们星散宇宙各处，间距辽远。我们也变得更渺小了——如今，连我们的星系都只是众多同类之一。

两千年间，天文学家和哲学家把地球从宇宙中心移开，把我们放到了环绕太阳运转的位置上；太阳只是银河系中几千亿颗恒星之一，而银河系又只是宇宙中数以十亿计的星系之一。天文学家还不是唯一改变了我们世界观的人。爱因斯坦的相对论表明，宇宙中没有更受偏爱的观察者；量子力学又告诉我们概率为王。查尔斯·达尔文和他强大的演化论也剥夺了人类作为造物之王的资格，人类只是一颗已经有很多动物的行星上很晚近才出现的物种，是大规模的演化和生态力量下碰巧把握住了机遇的后代。没有什么是特殊的。然而……

我们这个论点（指地球因为具有动物生命而稀有，作为一颗生机盎然、满是动物和植物的行星，实现这个状况所需的因素和历史具有高度的不可能性）面临的一大危险，就是它可能是我们缺乏想象力的产物。我们在这本书中假定动物必定在某些方面像地球动物。我们可能持有“地球沙文主义”的偏见，把地球生命视为生命的唯一形式，认为从地球获得的经验不仅是指引，而且是法则。我们假定DNA是唯一的途径，而非只是一种途径。可能复杂生命——我们在本书中把它定义为动物（以及高等植物）——也像细菌生命一样广泛分布，有多样的构成。可能地球一点也不稀有，只不过是拥有生命的一大堆数目近乎无穷无尽的行星中的一种式样。然而，我们不相信这一点，因为就像我们在前面各章中努力想展示的那样，有那么多的证据和推论表明情况并非如此。

我们的稀有地球

让我们再复述一遍，为什么我们认为地球是稀有的。我们的行星，是在一个高度适宜动物生命最终能演化出来的星系里面的某个位置，从之前的宇宙事件留下的碎屑中凝聚而成的。它所环绕的恒星富含金属，位于一个螺旋星系的安全区中，在这个星系转轮中移动得非常缓慢。我们的行星不在星系中心，不在金属贫乏的星系里，不在球状星团里，不靠近活跃的伽马射线源，不在聚星系统里，甚至不在双星系统里，也不在脉冲星附近，也不在太小、太大或马上要变成超新星的恒星周围。我们的行星的全球温度可以让液态水存在40多亿年——为此，我们的行星必须有近圆形的轨道，离恒星有适当的距离，恒星本身要能长期释放出近于恒定的能量输出。我们的行星获得了总量足够覆盖大部分——但不是全部——行星表面的水。小行星和彗星会击中我们，但影响并不严重，这多亏了离我们较远的木星之类气态巨行星的存在。自从动物在 7 亿多年前演化出来之后，虽然可能摧毁我们的灾难性撞击事件一直存在，但我们却没有被打倒。地球获得了数量合适的建造物质——还有总量合适的内部热——让板块构造可以在行星上发挥作用，塑造了所必需的大陆，把全球温度在狭窄的范围内保持了几十亿年。即使太阳越来越亮，大气成分也在改变，地球非凡的温度调节过程却能一直成功地把表面温度保持在宜居的范围内。在类地行星里，只有我们的行星拥有大卫星，这个事实不仅把我们与水星、金星和火星区别开来，而且还是地球上动物生命起源和持续存在的关键。人们持续不断把地球边缘化的做法，以及它在宇宙中的位置，可能应该重新评估。我们不是宇宙中心，将来也永远不会是。但是我们也不像西方科学这两千年来竭力想让我们成为的那样平凡。如今全球人类所持有的这种自卑感未必是合理的。万一地球因为拥有动物（或者换个说法，因为拥有动物宜居性）而极为稀有呢？

动物生命在宇宙中或许非常稀有的可能性，也更凸显了我们这颗行星上当前灭绝速率的悲剧色彩。在前面的章节中我们已经说过，任何行星上智慧物种的起源可能都是集群灭绝的常见根源。在地球上肯定是这样。而如果动物在宇宙中像我们所怀疑的那样稀有，那么这就会让我们对物种灭绝有全新的感受。我们是否不仅正在从这颗行星上除灭物种，而且正在从银河系这整片区域除灭物种？

要理解今天地球上的灭绝速率，你只需考察一下热带雨林的苦难。森林作为这颗行星上的一部分，已经有 3 亿多年的历史了；虽然在这样漫长的时间里，物种换了一代又一代，但森林的本质却几乎没有改变。森林，是地球物种的大型挪亚方舟。虽然地球的陆地表面只是海洋表面的三分之一，但是这颗行星上所有的动物和植物多样性中却有80%到90%栖息在陆地上，而这些多样性的大部分见于热带雨林。我们在毁灭森林的时候，也毁灭了物种。据估计，有500万到3000万种动物生活在热带雨林中，其中只有大约5%为科学界所知晓。化石记录清楚地告诉我们，即使从整个历史来看，现在这个世界也拥有最高水平的生物多样性。同时，也有其他令人不安而毋庸置疑的信号表明，地球上的这个物种数目高峰已经过去，地球生物多样性正在衰减。

似乎有几股力量驱动了生物多样性的退化——或者说得不客气点，生物多样性的毁灭。其中最重要的力量应该是人口的快速增长。1万年前，地球上可能只是零散分布着至多200万到300万的人口。那时没有城市，没有大型人口中心，整个地球上的人口，比现在美国任何大型城市中所见的人口还少。到两千年前，这个数字可能膨胀到了1.3亿至2亿人。我们在公元1800年突破了10亿人口大关。如果我们把人类起源的时间定为大约10万年前，那么我们这个物种似乎花了10万年时间就达到了百万人口的规模。之后，人口增长速度就加快了。在1930年，我们突破了20亿人口大关，这个速度是突破第一个10亿大关时的1000倍左右。然而，人口增长率还在加速。仅仅20年之后的1950年，我们就有了25亿人。1999年，我们突破了60亿人口大关。到2020年，世界人口将达到大约70亿，2050年至2100年间可能会增长到110亿。

雨林的转变——把森林变为田地，然后（通常）在一代人之内就会变成过度放牧、惨遭侵蚀的贫瘠土地——可能是生物多样性最直接的刽子手。自从1945年以来，全世界有25%的表层土壤流失。与此同时，全世界森林面积的三分之一已经消失。其结果就是物种灭绝。一千年之后，如果还有人类回想昔日的世界，再望向眼前的荒漠和其中所剩无几、明显没有什么多样性的动物，那么应该追究谁的责任呢？

美国总统西奥多·罗斯福（Theodore Roosevelt）曾经封闭黄石地区禁止开发，在此建立了美国第一个国家公园。如果某些类似我们的外星人对我们的行星做了相同的事情，这不是很讽刺吗？天文生物学家确实提出过这个想法，就是所谓的“动物园假说”（Zoo Hypothesis）。那个笑话可能就发生在我们身上：我们是其他人的国家公园，我们稀有的地球存放着需要妥善保管的动物。可能这也是我们一直从太空中收听不到任何信号的原因。在我们太阳系外环绕着一个大围栏：“地球星系际公园。公告：不得入内或干扰环境。这是5000光年范围内唯一有动物的行星。”

*　　*　　*

2万年前，地球还封锁在末次冰期的冰雪之中。长着长毛的猛犸象和大乳齿象、地懒、骆驼和剑齿虎在北美大地上徜徉，那时那里还没有人类。人类还要再过几千年时间，才会从我们后来称为西伯利亚的地方穿越陆桥，到达我们现在叫阿拉斯加的地方。而直到1万年前，人类才会开始经营农业。在公元前2万年这个古远年代中的某一天，也是永远无法确定日期的一天，在天鹰座这个作为北半球观星者非常熟悉的“夏季大三角”一部分的星座中，一颗遥远的中子星经历了某种类型的猛烈灾变，向太空中喷出大量硬辐射，让一个毒球以光速向着四面八方汹涌地扩展。它在太空中扩散了2万年，还在继续向外传播，从其源头出发每经过1千米，其能量都会损失一点。1998年8月27日晚上，它就这样在太平洋上方击中了地球。

在那个季夏之日，地球被伽马射线和X射线轰击了5分钟，它们是热核炸弹以及恒星内部产生的致命孪生兄弟。即使经过了2万光年，其能量还是足以让7颗地球卫星上的辐射传感器产生最大读数，甚至爆表。其中两颗卫星不得不停止工作，以保护它们的仪器不被烧坏。辐射刺穿到离地球表面不到50千米的地方，然后被地球大气的下层区域消散。这个事件第一次让人们探测到太阳系外的高能辐射对大气造成了可察觉的影响。然而，这很可能不是地球第一次遭到来自星际空间的能量的猛击。可能还有一颗更近的中子星或我们尚不知道的其他恶魔般的恒星，在地球历史上导致了一次或更多次集群灭绝。可能当我们第一次试探地从地球卧室的窗口窥向太空时，我们才刚刚开始看到周围环绕的这些恶魔。

天文学家相信，1998年的事件是由一类一直只在理论上存在的恒星的表面扰动所造成的，这类恒星叫磁星（magnetar）。磁星是一类中子星，直径可能只有30千米，但质量比太阳还大。它上面针尖大小的一点物质，据估计都重达1亿吨。这是远超人类理解力的压缩物质。这颗恒星具有铁的表面，但是这种铁却是太阳系中见不到的一种类型。所有中子星都会旋转，这颗恒星也不例外，结果就形成了极为强大的磁场。出于一些我们只能猜测的原因，这颗恒星的表面——这里说的是2万年前——经历了一场巨大的扰动，结果便把能量射入了太空。

能量随着距离而衰减。如果上面这颗磁星只有1万光年远，那么到达地球的能量强度会是实际的4倍——可能强到足以破坏臭氧层。这个特别的事件，是否会把离它1光年或更近的世界上的生命全部消灭？是否它的伽马射线和磁场脉冲足以把构成生命物质的分子撕碎，就这样让那些世界上的文明被灼烧到灰飞烟灭？是否有另一个地球被扼杀了生机？可能生命只有在远离磁星的地方才能繁盛发展。是否磁星也和我们在本书各处已经见到的其他各种因素一样，会让动物生命在宇宙中变得稀有？还有什么别的可畏之物潜伏在黑暗之中吗？

磁星之类现象的发现，是实实在在给我们上的一课，除了表明生命的稀有性之外，还有更多意味：对于环绕我们的天空，依然有很多东西有待了解。我们人类就像两岁的孩童，刚刚开始理解广袤世界的辽阔、奇妙和危险。我们对天文生物学的理解也是如此。这门学科显然才刚刚起步。

参考文献

引言

Kirschvink, J. L.; Maine, A. T.; and Vali, H. 1997. Paleomagnetic evidence supports a low-temperature origin of carbonate in the Martian meteorite ALH84001. *Science* 275: 1629–1633.

Lowell, P. 1906. *Mars and its canods.* New York: Macmillan.

Sagan, C., and Drake, F. 1975. The search for extraterrestrial intelligence. *Scientific American* 232: 80–89.

第一章　为什么宇宙中可能广布着生命

Achenbach-Richter, L.; Gupta, R.; Stetter, K. O.; and Woese, C. R. 1987. Were the original Eubacteria thermophiles? *Systematic and Applied Microbiology* 9: 34–39.

Ballard, R. D. 1995. *Explorations: My quest for adventure and discovery under the sea.* New York: Hyperion.

Baross, J. A., and Hoffman, S. E. 1985. Submarine hydrothermal vents and associated gradient environments as sites for the origin and evolution of life. *Origins of Life* 15: 327–345.

Baross, J. A., and Deming, J. W. 1993. Deep-sea smokers: Windows to a subsurface biosphere? *Geochimica et Cosmochimica Acta* 57: 3219–3230.

Baross, J. A., and Deming, J. W. 1995. Growth at high temperatures: Isolation, taxonomy, physiology and ecology. In *The microbiology of deep-sea hydrothermal vent habitats,* ed. D. M. Karl, pp. 169–217. Boca Raton, FL: CRC Press.

Baross, J. A., and Holden, J. F. 1996. Overview of hyperthermophiles and their heat-shock proteins. *Advances in Protein Chemistry* 48: 1–35.

Brock, T. D. 1978. *Thermophilic microorganisms and life at high temperatures.* New York: Springer-Verlag.

Caldeira, K., and Kasting, J. F. 1992. Susceptibility of the early Earth to irreversible glaciation caused by carbon ice clouds. *Nature* 359: 226–228.

Cech, T. R., and Bass, B. L. 1986. Biological catalysis by RNA. *Annual Review of Biochemistry* 55: 599–629.

Chang, S. 1994. The planetary setting of prebiotic evolution. In *Early life on Earth,* Nobel Symposium No. 84, ed. by S. Bengston, pp. 10–23. New York: Columbia Univ. Press.

Doolittle, W. F., and Brown, J. R. 1994. Tempo, mode, the progenote, and the universal root. *Proceedings of the National Academy of Sciences USA* 91: 6721–6728.

Doolittle, W. F.; Feng, D. -F.; Tsang, S.; Cho, G.; and Little, E. 1996. Determining divergence times of the major kingdoms of living organisms with a protein clock. *Science* 271: 470–477.

Dott, R. H., Jr., and Prothero, D. R. 1993. *Evolution of the Earth.* 5th ed. New York: McGraw-Hill.

Forterre, P. 1997. Protein versus rRNA: Problems in rooting the universal tree of life. *American Society for Microbiology News* 63: 89–95.

Forterre, P.; Confalonieri, F.; Charbonnier, F.; and Duguet, M. 1995. Speculations on the origin of life and thermophily: Review of available information on reverse gyrase suggests that hyperthermophilic procaryotes are not so primitive. *Origins of Life and Evolution of the Biosphere* 25: 235–249.

Fox, S. W. 1995. Thermal synthesis of amino acids and the origin of life. *Geochimica et Cosmochimica Acta* 59: 1213–1214.

Giovannoni, S. J.; Mullins, T. D.; and Field, K. G. 1995. Microbial diversity in oceanic systems: rRNA approaches to the study of unculturable microbes. In *Molecular ecology of aquatic microbes,* ed. I. Joint, pp. 217–248, Berlin: Springer-Verlag.

Glikson, A. Y. 1993. Asteroids and the early Precambrian crustal evolution. *Earth-Science Reviews* 35: 285–319.

Gogarten-Boekels, M.; Hilario, E.; and Gogarten, J. P. 1995. *Origins of Life and Evolution of the Biosphere* 25: 251–264.

Gold, T. 1998. *The deep hot biosphere.* New York: Copernicus Books.

Grayling, R. A.; Sandman, K.; and Reeve, J. N. 1996. DNA stability and DNA binding proteins. *Advances in Protein Chemistry* 48: 437–467.

Gu, X. 1997. The age of the common ancestor of eukaryotes and prokaryotes: Statistical inferences. *Molecular Biology and Evolution* 14: 861–866.

Gupta, R. S., and Golding, G. B. 1996. The origin of the eukaryotic cell. *Trends in Biochemical Sciences* 21: 166–171.

Hayes, J. M. 1994. Global methanotrophy at the Archean–Proterozoic transition. In *Early life on Earth.* Nobel Symposium No. 84, ed. S. Bengston, pp. 220–236. New York: Columbia Univ. Press.

Hedén, C.-G. 1964. Effects of hydrostatic pressure on microbial systems. *Bacteriological Reviews* 28: 14–29.

Hei, D. J., and Clark, D. S. 1994. Pressure stabilization of proteins from extreme thermophiles. *Applied and Environmental Microbiology* 60: 932–939.

Hennet, R.; J.,-C., Holm, N. G.; and Engel, M. H., 1992. Abiotic synthesis of amino acids under hydrothermal conditions and the origin of life: A perpetual phenomenon? *Naturwissenschaften* 79: 361–365.

Hilario, E., and Gogarten, J. P. 1993. Horizontal transfer of ATPase genes—the tree of life becomes the net of life. *BioSystems* 31: 111–119.

Holden, J. F., and Baross, J. A. 1995. Enhanced thermotolerance by hydrostatic pressure in deep-sea marine hyperthermophile *Pyrococcus* strain ES4. *FEMS Microbiology Ecology* 18: 27–34.

Holden, J. F.; Summit, M.; and Baross, J. A. 1997. Thermophilic and hyperthermophilic microorganisms in 3–30°C hydrothermal fluids following a deep-sea volcanic eruption. *FEMS Microbiology Ecology* (in press).

Huber, R.; Stoffers, P.; Hohenhaus, S.; Rachel, R.; Burggraf, S.; Jannasch, H. W.;

and Stetter, K. O. 1990. Hyperthermophilic archaeabacteria within the crater and open-sea plume of erupting MacDonald Seamount. *Nature* 345: 179–182.

Hunten, D. M. 1993. Atmospheric evolution of the terrestrial planets. *Science* 259: 915–920.

Kadko, D.; Baross, J.; and Alt, J. 1995. The magnitude and global implications of hydrothermal flux. In *Physical, chemical, biological and geological interactions within sea floor hydrothermal discharge,* Geophysical Monograph 91, ed. S. Humphris, R. Zierenberg, L. Mullineaux, and R. Thompson, pp. 446–466. Washington, DC: AGU Press.

Karhu, J., and Epstein, S. 1986. The implication of the oxygen isotope records in coexisting cherts and phosphates. *Geochimica et Cosmochimica Acta* 50: 1745–1756.

Kasting, J. F. 1984. Effects of high CO_2 levels on surface temperature and atmospheric oxidation state of the early Earth. *Journal of Geophysical Research* 86: 1147–1158.

Kasting, J. F. 1993. New spin on ancient climate. *Nature* 364: 759–760.

Kasting, J. F. 1997. Warming early Earth and Mars. *Science* 276: 1213–1215.

Kasting, J. F., and Ackerman, T. P. 1986. Climatic consequences of very high carbon dioxide levels in the Earth's early atmosphere. *Science* 234: 1383–1385.

Knauth, L. P., and Epstein, S. 1976. Hydrogen and oxygen isotope ratios in nodular and bedded cherts. *Geochimica et Cosmochimica Acta* 40: 1095–1108.

Knoll, A. 1998. A Martian chronicle. *The Sciences* 38: 20–26.

Lazcano, A. 1994. The RNA world, its predecessors, and its descendants. In *Early life on Earth,* Nobel Symposium No. 84, ed. S. Bengston, pp. 70–80. New York: Columbia Univ. Press.

L'Haridon, S. L.; Raysenbach, A.-L.; Glénat, P.; Prieur, D.; and Jeanthon, C. 1995. Hot subterranean biosphere in a continental oil reservoir. *Nature* 377: 223–224.

Lowe, D. R. 1994. Early environments: Constraints and opportunities for early evolution. In *Early life on Earth,* Nobel Symposium No. 84, ed. S. Bengston, pp. 24–35. New York: Columbia Univ. Press.

Maher, K. A., and Stevenson, J. D. 1988. Impact frustration of the origin of life.

Nature 331: 612–614.

Marshall, W. L. 1994. Hydrothermal synthesis of amino acids. *Geochimica et Cosmochimica Acta* 58: 2099–2106.

Michels, P. C., and Clark, D. S. 1992. Pressure dependence of enzyme catalysis. In *Biocatalysis at extreme environments,* ed. M. W. W. Adams and R. Kelly, pp. 108–121. Washington, DC: American Chemical Society Books.

Miller, S. L. 1953. A production of amino acids under possible primitive Earth conditions. *Science* 117: 528–529.

Miller, S. L., and Bada, J. L. 1988. Submarine hot springs and the origin of life. *Nature* 334: 609–611.

Mojzsis, S.; Arrhenius, G.; McKeegan, K. D.; Harrison, T. M.; Nutman, A. P.; and Friend, C. R. L. 1966. Evidence for life on Earth before 3,800 million years ago. *Nature* 385: 55–59.

Moorbath, S.; O'Nions, R. K.; and Pankhurst, R. J. 1973. Early Archaean age of the Isua iron formation. *Nature* 245: 138–139.

Newman, M. J., and Rood, R. T. 1977. Implications of solar evolution for the Earth's early atmosphere. *Science* 198: 1035–1037.

Nickerson, K. W. 1984. An hypothesis on the role of pressure in the origin of life. *Theoretical Biology* 110: 487–499.

Nisbet, E. G. 1987. *The young Earth: An introduction to Archaean geology*. Boston: Allen & Unwin.

Nutman, A. P.; Mojzsis, S. J.; and Friend, C. R. L. 1997. Recognition of ≥ 3850 Ma water-lain sediments in West Greenland and their significance for the early Archaean Earth. *Geochimica et Cosmochimica Acta* 61: 2475–2484.

Oberbeck, V. R., and Mancinelli, R. L. 1994. Asteroid impacts, microbes, and the cooling of the atmosphere. *BioScience* 44: 173–177.

Oberbeck, V. R.; Marshall, J. R.; and Aggarwal, H. R. 1993. Impacts, tillites, and the breakup of Gondwanaland. *Journal of Geology* 101: 1–19.

Ohmoto, H., and Felder, R. P. 1987. Bacterial activity in the warmer, sulphate-bearing Archaean oceans. *Nature* 328: 244–246.

Pace, N. R. 1991. Origin of life—facing up to the physical setting. *Cell* 65: 531–533.

Perry, E. C., Jr.; Ahmad, S. N.; and Swulius, T. M. 1978. The oxygen isotope composition of 3,800 m.y. old metamorphosed chert and iron formation from Isukasia West Greenland. *Journal of Geology* 86: 223–239.

Sagan, C., and Chyba, C. 1997. The early faint sun paradox: Organic shielding of ultraviolet-labile greenhouse gases. *Science* 276: 1217–1221.

Schidlowski, M. 1988. A 3,800-million-year isotopic record of life from carbon in sedimentary rocks. *Nature* 333: 313–318.

Schidlowski, M. 1993. The initiation of biological processes on Earth: Summary of empirical evidence. In *Organic Geochemistry,* ed. M. H. Engel and S. A. Macko, pp. 639–655. New York: Plenum Press.

Schopf, J. W. 1994. The oldest known records of life: Early Archean stromatolites, microfossils, and organic matter. In *Early life on Earth.* Nobel Symposium No. 84, ed. S. Bengston, pp. 193–206. New York: Columbia Univ. Press.

Schopf, J. W., and Packer, B. M. 1987. Early Archean (3.3-billion to 3.5-billion-year-old) microorganisms from the Warrawoona Group, Aus-tralia. *Science* 237: 70–73.

Shock, E. L. 1992. Chemical environments of submarine hydrothermal systems. *Origin of Life and Evolution of the Biosphere* 22: 67–107.

Sogin, M. L. 1991. Early evolution and the origin of eukaryotes. *Current Opinion in Genetics and Development* 1: 457–463.

Sogin, M. L.; Silverman, J. D.; Hinkle, G.; and Morrison, H. G. 1996. Problems with molecular diversity in the Eucarya. In *Society for General Microbiology Symposium: Evolution of microbial life,* ed. D. M. Roberts, P. Sharp, G. Alderson, and M. A. Collins, pp. 167–184. Cambridge, England: Cambridge Univ. Press.

Staley, J. T., and J. J. Gosink. Poles apart: Biodiversity and biogeography of polar sea ice bacteria. *Ann. Rev. Microbiol.* (in press).

Stevens, T. O., and McKinley, J. P. 1995. Lithoautotrophic microbial ecosystems in deep basalt aquifers. *Science* 270: 450–454.

Woese, C. R. 1994. There must be a prokaryote somewhere: Microbiology's search for itself. *Microbiological Reviews* 58: 1–9.

Woese, C. R.; Kandler, O.; and Wheelis, M. L. 1990. Towards a natural system of organisms: Proposals for the domains Archaea, Bacteria, and Eucarya. *Pro-*

ceedings of the National Academy of Sciences USA 87: 4576–4579.

第二章　宇宙的宜居带

Clarke, A. C. 1973. *Rendezvous with Rama.* London: Gollancz.

Cloud, P. 1987. *Oasis in space.* New York: Norton.

De Duve, C. 1995. *Vital Dust.* New York: Basic Books.

Dole, S. 1964. *Habitable planets for man.* New York: Blaisdell.

Doolittle, W. F. 1999. Phylogenetic classification and the Universal Tree. *Science* 284: 2124–2128.

Doyle, L. R. 1996. Circumstellar habitable zones, *Proceedings of the First International Conference.* Menlo Park, CA: Travis House.

Forget, F., and Pierrehumbert, G. D. 1997. Warming early Mars with carbon dioxide that scatters infrared radiation. *Science* 278: 1273–1276.

Hale, A. 1994. Orbital coplanarity in solar-type binary systems: Implications for planetary system formation and detection. *Astronomical Journal* 107: 306–332.

Hart, M. H. 1978. The evolution of the atmosphere of the earth. *Icarus* 33: 23–39.

Hart, M. H. 1979. Habitable zones about main sequence stars. *Icarus* 37: 351–357.

Illes-Almar, E.; Almar, I.; Berczi, S.; and Likacs, B. 1997. On a broader concept of circumstellar habitable zones. Conference Paper, Astronomical and Biochemical Origins and the Search for Life in the Universe, IAU Colloquium 161, Bologna, Italy, p. 747.

Kasting, J. F. 1988. Runaway and moist greenhouse atmospheres and the evolution of Earth and Venus. *Icarus* 74: 472–494.

Kasting, J. F. 1993. Earth's early atmosphere. *Science* 259: 920–926.

Kasting, J. F. 1997. Habitable zones around low mass stars and the search for extraterrestrial life. In *Planetary and interstellar processes relevant to the origins of life,* ed. D. C. B. Whittet, p. 291. Kluwer Academic Publishers, 1997.

Kasting, J. F. 1997. Update: The early Mars climate question heats up. *Science* 278: 1245.

Kasting, J. F.; Whitmire, D. P.; and Reynolds, R. T. 1993. Habitable zones around main sequence stars. *Icarus* 101: 108−128.

Ksanfomaliti, L. V. 1998. Planetary systems around stars of late spectral types: A Limitation for habitable zones. *Astronomicheskii Vestnik* 32: 413.

Lepage, A. J. 1998. Habitable moons. *Sky and Telescope* 96: 50.

Miller, S. L. 1953. Production of amino acids under possible primitive Earth conditions. *Science* 117: 528.

Sagan, C., and Chyba, C. 1997. The early faint sun paradox: Organic shielding of ultraviolet-labile greenhouse gases. *Science* 276: 1217−1221.

Sleep, N. H.; Zahnle, K. J.; Kasting, J. F.; and Morowitz, H. J. 1989. Annihilation of ecosystems by large asteroid impacts on the early Earth. *Nature* 342: 139.

Squyres, S. W., and Kasting, J. F., 1994. Early Mars—how warm and how wet? *Science* 265, 744.

Wetherill, G. W. 1996. The formation and habitability of extra-solar planets. *Icarus* 119: 219−238.

Whitmire, D. P., Matese, J. J.; Criswell, L.; and Mikkola, S. 1998. Habitable planet formation in binary star systems. *Icarus* 132: 196−203.

Williams, D. M., Kasting, J. F.; and Wade, R. A. 1996. Habitable moons around extrasolar giant planets. AAS/Division of Planetary Sciences Meeting 28, 1221.

Williams, D. M., Kasting, J. F.; and Wade, R. A. 1997. Habitable moons around extrasolar giant planets. *Nature* 385: 234−236.

第三章　建造宜居地球

Bryden, G., D.; Lin, N. C.; and Terquem, C. 1998. Planet formation; orbital evolution and planet-star tidal interaction. ASP Conf. Ser. 138: 1997 Pacific Rim Conference on Stellar Astrophysics 23.

Cameron, A. G. W. 1995. The first ten million years in the solar nebula. *Meteoritics* 30, 133−161.

Chyba, C. F. 1987. The cometary contribution to the oceans of the primitive Earth. *Nature* 220: 632−635.

Chyba, C. F. 1993. The violent environment of the origin of life: Progress and uncertainties. *Geochimica et Cosmochimica Acta* 57: 3351−3358.

Chyba, C. F., and Sagan, C. 1992. Endogenous production, exogenous delivery, and impact-shock synthesis of organic molecules: An inventory for the origins of life. *Nature* 355: 125–131.

Chyba, C. F.; Thomas, P. J.; Brookshaw, L.; and Sagan, C. 1990. Cometary delivery of organic molecules to the early Earth. *Science* 249: 366–373.

Gonzalez, G.; Laws, C.; Tyagi, S.; and Reddy, B. E. 2001. Parent stars of extrasolar planets: VI. Abundance analyses of 20 new systems. *Astronomical Journal* 121: 432–452.

Holland, H. D. 1984. *The chemical evolution of the atmosphere and oceans.* Princeton, NJ: Princeton Univ. Press.

Lin, D. N. C. 1997. On the ubiquity of planets and diversity of planetary systems. Proceedings of the 21st Century Chinese Astronomy Conference: dedicated to Prof. C. C. Lin, Hong Kong, 1–4 August 1996, ed. K. S. Cheng and K. L. Chan, Singapore. River Edge, NJ: World, Scientific, p. 313.

Lunine, J., 1999. *Earth: Evolution of a habitable world.* Cambridge, England: Cambridge Univ. Press.

Maher, K. A. J., and Stevenson, D. J. 1988. Impact frustration of the origin of life. *Nature* 331: 612–614.

Sagan, C. 1994. *Pale blue dot: A vision of the human future in space.* New York: Random House.

Sagan, C., and Chyba, C. 1997. The early faint sun paradox: Organic shielding of ultraviolet-labile greenhouse gases. *Science* 276: 1217–1221.

Sleep, N. H.; Zahnle, K. J.; Kasting, J. F.; and Morowitz, H. J. 1989. Annihilation of ecosystems by large asteroid impacts on the early Earth. *Nature* 342: 139–142.

Taylor, S. R. 1998. On the difficulties of making earth-like planets. *Meteoritics and Planetary Science* 32: 153.

Taylor, S. R., and McLennan, S. M. 1995. The geochemical evolution of the continental crust. *Reviews in Geophysics* 33: 241–265.

Towe, K. M. 1994. Earth's early atmosphere: Constraints and opportunities for early evolution. In *Early life on Earth,* Nobel Symposium No. 84, ed. S. Bengston, pp. 36–47. New York: Columbia Univ. Press.

van Andel, T. H. 1985. *New views on an old planet.* Cambridge, England: Cambridge Univ. Press.

Walker, J. C. G. 1977. *Evolution of the atmosphere.* London: Macmillan.

Wetherill, G. W. 1991. Occurrence of Earth-like bodies in planetary systems. *Science* 253: 535–538.

Wetherill, G. W. 1994. Provenance of the terrestrial planets. *Geochimica et Cosmochimica Acta* 58: 4513–4520.

Wetherill, G. W. 1996. The formation and habitability of extra-solar planets. *Icarus* 119: 219–238.

第四章　地球生命的初次登场

Abbott, D. H., and Hoffman, S. E. 1984. Archaean plate tectonics revisited. 1. Heat flow, spreading rate, and the age of subducting oceanic litho-sphere and their effects on the origin and evolution of continents. *Tectonics* 3: 429–448.

Bada, J. L.; Bigham, C.; and Miller, S. L. 1994. Impact melting of frozen oceans on the early Earth: Implications for the origin of life. *Proceedings of the National Academy of Sciences USA* 91: 1248–1250.

Barns, S. M.; Fundyga, R. E.; Jeffries, M. W.; and Pace, N. R. 1994. Remarkable archaeal diversity detected in a Yellowstone National Park hot spring environment. *Proceedings of the National Academy of Sciences USA* 91: 1609–1613.

Baross, J. A., and Deming, J. W. 1995. Growth at high temperatures: Isolation and taxonomy, physiology, and ecology. In *The microbiology of deep-sea hydrothermal vent habitats,* ed. D. M. Karl, pp. 169–217. Boca Raton, FL: CRC Press.

Baross, J. A., and Hoffman, S. E. 1985. Submarine hydrothermal vents and associated gradient environments as sites for the origin and evolution of life. *Orig. Life Evolution Biosphere* 15: 327–345.

Brakenridge, G. R.; Newsom, H. E.; and Baker, V. R. 1985. Ancient hot springs on Mars: Origins and paleoenvironmental significance of small Martian valleys. *Geology* 13: 859–862.

Carl, M. H. 1996. *Water on Mars.* New York: Oxford Univ. Press.

Cloud, P. 1988. *Oasis in space: Earth history from the beginning.* New York: W.

W. Norton.

Converse, D. R.; Holland, H. D.; and Edmond, J. M. 1984. Flow rates in the axial hot springs of the East Pacific Rise (21°N): Implications for the heat budget and the formation of massive sulfide deposits. *Earth Planet. Sci. Lett.* 69: 159–175.

Criss, R. E., and Taylor, H. P., Jr. 1986. Meteoric-hydrothermal systems. *Rev. Mineral.* 16: 373–424.

Daniel, R. M. 1992. Modern life at high temperatures. In Marine Hydrothermal Systems and the Origin of Life, ed. N. Holm, *Orig. Life Evolution Biosphere* 22: 33–42.

de Duve, C. 1995. *Vital dust: Life as a cosmic imperative.* New York: Basic Books.

Doolittle, W. F. 1999. Phylogenetic classification and the Universal Tree. *Science* 284: 2124.

Glikson, A. 1995. Asteroid comet mega-impacts may have triggered major episodes of crustal evolution. *Eos* 76: 49–54.

Gonzalez, G. 1998. Extraterrestrials: A Modern View. *Society* 35 (5): 14–20.

Griffith, L. L., and Shock, E. L. 1995. A geochemical model for the formation of hydrothermal carbonate on Mars. *Nature* 377: 406–408.

Griffith, L. L., and Shock, E. L. 1997. Hydrothermal hydration of Martian crust: Illustration via geochemical model calculations. *J. Geophys. Res.* 102: 9135–9143.

Hoyle, F.; Wickramasinghe, N. C.; and Mufti, S. A. 1985. The case for interstellar micro-organisms. *Astrophysics and Space Science* 110: 401.

Karl, D. M. 1995. Ecology of free-living, hydrothermal vent microbial communities. In *The microbiology of deep-sea hydrothermal vent habitats,* ed. D. M. Karl, pp. 35–124. Boca Raton, FL: CRC Press.

MacLeod, G.; McKeown, C.; Hall, A. J.; and Russell, M. J. 1994. Hydrothermal and oceanic pH conditions of possible relevance to the origin of life. *Orig. Life Evolution Biosphere* 23: 19–41.

McCollom, T. M., and Shock, E. L. 1997. Geochemical constraints on chemolithoautotrophic metabolism by microorganisms in seafloor hydrothermal systems. *Geochimica et Cosmochimica Acta* (in press).

McSween, Jr., H. Y. 1994. What we have learned about Mars from SNC meteorites. *Meteoritics* 29: 757–779.

Miller, S., and Lazcano, A. 1996. From the primitive soup to Cyanobacteria: It may have taken less than 10 million years. In *Circumstellar habitable zones,* ed. L. Doyle, pp. 393–404. Menlo Park, CA: Travis House.

Pace, N. R. 1991. Origin of life—facing up to the physical setting. *Cell* 65: 531–533.

Romanek, C. S.; Grady, M. M.; Wright, I. P.; Mittlefehldt, D. W.; Socki, R. A.; C. T. Pillinger, C. T.; and Gibson, Jr., E. K. 1994. Record of fluid rock interactions on Mars from the meteorite ALH84001. *Nature* 372: 655–657.

Russell, M. J.; Daniel, R. M.; and Hall, A. J. 1993. On the emergence of life via catalytic iron sulphide membranes. *Terra Nova* 5: 343–347.

Russell, M. J.; Daniel, R. M.; Hall, A. J.; and Sherringham, J. 1994. A hydrothermally precipitated catalytic iron sulphide membrane as a first step toward life. *J. Molec. Evol.* 39: 231–243.

Russell, M. J., and Hall, A. J. 1995. The emergence of life at hot springs: A basis for understanding the relationships between organics and mineral deposits. In *Proceedings of the Third Biennial SGA Meeting, Prague, Mineral deposits: From their origin to their environmental impacts,* ed. J. Pasava, B. Kribek, and K. Zak, pp. 793–795.

Russell, M. J., and Hall, A. J. 1997. The emergence of life from iron monosulphide bubbles at a hydrothermal redox front. *J. Geol. Soc.* (in press).

Russell, M. J.; Hall, A. J.; Cairns-Smith, A. G.; and Braterman, P. S. 1988. Submarine hot springs and the origin of life. *Nature* 336: 117.

Russell, M. J.; Hall, A. J.; and Turner, D. 1989. *In vitro* growth of iron sulphide chimneys: Possible culture chambers for origin-of-life experiments. *Terra Nova* 1: 238–241.

Schwartzman, D.; McMenamin, M.; and Volk, T. 1993. Did surface temperatures constrain microbial evolution? *BioScience* 43: 390–393.

Seewald, J. S. 1994. Evidence for metastable equilibrium between hydrocarbons under hydrothermal conditions. *Nature* 370: 285–287.

Segerer, A. H.; Burggraf, S.; Fiala, G.; Huber, G.; Huber, R.; Pley, U.; and Stetter, K. O. 1993. Life in hot springs and hydrothermal vents. *Orig. Life*

Evol. Biosphere 23: 77–90.

Shock, E. L. 1990a. Geochemical constraints on the origin of organic compounds in hydrothermal systems. *Orig. Life Evol. Biosphere* 20: 331–367.

Shock, E. L. Chemical environments in submarine hydrothermal systems. 1992a. In Holm, N. Marine hydrothermal systems and the origin of life, ed. N. Holm. *Orig. Life Evol. Biosphere* 22: 67–107.

Shock, E. L.; McCollom, T.; and Schulte, M. D. 1995. Geochemical constraints on chemolithoautotrophic reactions in hydrothermal systems. *Orig. Life Evol. Biosphere* 25: 141–159.

Shock, E. L., and Schulte, M. D. 1997. Hydrothermal systems as locations of organic synthesis on the early Earth and Mars. *Orig. Life Evol. Biosphere* (in press).

Sleep, N. H.; Zahnle, K. J.; Kasting, J. F.; and Morowitz, H. J. 1989. Annihilation of ecosystems by large asteroid impacts on the early Earth. *Nature* 342: 139–142.

Stetter, K. O. 1995. Microbial life in hyperthermal environments. *ASM News, American Society for Microbiology* 61: 285–290.

Treiman, A. H. 1995. A petrographic history of Martian meteorite ALH84001: Two shocks and an ancient age. *Meteoritics* 30: 294–302.

Von Damm, K. L. 1990. Seafloor hydrothermal activity: Black smoker chemistry and chimneys. *Ann. Rev. Earth Planet. Sci.* 18: 173–204.

Watson, L. L.; Hutcheon, I. D.; Epstein, S.; and Stolper, E. M. 1994. Water on Mars: Clues from deuterium/hydrogen and water contents of hydrous phases in SNC meteorites. *Science* 265: 86–90.

Wilson, E. 1992. *The diversity of life.* Cambridge, MA: Harvard Univ. Press.

Wilson, L., and Head, III, J. W. 1994. Mars: Review and analysis of volcanic eruption theory and relationships to observed landforms. *Rev. Geophys.* 32: 221–263.

Woese, C. R. 1987. Bacterial evolution. *Microbiol. Rev.* 51: 221–271.

Woese, C. R.; Kandler, O.; and Wheelis, M. L. 1990. Towards a natural system of organisms: Proposal for the domains Archaea, Bacteria, and Eucarya. *Proceedings of the National Academy of Sciences USA* 87: 4576–4579.

第五章　如何建造动物

Akam, M., *et al.*, eds. 1994. *The evolution of developmental mechanisms*. Cambridge, England: The Company of Biologists, Ltd.

Brasier, M. D.; Shields, G.; Kuleshoy, V. N.; and Zhegallos, E. A. 1996. Integrated chemo-and biostratigraphic calibration of early animal evolution: Neoproterozoic-early Cambrian of southwest Mongolia. *Geological Magazine* 133: 445–485.

Bowring, S. A., Grotzinger, J. P.; Isachsen, C. E.; Knoll, A. H.; Pelechaty, S. M.; and Kolosov, P. 1993. Calibrating rates of Early Cambrian evolution. *Science* 261: 1293–1298.

Carroll, S. B. 1995. Homeotic genes and the evolution of arthropods and chordates. *Nature* 376: 479–485.

Chen, J.-Y., and Erdtmann, B.-D. 1991. Lower Cambrian fossil lagerstatte from Chengjiang, Yunnan, China: Insights for reconstructing early metazoan life. In *The early evolution of metazoa and the significance of problematic taxa,* ed. A. M. Simonetta and S. Conway Morris, pp. 57–76. Cambridge, England: Cambridge Univ. Press.

Conway Morris, S. 1997. Defusing the Cambrian "explosion"? *Current Biology* 7: R71–R74.

Crimes, T. P. 1994. The period of early evolutionary failure and the dawn of evolutionary success: The record of biotic changes across the Precambrian–Cambrian boundary. In *The paleobiology of trace fossils,* ed. S. K. Donovan, pp. 105–133. London: Wiley.

Erwin, D. H. 1993. The origin of metazoan development. *Biological Journal of the Linnean Society* 50: 255–274.

Evans, D. A. 1998. True polar wander, a supercontinental legacy. *Earth and Planetary Science Letters* 157: 1–8.

Evans, D. A.; Beukes, N. J.; and Kirschvink, J. L. 1997. Low-latitude glaciation in the Paleoproterozoic era. *Nature* 386(6622): 262–266.

Evans, D. A.; Ripperdan, R. L.; and Kirschvink, J. L. 1998. Polar wander and the Cambrian (response). *Science* 279: 16.

Full article accessible at http: //www.sciencemag.org/cgi/content/full/279/5347/9a

Evans, D. A.; Zhuravlev, A. Y.; Budney, C. J.; and Kirschvink, J. L. 1996. Paleomagnetism of the Bayan Gol Formation, western Mongolia. *Geological Magazine* 133: 478–496.

Fedonkin, M. A., and B. M. Waggoner. 1996. The Vendian fossil *Kimberella:* The oldest mollusk known. *Geological Society of America, Abstracts with Program.* 28(7): A–53.

Gerhart, J., and Kirschner, M. 1997. *Cells, embryos, and evolution: Toward a cellular and developmental understanding of phenotypic variation and evolutionary adaptability.* Boston: Blackwell Science Inc.

Grotzinger, J. P.; Bowring, S. A.; Saylor, B.; and Kauffman, A. J. 1995. New biostratigraphic and geochronological constraints on early animal evolution. *Science* 270: 598–604.

Kappen, C.; and Ruddle, F. H. 1993. Evolution of a regulatory gene family: *HOM/Hox* genes. *Current Opinion in Genetics and Development* 3: 931–938.

Knoll, A., and Carroll, S. 1999. Early animal evolution: Emerging views from comparative biology and geology. *Science* 284: 2129–2137.

Knoll, A. H.; Kaufman, A. J.; Semikhatov, M. A.; Grotzinger, J. P.; and Adams, W. 1995. Sizing up the sub-Tommotian unconformity in Siberia. *Geology* 23: 1139–1143.

Margulis, L., and Sagan, D. 1986. *Microcosmos.* New York: Simon & Schuster.

Raff, R. A. 1996. *The shape of life.* Chicago: Univ. of Chicago Press.

Schwartzman, D., and Shore, S. 1996. Biotically mediated surface cooling and habitability for complex life. In *Circumstellar habitable zones,* ed. L. Doyle, pp. 421–443. Menlo Park, CA: Travis House.

Seilacher, A.; Bose, P. K.; and Pflüger, F. 1998 Triploblastic animals more than 1 billion years ago: Trace fossil evidence from India October 2; *Science* 282: 80–83.

Valentine, J. W. 1994. Late Precambrian bilaterans: Grades and clades. *Proceedings of the National Academy of Sciences* 91: 6751–6757.

Valentine, J. W.; Erwin, D. H.; and Jablonski, D. 1996. Developmental evolution of metazoan body plans: The fossil evidence. *Developmental Biology* 173:

373–381.
Wilmer, P. 1990. *Invertebrate relationships: Patterns in animal evolution.* Cambridge, England: Cambridge Univ. Press.
Wray, G. A.; Levinton, J. S.; and Shapiro, L. 1996. Molecular evidence for deep pre-Cambrian divergences among the metazoan phyla. *Science* 274: 568–573.

第六章　雪球地球

Bertani, L. E.; Huang, J.; Weir, B.; and Kirschvink, J. L. 1997. Evidence for two types of subunits in the bacterioferritin of *Magnetospirillum magnetotacticum. Gene* 201: 31–36.
Evans, D. A.; Beukes, N. J.; and Kirschvink, J. L. 1997. Low-latitude glaciation in the Paleoproterozoic era. *Nature* 386(6622): 262–266.
Evans, D. A.; Zhuravlev, A. Y.; Budney, C. J.; and Kirschvink, J. L. 1996. Paleomagnetism of the Bayan Gol Formation, western Mongolia. *Geological Magazine* 133: 478–496.
Hoffman, P.; Kaufman, A.; Halverson, G.; and Schrag, D. 1998. A Neoproterozoic Snowball Earth. *Science* 281: 1342–1346.
Kirschvink, J. L. 1992. A paleogeographic model for Vendian and Cambrian time. In *The Proterozoic biosphere: A multidisciplinary study,* ed. J. W. Schopf, C. Klein, and D. Des Maris, pp. 567–581. Cambridge, England: Cambridge Univ. Press.
Kirschvink, J. L.; Gaidos, E. J.; Bertani, L. E.; Beukes, N. J.; Gutzmer, J.; Evans, D. A.; Maepa, L. N.; and Steinberger, R. E. The paleoproterozoic snowball Earth: deposition of the Kalahari manganese field and evolution of the Archaea and Eukarya kingdoms. *Science,* in extended review (as of 11/98).
Kitchner, P. 1996. *The lives to come: The genetic revolution and human possibilities.* New York: Touchstone Books.
Schwartzman, D.; McMenamin, M.; and Volk, T. 1993. Did surface temperatures constrain microbial evolution? *BioScience* 43: 390–393.
Schwartzman, D., and Shore, S. 1996. Biotically mediated surface cooling and habitability for complex life. In *Circumstellar habitable zones*, ed. L. Doyle, pp. 421–443. Menlo Park, CA: Travis House.

第七章　寒武纪爆发之谜

Aitken, J. D., and McIlreath, I. A. 1984. The Cathedral Reef Escarpment, a Cambrian great wall with humble origins. *Geos* 13: 17–19.

Allison, P. A., and Brett, C. E. 1995. *In situ* benthos and paleo-oxygenation in the Middle Cambrian Burgess Shale, British Columbia, Canada. *Geology* 23: 1079–1082.

Aronson, R. B. 1992. Decline of the Burgess Shale fauna: Ecologic or taphonomic restriction? *Lethaia* 25: 225–229.

Bergström, J. 1986. *Opabinia* and *Anomalocaris,* unique Cambrian "arthropods." *Lethaia* 19: 241–246.

Briggs, D. E. G. 1979. *Anomalocaris,* the largest known Cambrian arthropod. *Palaeontology* 22: 631–664.

Briggs, D. E. G. 1992. Phylogenetic significance of the Burgess Shale crustacean *Canadaspis. Acta Zoologica (Stockholm)* 73: 293–300.

Briggs, D. E. G., and Collins, D. 1988. A Middle Cambrian chelicerate from Mount Stephen, British Columbia. *Palaeontology* 31: 779–798.

Briggs, D. E. G., and Fortey, R. A. 1989. The early radiation and relationships of the major arthropod groups. *Science* 246: 241–243.

Briggs, D. E. G., and Whittington, H. B. 1985. Modes of life of arthropods from the Burgess Shale, British Columbia. *Philosophical Transactions of the Royal Society of Edinburgh* 76: 149–160.

Budd, G. E. 1996. The morphology of *Opabinia regalis* and the reconstruction of the arthropod stem-group. *Lethaia* 29: 1–14.

Butterfield, N. J. 1990a. Organic preservation of non-mineralizing organisms and the taphonomy of the Burgess Shale. *Paleobiology* 16: 272–286.

Butterfield, N. J. 1997. Plankton ecology and the Proterozoic–Phanerozoic transition. *Paleobiology* 23: 247–262.

Butterfield, N. J., and Nicholas, C. J. 1996. Burgess Shale-type preservation of both non-mineralizing and "shelly" Cambrian organisms from the Mackenzie Mountains, northwestern Canada. *Journal of Paleontology* 70: 893–899.

Chen Junyuan; Edgecombe, G. D.; Ramsköld, L.; and Zhou Guiqing. 1995. Head segmentation in early Cambrian *Fuxianbuia:* Implications for arthropod evolution. *Science* 268: 1339–1343.

Chen Junyuan; Edgecombe, G. D.; and Ramsköld, L. 1997. Morphological and ecological disparity in naraoiids (Arthropoda) from the Early Cambrian Chengjiang fauna, China. *Records of the Australian Museum* 49: 1–24.

Chen Junyuan; Ramsköld, L.; and Zhou Guiqing. 1994. Evidence for monophyly and arthropod affinity of Cambrian predators. *Science* 264: 1304–1308.

Chen Junyuan; Zhou Guiqing; Zhu Maoyan; and Yeh K. Y. ca. 1996. *The Chengjiang biota. A unique window on the Cambrian explosion.* Taiwan Museum of Natural Science. [in Chinese]

Cloud, P. 1987. *Oasis in space: Earth history from the begining.* New York: Norton.

Collins, D.; Briggs, D.; and Conway Morris, S. 1983. New Burgess Shale fossil sites reveal Middle Cambrian faunal complex. *Science* 222: 163–167.

Conway Morris, S. 1979a. The Burgess Shale (Middle Cambrian) fauna. *Annual Review of Ecology and Systematics* 10: 327–349.

Conway Morris, S., ed. 1982. *Atlas of the Burgess Shale.* London: Palaeontological Association.

Conway Morris, S. 1989. Burgess Shale faunas and the Cambrian explosion. *Science* 246: 339–346.

Conway Morris, S. 1989. The persistence of Burgess Shale-type faunas: Implications for the evolution of deeper-water faunas. *Transactions of the Royal Society of Edinburgh: Earth Sciences* 80: 271–283.

Conway Morris, S. 1990. Late Precambrian and Cambrian soft-bodied faunas. *Annual Review of Earth and Planetary Sciences* 18: 101–22.

Conway Morris, S. 1992. Burgess Shale-type faunas in the context of the "Cambrian explosion" : A review. *Journal of the Geological Society, London* 149: 631–636.

Conway Morris, S. 1993a. Ediacaran-like fossils in Cambrian Burgess Shaletype faunas of North America. *Palaeontology* 36: 593–635.

Conway Morris, S. 1993b. The fossil record and the early evolution of the metazoa. *Nature* 361: 219–225.

Conway Morris, S. 1998. *Crucible of creation.* Oxford Univ. Press.

Conway Morris, S., and Whittington, H. B. 1985. Fossils of the Burgess Shale, a national treasure in Yoho National Park, British Columbia. *Miscellaneous Re-*

ports of the Geological Survey of Canada 43: 1–31.

Darwin, C. 1859. *On the origin of species by means of natural selection, or the preservation of favoured races in the struggle for life.* London: John Murray.

Dzik, J. 1995. *Yunnanozoon* and the ancestry of chordates. *Acta Palaeontologica Polonica* 40: 341–360.

Erwin, D. M. 1993. The origin of metazoan development: A palaeobiological perspective. *Biological Journal of the Linnean Society* 50: 255–274.

Erwin, D. M.; Valentine, J.; and Jablonski, D. 1997. The origin of animal body plans. *American Scientist* 85(2): 126–137.

Fritz, W. H. 1971. Geological setting of the Burgess Shale. In *Symposium on Extraordinary Fossils. Proceedings of the North American Paleontological Convention,* Field Museum of Natural History, Chicago. September 5–7, 1969, Part I, pp. 1155–1170. Lawrence, KS: Allen Press.

Glaessner, M. F., and Wade, M. 1966. The late precambrian fossils from Ediacara, South Australia. *Palaeontology* 9 (4): 599–628.

Gould, S. J. 1986. *Wonderful life.* New York: Norton.

Gould, S. J. 1991. The disparity of the Burgess Shale arthropod fauna and the limits of cladistic analysis: Why we must strive to quantify morphospace. *Paleobiology* 17: 411–423.

Grotzinger, J. P.; Bowring, S. A.; Saylor, B. Z.; and Kaufman, A. J. 1995. Biostratigraphic and geochronologic constraints on early animal evolution. *Science* 270: 598–604.

Kirschvink, J. L.; Magaritz, M.; Ripperdan, R. L.; Zhuravlev, A. Y.; and Rozanov, A. Y. 1991. The Precambrian–Cambrian boundary: Magnetostratigraphy and carbon isotopes resolve correlation problems between Siberia, Morocco, and South China. *GSA Today* 1: 69–91.

Kirschvink, J. L.; Ripperdan, R. L.; and Evans, D. A. 1997. Evidence for a large-scale Early Cambrian reorganization of continental masses by inertial interchange true polar wander. *Science* 277: 541–545.

Kirschvink, J. L., and Rozanov, A. Y. 1984. Magnetostratigraphy of Lower Cambrian strata from the Siberian Platform: A paleomagnetic pole and a preliminary polarity time scale. *Geological Magazine* 121: 189–203.

Lowenstam, H. A., and Margulis, L. 1980. Evolutionary prerequisites for early

Phanerozoic calcareous skeletons. *BioSystems* 12: 27–41.

Ludvigsen, R. 1989. The Burgess Shale: Not in the shadow of the Cathedral Escarpment. *Geoscience Canada* 16: 51–59.

McMenamin, M., and McMenamin, D. 1990. *The emergence of animals.* New York: Columbia Univ. Press.

Ramsköld, L., and Hou Xianguang. 1991. New early Cambrian animal and onychophoran affinities of enigmatic metazoans. *Nature* 351: 225–228.

Rigby, J. K. 1986. Sponges of the Burgess Shale (Middle Cambrian), British Columbia. *Palaeontographica Canadiana* 2: 1–105.

Seilacher, A.; Bose, P. K.; and Pflüger, F. 1998. Triploblastic animals more than 1 billion years ago: Trace fossil evidence from India October 2; *Science* 282: 80–83.

Simonetta, A. M., and Conway Morris, S., eds. 1991. *The early evolution of metazoa and the significance of problematic taxa.* Cambridge, England: Cambridge Univ. Press.

Simonetta, A. M., and Insom, E. 1993. New animals from the Burgess Shale (Middle Cambrian) and their possible significance for the understanding of the Bilateria. *Bollettino Zoologica* 60: 97–107.

Towe, K. M. 1996. Fossil preservation in the Burgess Shale. *Lethaia* 29: 107–108.

Whittington, H. B. 1971a. The Burgess Shale: History of research and preservation of fossils. In *Symposium on extraordinary fossils. Proceedings of the North American Paleontological Convention,* Field Museum of Natural History, Chicago, September 5–7, 1969, Partl, pp. 1170–1201, Lawrence, KS: Allen Press.

Whittington, H. B. 1979. Early arthropods, their appendages and relationships. In *The origin of major invertebrate groups,* ed. M. R. House. Systematics Association Special Volume 12, pp. 253–268.

Whittington, H. B., and Briggs, D. E. G. 1985. The largest Cambrian animal, *Anomalocaris,* Burgess Shale, British Columbia. *Philosophical Transactions of the Royal Society of London B* 309: 569–609.

Wills, M. A.; Briggs, D. E. G.; and Fortey, R. A. 1994. Disparity as an evolutionary index: A comparison of Cambrian and Recent arthropods. *Paleobiology* 20: 93–130.

Wilson, E. O. 1994. *The diversity of life.* London: Penguin.

Yochelson, E. L. 1996. Discovery, collection, and description of the Middle Cambrian Burgess Shale biota by Charles Doolittle Walcott. *Proceedings of the American Philosophical Society* 140: 469–545.

第八章　集群灭绝与稀有地球假说

Alvarez, L.; Alvarez, W.; Asaro, F.; and Michel, H. 1980. Extra-terrestrial cause for the Cretaceous–Tertiary extinction. *Science* 208: 1094–1108.

Alvarez, W. 1997. *T. Rex and the Crater of Doom.* Princeton, NJ: Princeton University Press.

Annis, J. 1999. Placing a limit on star-fed Kardashev type III civilisations. *Journal of the British Interplanetary Society* 52: 33–36.

Bourgeois, J. 1994. Tsunami deposits and the K/T boundary: A sedimentologist's perspective. *Lunar Planetary Institute Cont.* 825: 16.

Caldeira, K., and Kasting, J. F. 1992. Susceptibility of the early Earth to irrversible glaciation caused by carbon ice clouds. *Nature* 359: 226–228.

Covey, C.; Thompson, S.; Weissman, P.; and MacCracken, M. 1994. Global climatic effects of atmospheric dust from an asteroid or comet impact on earth. *Global and Planetary Change* 9: 263–273.

Dar, A.; Laor, A.; and Shaviv, N. 1998. Life extinctions by cosmic ray jets. *Physical Rev. Let.* 80: 5813–5816.

Donovan, S. 1989. *Mass extinctions: Processes and evidence.* New York: Columbia Univ. Press.

Ellis, J., and Schramm, D. 1995. Could a supernova explosion have caused a mass extinction? *Proc. Nat. Acad. Sci.* 92: 235–238.

Erwin, D. 1993. *The great Paleozoic crisis: Life and death in the Permian.* New York: Columbia Univ. Press.

Erwin, D. 1994. The Permo–Triassic extinction. *Nature* 367: 231–236.

Grieve, R. 1982. The record of impact on Earth. *Geol. Soc.* America Special Paper 190, ed. Silver, S., and Schultz, P., pp. 25–37.

Hallam, A. 1994. The earliest Triassic as an anoxic event, and its relationship to the End-Paleozoic mass extinction. In *Global environments and resources,* pp. 797–804. Canadian Society of Petroleum Geologists, Mem. 17.

Hallam, A., and Wignall, P. 1997. *Mass extinctions and their aftermath.* Oxford,

England: Oxford Univ. Press.

Hsu, K., and McKenzie, J. 1990. Carbon isotope anomalies at era boundaries: Global catastrophes and their ultimate cause. *Geol. Soc. Am. Special Paper 247,* pp. 61–70.

Isozaki, Y. 1994. Superanoxia across the Permo–Triassic boundary: Record in accreted deep-sea pelagic chert in Japan: In *Global environments and resources,* pp. 805–812. Canadian Society of Petroleum Geologists, Mem. 17.

Knoll, A.; Bambach, R.; Canfield, D.; and Grotzinger, J. 1996. Comparative earth history and Late Permian mass extinction. *Science* 273: 452–457.

Marshall, C. 1990. Confidence intervals on stratigraphic ranges. *Paleobiology* 16: 1–10.

Marshall, C., and Ward, P. 1996. Sudden and gradual molluscan extinctions in the latest Cretaceous of Western European Tethys. *Science* 274: 1360–1363.

McLaren, D. 1970. Time, life and boundaries. *Journal of Paleontology* 44: 801–815.

Morante, R. 1996. Permian and early Triassic isotopic records of carbon and strontium events in Australia and a scenario of events about the Permian–Triassic boundary. *Historical Geology* 11: 289–310.

Muller, R. 1988. *Nemesis: The death star.* London: Weidenfeld & Nicholson.

Pope, K.; Baines, A.; Ocampo, A.; and Ivanov, B. 1994. Impact winter and the Cretaceous-Tertiary extinctions: Results of a Chicxulub asteroid impact model. *Earth and Planetary Science Express* 128: 719–725.

Rampino, M., and Caldeira, K. 1993. Major episodes of geologic change: Correlations, time structure and possible causes. *Earth Planetary Science Letters* 114: 215–227.

Raup, D. 1979. Size of the Permo–Triassic bottleneck and its evolutionary implications. *Science* 206: 217–218.

Raup, D. 1990. *Extinction: Bad genes or bad luck?* New York: Norton.

Raup, D. 1990. Impact as a general cause of extinction: A feasibility test. In *Global catastrophes in earth history,* ed. V. Sharpton and P. Ward, pp. 27–32. Geol. Soc. Am. Special Paper 247.

Raup, D. 1991. A kill curve for Phanerozoic marine species. *Paleobiology* 17: 37–48.

Raup, D., and Sepkoski, J. 1984. Periodicity of extinction in the geologic past. *Proc. Nat. Acad. Sci.,* A81, p. 801–805.

Retallack, G. 1995. Permian–Triassic crisis on land. *Science* 267: 77–80.

Schindewolf, O. 1963. Neokatastrophismus? Zeit. *Der Deutschen Geol. Gesell.* 114: 430–445.

Schultz, P., and Gault, D. E. 1990. Prolonged global catastrophes from oblique impacts, in Sharpton, V. L. and Ward, P. D., eds., Global catastrophes in Earth history, An interdisciplinary conference on impacts, volcanism and mass mortality: Geological Society of America Special Paper 247, p. 239–261.

Sheehan, P.; Fastovsky, D.; Hoffman, G.; Berghaus, C.; and Gabriel, D. 1991. Sudden extinction of the dinosaurs: Latest Cretaceous, Upper Great Plains, U.S.A. *Science* 254: 835–839.

Sigurdsson, H.; D'hondt, S.; and Carey, S. 1992. The impact of the Cretaceous–Tertiary bolide on evaporite terrain and generation of major sulfuric acid aerosol. *Earth Planetary Science Letters* 109: 543–559.

Stanley, S. 1987. *Extinctions.* New York: Freeman.

Stanley, S., and Yang, X. 1994. A double mass extinction at the end of the Paleozoic Era. *Science* 266: 1340–1344.

Teichert, C. 1990. The end-Permian extinction. In *Global events in Earth history,* ed. E. Kauffman and O. Walliser, pp. 161–190.

Urey, H. 1973. On cometary collisions and geological periods. *Nature* 242: 32.

Ward, P. 1990. The Cretaceous/Tertiary extinctions in the marine realm: A 1990 perspective. In *Geological Society of America Special Paper* 247, pp. 425–432.

Ward, P. 1994. *The end of evolution.* New York: Bantam Doubleday Dell.

Ward, P. D. 1990. A review of Maastrichtian ammonite ranges. In *Geological Society of America Special Paper* 247, pp. 519–530.

Ward, P., and Kennedy, W. 1993. Maastrichtian ammonites from the Biscay region (France and Spain). *Journal of Paleontology, Memoir* 34, 67: 58.

Ward, P.; Kennedy, W. J.; MacLeod, K.; and Mount, J. 1991. Ammonite and inoceramid bivalve extinction patterns in Cretaceous–Tertiary boundary sections of the Biscay Region (southwest France, northern Spain). *Geology* 19: 1181.

第九章　板块构造令人意外的重要性

Armstrong, R. L. 1981. Radiogenic isotopes: The case for crustal recycling on a near-steady-state no-continental-growth Earth. *Philos. Trans. R. Soc. London Ser. A* 301: 443–472.

Arrhenius, G. 1985. Constraints on early atmosphere from planetary accretion processes. *Lunar and Planetary Sciences Institute Rep* 85-01: 4–7.

Beck, M. E., Jr. 1980. Paleomagnetic record of plate-margin tectonic processes along the western edge of North America. *J. Geophys. Res.* 85: 7115–7131.

Broecker, W. 1985. *How to build a habitable planet.* Palisades, NY: Eldigio Press.

Card, K. D. 1986. Tectonic setting and evolution of Late Archean greenstone belts of Superior province, Canada. In *Tectonic evolution of greenstone belts,* ed. M. J. de Wit and L. D. Ashwal. *Lunar and Planetary Sciences Institute Tech. Rep.* 86-10: 74–76.

Condie, K. C. 1984. *Plate tectonics and crustal evolution* 2d ed. Oxford, England: Pergamon Press.

Cox, A. 1973. *Plate tectonics and geomagnetic reversals*. San Francisco: Freeman.

Dalziel, I. W. D. 1992. On the organization of American plates in the Neoproterozoic and the breakout of Laurentia. *GSA Today* 2: 237.

DePaolo, D. J. 1984. The mean life of continents: Estimates of continental recycling from Nd and Hf isotopic data and implications for mantle structure. *Geophys. Res. Lett.* 10: 705–708.

Dietz, R. S. 1961. Continent and ocean basin evolution by spreading of the sea floor. *Nature* 190: 854–857.

Goldsmith, D., and Owen, 1992. *The search for life in the universe.* Menlo Park, CA: Benjamin/Cummings.

Hartman, H., and McKay, C. P. 1995. Oxygenic photosynthesis and the oxidation state of Mars. *Planetary and Space Science* 43: 123–128.

Hess, H. H. 1962. History of ocean basins. In *Petrologic Studies—a volume to honor A.F. Buddington,* ed. A. E. J. Engel *et al.,* pp. 599–620. Boulder, CO: Geological Society of America.

Hoffman, P. F. 1988. United plates of America—the birth of a craton. *Ann. Rev.*

Earth Planet. Sci. 16: 543–603.
Howell, D. G. 1994. *Principles of Terrane Analysis.* Dordrecht, Netherlands: Kluwer Academic.
Howell, D. G., and Murray, R.W. 1986. A budget for continental growth and denudation. *Science* 233: 446–449.
Hsü, K. J. 1981. Thin-skinned plate-tectonic model for collision-type orogenesis. *Sci. Sin.* 24: 100–110.
Irving, E.; Monger, J. W. H.; and Yole, R. W. 1980. New paleomagnetic evidence for displaced terranes in British Columbia. In *The continental crust and its mineral deposits,* ed. D. W. Strangway. *Geol. Assoc. Canada Spec. Pap.* 20: 441–456.
McElhinny, M. W. 1973. *Paleomagnetism and plate tectonics.* Cambridge, England: Cambridge Univ. Press.
Solomatov, V., and Moresi, L. 1997. Three regimes of mantle convection with non-Newtonian viscosity and stagnant lid convection on the terrestrial planets. *Geo. Res. Let.* 24: 1907–1910.
Taylor, S. R. 1992. *Solar system evolution: A new perspective.* New York: Cambridge University Press.
Uyeda, S. 1987. *The new view of the earth.* San Francisco: Freeman.
Valentine, J., and Moores, E. M. 1974. Plate tectonics and the history of life in the oceans. *Scientific American* 230(4): 80–89.
Vine, F. J., and Mathews, D. H. 1963. Magnetic anomalies over oceanic ridges. *Nature* 199: 947–949.
Walker, J. C. G.; Hays, P. B.; and Kasting, J. F. 1981. A negative feedback mechanism for the long-term stabilization of Earth's surface temperature. *Journal of Geophysical Research* 86: 9776–9782.
Wegener, A. 1924. *The origin of continents and oceans.* London: Methuen.
Wilson, J. T. 1965. A new class of faults and their bearing on continental drift. *Nature* 207: 343.

第十章　月球、木星与地球生命

Cameron, A. G. W. 1997. The origin of the moon and the single impact hypothesis V. *Icarus* 126: 126–137.

Cameron, A. G. W., and R. M. Canup. 1998. The giant impact occurred during Earth accretion. *Lunar and Planetary Science Conference* 29: 1062.

Cameron, A. G. W., and R. M. Canup. 1999. State of the protoearth following the giant impact. *Lunar and Planetary Science Conference* 30: 1150.

Chambers, J. E., and G. W. Wetherill. 1998. Making the terrestrial planets: N-body integrations of planetary embryos in three dimensions. *Icarus* 136: 304–327.

Chambers, J. E.; Wetherill, G. W.; and Boss, A. P. 1996. The stability of multi-planet systems. *Icarus* 119: 261–268.

Hartmann, W. K.; Phillips, R. J.; and Taylor, G. J. 1986. Origin of the moon. Lunar and Planetary Institute, 1986.

Ida, S., and Lin, D. N. C. 1997. On the origin of massive eccentric planets: Detection and Study of Planets Outside the Solar System, 23rd meeting of the IAU, Joint Discussion 13, 25–26 August 1997, Kyoto, Japan. 13, E4

Laskar, J.; Joutel, F.; and Robutel, P. 1993. Stabilization of the Earth's obliquity by the moon. *Nature* 361: 615–617.

Stevenson, D. J., and Lunine, J. I. 1988. Rapid formation of Jupiter by diffuse redistribution of water vapor in the solar nebula. *Icarus* 75: 146–155.

Wetherill, G. W. 1994. Possible consequences of absence of Jupiters in planetary systems. *Astrophys. and Space Sci.* 212: 23–32.

Wetherill, G. W. 1995. Planetary science—how special is Jupiter? *Nature* 373: 470.

第十一章　检验稀有地球假说

Beatty, J. K. 1996. Life from ancient Mars? *Sky and Telescope* 92: 18.

Carr, M. H. 1998. Mars: Aquifers, oceans, and the prospects for life. *Astronomicheskii Vestnik* 32: 453.

Chyba, C. F., *et al* 1999. Europa and Titan: Preliminary recommendations of the campaign science working group on prebiotic chemistry in the outer solar system. *Lunar and Planetary Science Conference* 30: 1537.

Clark B. C. 1998. Surviving the limits to life at the surface of Mars. *Journal of*

Geophysical Research 103: 28545.

Farmer J. 1998. Thermophiles, early biosphere evolution, and the origin of life on Earth: Implications for the exobiological exploration of Mars. *J. Geophys. Res.* 103: 28457.

Farmer, J. D. 1996. Exploring Mars for evidence of past or present life: Roles of robotic and human missions. *Astrobiology Workshop: Leadership in Astrobiology,* A59–A60.

Jakosky, B. M., and Shock, E. L. 1998. The biological potential of Mars, the early Earth, and Europa. *J. Geophys. Res.* 103: 19359.

Kasting, J. F. 1996. Planetary atmosphere evolution: Do other habitable planets exist and can we detect them? *Astrophysics and Space Science* 241: 3–24.

Klein, H. P. 1998. The search for life on Mars: What we learned from Viking. *J. Geophys. Res.* 103: 28462.

Mancinelli, R. L. 1998. Prospects for the evolution of life on Mars: Viking 20 years later. *Advances in Space Research* 22: 471–477.

McKay, C. P. 1996. The search for life on Mars. *Astrobiology Workshop: Leadership in Astrobiology, et al.* 12.

McKay, D. S., *et al.* 1996. Search for past life on Mars: Possible relic biogenic activity in Martian meteorite ALH84001. *Science* 273: 924–930.

Nealson, K. H. 1997. The limits of life on Earth and searching for life on Mars. *J. Geophys. Res.* 102: 23675.

Owen, T., *et al.* 1997. The relevance of Titan and Cassini/Huygens to prebiotic chemistry and the origin of life on Earth. Huygens: Science, Payload and Mission, Proceedings of an ESA conference, ed. A. Wilson p. 231.

Shock, E. L. 1997. High-temperature life without photosynthesis as a model for Mars. *Journal of Geophysical Research,* 102: 23687.

Spangenburg, R., and D. Moser. 1987. Europa: The case for ice-bound life. *Space World* 8: 284.

Urey, H.C. 1962. Origin of life-like forms in carbonaceous chondrites. *Nature* 193: 1119–1123.

第十二章　评估概率

Caldeira K., and Kasting, J. 1992. The life span of the biosphere revisted. *Na-*

ture 360: 721–723.

Caldeira, K., and Kasting, J. F. 1992. Susceptibility of the early Earth to irreversible glaciation caused by carbon ice clouds. *Nature* 359: 226–228.

Dole, S. 1964. *Habitable planets for man.* Waltham, MA: Blaisdell.

Goldsmith, D., and Owen, T. C. 1992. *The search for life in the universe*. New York: University Science Books.

Gonzalez, G. 1999. Are stars with planets anomalous? *Monthly Notices of the Royal Astronomical Society* 308: 447–458.

Gott, J. 1993. Implications of the Copernican Principle for our future prospects. *Nature* 363: 315–319.

Gould, S. J. 1994. The evolution of life on Earth. *Scientific American* 271: 85–91.

Gould, S. J. 1990. *Wonderful life: The burgess shale and the nature of history.* New York: W.W. Norton.

Hart, M. 1979. Habitable zones around main sequence stars. *Icarus* 33: 23–39.

Kasting, J. 1996. Habitable zones around stars: An update. In *Circumstellar habitable zones,* ed. L. Doyle, pp. 17–28. Menlo Park, CA: Travis House.

Kasting, J.; Whitmire, D.; and Reynolds, R. 1993. Habitable zones around main sequence stars. *Icarus* 101: 108–128.

Laskar, J.; Joutel, F.; and Robutel, P. 1993. Stabilization of the Earth's obliquity by the Moon. *Nature* 361: 615–617.

Laskar, J., and Robutel, P. 1993. The chaotic obliquity of planets. *Nature* 361: 608–614.

Lovelock, J. 1979. *Gaia, a new look at life on Earth.* Oxford, England: Oxford Univ. Press.

Marcy, G., *et al.* 1999. Planets around sun-like stars, Bioastronomy 99: A New Era in Bioastronomy. 6th Bioastronomy Meeting, Kohala Coast, Hawaii, August 2–6.

Marcy, G., and Butler, R. P. 1998. New worlds: The diversity of planetary systems. *Sky and Telescope* 95: 30.

McKay, C. 1996. Time for intelligence on other planets. In *Circumstellar habitable zones,* ed. L. Doyle, pp. 405–419. Menlo Park, CA: Travis House.

Sagan, C., and Drake, F. 1975. The search for extraterrestrial intelligence. *Scien-*

tific American 232: 80–89.

Schwartzman, D., and Shore, S. 1996. Biotically mediated surface cooling and habitability for complex life. In *Circumstellar habitable zones,* ed. L. Doyle, pp. 421–443. Menlo Park, CA: Travis House.

Taylor, S. R. 1998. *Destiny or chance: Our solar system and its place in the cosmos.* New York: Cambridge University Press.

Volk, T. 1998. *Gaia's body: Toward a physiology of Earth.* New York: Copernicus Books.

Walker, J.; Hays, P.; and Kasting, J. 1981. A negative feedback mechanism for the long-term stabilization of Earth's surface temperature. *Journal of Geophysical Research* 86: 9776–9782.

第十三章　星际信使

Dick, S. 1982. *Plurality of worlds.* Cambridge, England: Cambridge Univ. Press.

Gleiser, M. 1997. *The dancing universe: From creation myths to the Big Bang.* New York: Dutton.

Gott, J. 1993. Implications of the Copernican Principle for our future prospects. *Nature* 363: 315–319.

Wetherill, G. 1994. The plurality of habitable worlds. Fifth Exobiology Symposium and Mars Workshop, NASA Ames Research Center.

译后记

作为上海辰山植物园科普部的一名科普工作者，我从2014年出版第一本译著《植物知道生命的答案》以来，翻译的国外科普著作已经有11部，其中大部分与植物有关，只有一本图鉴属于地质学领域。现在这本《稀有地球》，属于我再次“跨界”而做的翻译工作，而且是主动“跨界”——是我主动把这本书推荐给了合作多年的商务印书馆编辑，而他们也充分信任我的推荐，很快搞定了版权的引进。

我一个植物学出身的译者，为什么对一本天文学题材的科普书这么感兴趣？更何况，这还是一本20年前就已出版的书——在一个科学进展突飞猛进、日新月异的时代，很多科普书的“保质期”都不到20年，其中的内容往往在几年、十几年之后就会显得过时。如果让我用一个词来概括我的理由的话，那就是：多样性。

对于植物园的从业者来说，多样性是一个耳熟能详的概念。植物园本身的诸多功能，最终都立足于植物的多样性。与此类似，还有动物多样性、真菌多样性等概念，它们合起来便成为一个更大的概念——生物多样性。

20世纪后期以来，人类对全球生态系统的干扰和破坏不断加剧，生物多样性保护成为热门研究和实践领域。由于生物圈的复杂性，时至今日，生态学界还没有发现生物多样性和地球生态系统稳定性之间有什么简单的定律。然而，已经有许多证据强烈表明，丰富的生物多样性，往往可以保证一个生态系统维持较高的稳定性和抗干扰性。其背后的机制非常多样，其中一个可能的机制是，丰富的生物多样性可以让生物之间形成比较复杂的相互牵制关系，从而不会让某类生物一家独大，造成失衡，引发整个生态系统的破坏。

理解了生物多样性，也就能理解人类社会的多样性——特别是思想多样性的意义。并非机械类比的是，正如生物多样性一样，一个社会中丰富、多元的思想也有可能彼此形成比较复杂的牵制关系，从而不会让某种声音一家独大，造成失衡，引发整个社会走向某种错误的、可怕的方向。

这也是为什么我当初刚开始读《稀有地球》引言的第一段，就立即被这本书所吸引，到最后几乎完全成为作者观点的追随者。正如作者所暗示的，自从德雷克提出“德雷克方程”并由他本人和萨根做出初步估算之后，那种“地外智慧生命一定大量存在”的乐观情绪就在学界和公众中广为蔓延，这使有关地外生命的思考长期处于一种相对来说比较单调和贫瘠的状态之中。当电视和电影屏幕上充斥着五花八门的外星人形象时，很少有人深入地想过，德雷克和萨根的这种预设到底是不是合理。本书的两位作者——天文学家唐纳德·布朗利和古生物学家彼得·沃德——就勇敢地挑战了这种观点，以多学科的证据和缜密的思考提出了“稀有地球”假说，从而丰富了这一思想领域的多样性，对萨根式的乐观主义形成了明显牵制。

正因为本书不仅介绍了天文生物学这门新兴的交叉学科，更提出了一种理解生命与宇宙关系的新思想观念，所以 20 年过去，尽管书中一些具体论述不免过时，但整个思路仍然极具启发性，值得新一代读者继续阅读和品味。更重要的是，20 年过去，中文世界有关地外生命的思考仍然颇为单一，传统的萨根式乐观主义仍然甚嚣尘上，这也让这本书的引进更具价值。坦白地说，我就是看不惯国内这种单调的思想氛围，才想到要引入这本书“搅搅局”的。

*　　*　　*

所谓“稀有地球”假说（台湾曾有人译为“地球殊异假说”），概括来说就是：微生物生命在宇宙中很可能普遍存在，但复杂生命在宇宙中却极为稀有（请注意，这两方面观点缺一不可）。这种把微生物与复杂生命区分看待的做法，本身就是思想上的重大突破，因为包括萨根在内的很多人都想当然地以为，只要一个星球上出现了微生物生命，就一定会顺理成章地产生复杂生命。在批判性思维来看，这种臆测犯了“以偏概全”或“草率概括”的错误。

在区别了微生物生命和复杂生命之后，本书的另一大思想突破——也是书中最令人大开眼界的地方——就是逐一详述了复杂生命诞生所需要的各种条件，其中很多条件长期被人们忽视，并且当成一种默认的缺省配置。说白了，作者认为很多萨根式乐观主义者是“身在福中不知福”，根本没有去认真思考地球在宇宙中所具备的种种优越条件。这种因为生下来就“养尊处优”，而对自身独特地位的由来给予错误归因的偏差，又是心理学上典型的“基本归因错误”。

对于所谓的“费米佯谬”（Fermi paradox，也译为“费米悖论”），“稀有地球”假说是一种非常有力的解决方案。费米佯谬以著名物理学家恩里科·费米（Enrico Fermi）的姓氏命名，因为他在1950年夏天与几位同事闲聊，谈到了可能存在的地外智慧生命和超光速飞行，之后费米突然问出了那个著名的问题：“但是它们在哪儿呢？”按照萨根的乐观估计，宇宙中的智慧生命应该为数众多，光是银河系内可能就有100万个文明，但是人类迄今为止始终没有发现地外智慧生命存在的任何可靠信号。萨根式乐观主义估计和实际观测之间的矛盾，就是费米佯谬。

几十年来，各行各界的人士为费米佯谬提出了五花八门的解释，但是其中相当一部分解释认为萨根式乐观主义估计并没有错，地外文明的确为数众多。这里面既有“动物园假说”之类充满了浪漫主义科幻风格的大胆想象，又有“自毁假说”之类更具现实主义色彩的立论（这个假说认为地外文明一旦发展到能够影响整个行星的地步，就有可能爆发全球性战争，或者引发全球性环境灾难，从而自我毁灭）。总之，无论把问题归咎于演化、经济、社会还是交流意愿，这些解释都把地外文明普遍存在作为共同前提。与之不同，“稀有地球”假说直接质疑了这个似乎不证自明的共同前提。如果复杂生命本身就是稀有的，那么作为复杂生命进步形式的智慧生命当然就更为稀有，这样一来，我们至今发现不了外星人的任何迹象，也就非常合理了。

与费米佯谬相关的另一个概念，是1996年由经济学家罗宾·汉森（Robin Hanson）提出的“大过滤器”（The Great Filter），认为从无生命物质发展到有星际旅行能力的高等文明，需要经过一系列关键的门槛，每一道门槛都像一个大过滤器，有可能把相当数量的迈不过这道门槛的星球淘汰掉，只有少数星球能闯关成功。这样一层层过滤下来，达到最高层级的文明就非常少了。“大过滤器”理论与较之晚 4 年提出的“稀有地球”假说有相似之处，即都意识到萨根式乐观主义是有问题的。只不过，“大过滤器”理论作为一个更通用的模型，并没有特别强调哪道门槛是最难逾越的，也没有去深究门槛背后的具体机制。而“稀有地球”假说则明确指出，从无生命世界到单细胞微生物世界的门槛很可能并不难逾越，真正困难的（一道或几道）门槛是从单细胞微生物到多细胞的复杂生命，因为这要求宇宙、整个行星系以及行星本身一起提供许多难能可贵的条件，来为复杂生命创造一个合适的环境。套用一句网络名言：“以大多数行星形成智慧生命之难，根本轮不到去讨论文明有多容易自毁。”

* * *

在我看来，“稀有地球”假说的意义，并不限于对费米佯谬提出新的解释。这种对地球复杂生命和当下高度发达的生态系统的可能成因的深入探讨，不可避免会带来一个非常合于环保主义思想的推论：如果地球的环境之所以如此特别，是因为有如此多的因素在默默发挥作用，而我们也不过是在最近几十年才认识到它们，那谁又敢说没有更多的类似因素，是我们此刻还没有认识的呢？

同样，工业时代以来，人类对地球造成了如此大的干扰，而地球环境却还能大致保持稳定状态，背后肯定也有很多因素在默默发挥作用（或者说，是在默默帮助人类收拾着乱局）；其中有一些因素，我们也是在最近几十年才陆续认识到它们，那么谁又敢说没有更多的类似因素，是我们此刻还没有认识的呢？

这种环保主义方面的暗示，在当下这个全球化浪潮已经明显退却、人类未来呈现出很大不确定性的拐点时代，具有很大警示意义。贸易上的全球化可以逆转，但环境干扰的全球化是无法逆转的。20世纪80年代的臭氧层空洞问题，就是非常典型的全球性环境问题，表明人类对地球环境的干扰确实已经超出了地球本身消化和缓冲的能力，成分相对简单的大气圈于是首当其冲，成为地球环境中最早“撑不住”的部分。当然，臭氧损耗又是目前为止人类唯一解决得比较好的全球性环境问题，但是这个问题之所以能够得到令人满意的解决，是因为几十年来一直有彼此信任的国际合作。事实表明，任何破坏国际合作的行为（比如破坏臭氧层气体的偷偷排放），都会阻碍这种全球性环境问题的解决。

继臭氧损耗之后，主要在大气圈发生的第二个全球性环境问题，毫无疑问是全球气候变化。这一回，问题解决起来就困难多了，根本原因正是因为我们没有彼此信任的国际合作，好几个主要大国内部都有反对控制碳排放，甚至否认人类活动造成全球气候变化的强大声音。这里面有相当一部分人，还抱有一种技术乐观主义思想，以为环境危机一定会让人类技术加速进步，从而圆满地解决危机，就像人类历史上曾经发生过的几次技术革命一样。然而，如果我们能意识到，可能有很多尚不为人知的机制在背后默默拯救着人类，而这些机制迟早会有超负荷运转的一天，那么这种技术乐观主义就不过是一种过时而幼稚的传统思维罢了。

当下，人类正在掀起探索火星的新一轮热潮，移民火星逐渐提上日程，甚至已经有技术大亨在讨论未来火星社会的秩序问题。看上去，这就像五百年前的“大航海时代”一样，预示着人类扩张史的新纪元。但不要忘了，“大航海时代”的探险毕竟发生在同一个地球上，远征地球各个角落的西方人，虽然因为技术的落后而付出了惨重的代价，但总归还受着这颗行星上的同一套环境机制的保护。然而，火星移民将让移民者彻底丧失地球上那套护佑人类的环境机制，我相信这个移民过程一定是极为艰难的，肯定会超出当下那些技术乐观主义者的想象，暴露出大量之前想不到的问题，让人们意识到地球环境原来如此宝贵，“我们只有一个地球”绝不仅仅是老掉牙的俗话。在这种不确定的情况下，人类是不是一定能成功移民火星，也成了一个没有意义的问题。

* * *

“稀有地球”假说提出之后的 20 年中，受到了一些质疑，也得到了一定的修正和补充。总的来说，它的根本立论在今天仍然成立，而且说服力似乎越来越强。

正如“稀有地球”假说直击了萨根式乐观主义的要害，否定了高等生命普遍存在的臆测，也有人想要直击“稀有地球”假说的要害，认为这个假说过于强调了地球生命的“范例”性。地外生命完全可以在物质组成上与地球生命不同，只靠地球生命这一个样本而想象地外生命，不过是地球中心主义的又一种体现罢了，甚至可以说是“碳基沙文主义”。

然而在我看来，这种驳斥的说服力是不足的。虽然到目前为止，人类确实只知道地球生命这一个例子，这当然不可避免会严重限制我们的视野和想象力，然而放眼我们所知的宇宙环境，地球生命这种在中温低压条件下以碳为基本元素、以水为主要溶剂形成的生命形式，又很难不让人怀疑这应该就是宇宙中最容易出现的生命形式——如果以高居化学元素宇宙丰度第四、第三和第一的碳、氧和氢为基础的生命都如此难以发展出来，又如何指望其他那些“另类”的生命能够轻易形成呢？

在承认地外生命很可能与地球生命具有很大相似性的基础上，《稀有地球》一书中几次提到的天文生物学家詹姆斯·卡斯廷，曾经写了一篇很长的书评，批评该书中的一些论据。后来，卡斯廷在他2010年出版的科普著作《寻找宜居行星》（*How to Find a Habitable Planet*，中译本由郑永春、刘晗翻译，上海教育出版社2019年出版）中，以该书评为基础，专辟一章继续批评“稀有地球”假说。作为萨根学生的学生，卡斯廷毫不掩盖他所继承的那种萨根式乐观主义信念。然而他对“稀有地球”假说的那些批评，总的来看，仍然缺乏力度。

在我看来，书中最有力的批评有二，一是指出地球磁场的存在未必一定依赖于内部热量的产生，二是指出地球自转轴的稳定性未必一定需要像月亮这样的大卫星的存在才能维持。除此之外，其他批评都不是纯粹的批评。比如卡斯廷指出，木星等气态巨行星的存在，不一定只对地球有利；它们也可能不是地球安全的捍卫者，而是破坏者，小行星和彗星可能恰恰受木星影响才频频窜入内太阳系。但这也只是一种可能性而已，卡斯廷并不否认，在考虑行星的宜居性时，确实必须像“稀有地球”假说那样，把巨行星的影响也考虑进去，而这个早先被人们忽略的条件，现在已经是天文生物学界的共识。卡斯廷也不否认板块构造的重要意义，只是认为没有必要过分强调板块构造的独特性，因为这可能是拥有表面水的行星必然存在的地质现象。除了这几个方面之外，对于“稀有地球”假说提出或整合的其他一些概念，比如星系宜居带、宇宙宜居期等等，卡斯廷总体上都持支持态度。

2003年，《稀有地球》的两位作者布朗利和沃德再次合作，出版了此书的姊妹篇《地球的生与死：作为新科学的天文生物学如何描述我们世界的终极命运》（*The Life and Death of Planet Earth: How the New Science of Astrobiology Charts the Ultimate Fate of Our World*）。这本书同样也是天文生物学研究成果的介绍，为我们勾勒了一幅地球从当前的“中年期”逐渐走向不可避免的死亡的黯淡前景。在这未来的几十亿年中，地球上发生的事情，在相当程度上是之前几十亿年历史的反演：像第四纪冰期那样的冰期可能会在几千年后再次也是最后一次出现。当下高度分裂的地球大陆会在2.5亿年之后重新连成一片，形成又一个“超大陆”，而很可能造成又一次的生物大灭绝。而随着太阳光度继续不断增强，地球大气中的二氧化碳会越来越少，这将严重制约陆生植物的生长；碳四植物和其他能够利用低浓度二氧化碳的植物最终将无法在陆地上存活，于是地球陆地重新又成为一片不毛之地；很快，海洋中的复杂动物也会大量灭绝，地球重新回到单细胞生物占主导的状态；而在大约10亿年后，过强阳光导致的过高地表温度将让海水中的氢全部丧失到宇宙空间中，海洋不复存在，板块构造停止运转，地球生物也便迎来了最终的彻底灭绝。在此之后，一个生命不复存在的荒凉地球会继续孤独地绕着太阳运转，直到耗光氢燃料而变成红巨星的太阳最终剧烈膨胀，而把地球彻底吞没……

就这样，地球这个好不容易才出现的生命孕育地和栖息地，最终也不免终结和消亡，葬身在残酷的宇宙法则之中。当然，这里描述的都是非常久远的未来。如果人类文明能够长期存在而不自毁的话，也许很快就能找到一定的应对之道。但这就又回到了科技哲学界所担心的那个问题：我们真的能够避免自毁吗？

在 2020 年这个让人刻骨铭心的年份将终的时候，我一边写下这个问题，一边轻轻摇了摇头。

刘夙谨识
2020 年秋于上海辰山植物园

索引

A

阿波罗工程　77，246
阿尔瓦雷斯，路易斯（Alvarez, Luis）178
阿尔瓦雷斯，沃尔特（Alvarez, Walter）178
阿尔瓦雷斯假说（Alvarez hypothesis）180，197
阿那克西曼德（Anaximander）302
阿萨罗，弗兰克（Asaro, Frank）178
埃迪卡拉动物群　143—148，193—194
埃文斯，戴维（Evans, David）158
氨　60
氨基酸　50，66，71
安尼斯，詹姆斯（Annis, James）182
安山岩　214，217
奥尔特彗星云　256
奥帕林，A.（Oparin, A.）72
奥陶纪　139
　集群灭绝　186—188
　较低的多样性分化　169—170
奥特曼，西德尼（Altman, Sidney）69

B

巴罗斯，约翰（Baross, John）6，82，84—85
巴斯廷，埃德森（Bastin, Edson）8—9
白垩纪—第三纪边界事件　196—198
白垩纪—第三纪撞击事件 180，257
板块成分　213
板块构造　206—237
　与氧气的产生　297
　定义　210—218
　*参见*大陆漂移
胞吞作用　97，99
比邻星　27
扁虫　90
变星　26
标记释放实验　273
冰期　117，131
冰碛岩　125
冰室气候变化　183
病毒　59
伯吉斯页岩动物群　150，166，193
哺乳动物时代　175
补给带　47，50，52，53，258，281
布勒克，沃利（Broecker, Wally）223
布雷热，马丁（Brasier, Martin）119
布罗克，托马斯（Brock, Thomas）4

C

产甲烷菌　11
产水菌属（*Aquifex*）85
超大陆　157，158，200，211，220，349
超新星　30—31，181
潮汐锁定　177，279
成种
　原核生物的代谢成种　93
　真核生物的形态成种　93
重融过程，雪球地球的　127
臭氧　265，267
臭氧层　181

磁场
　地球的　30，210
　火星缺乏磁场　255
　与板块构造　229—230
磁杆菌属（*Magnetobacter*）　101
磁小体　101
磁星　29，310—311
刺胞动物　143

D

DNA
　复杂性和演化创新　166
　古菌和真核生物 DNA 的测序　130
　起源的判定　66
　细菌与古菌的　7，92
　线粒体和质体的　99
　以 DNA 为基础的生命需要水分　224—225
　由氨基酸构建　67—69
　真核生物的　97—101
　作为所有地球生命的共同基础　59—60
达尔，阿尔农（Dar, Arnon）　182
达尔文，查尔斯（Darwin, Charles）　72，111，140，142，305
大爆炸　31，38—42，45
“大辩论”　305
大红斑　207
大陆
　面积随时间的增长　219
　形成　57
　*参见*陆地形成
大陆爆发　233
大陆漂移
　观念发展　210—218
　寒武纪时期　158
　速率　104
　*参见*板块构造
大气
　地球的
　　随时间的变化　204—205
　　形成　54—55
　　早期的还原性大气　72—73
　　作为生命发展的条件　37
　其变化，作为行星灾难　176—177
　早期环境　284
大熊座（北斗七星）　32
带状铁沉积　103—104，107
蛋白激酶　109
道尔，S. H.（Dole, S. H.）　26
德迪夫，克里斯蒂安（de Duve, Christian）　68
德雷克，弗兰克（Drake, Frank）
德雷克方程　ix—x，289，292—293
德明，乔迪（Deming, Jody）　6
地球
　成分和结构　211—212
　地球生命所需的条件，总结　306—307
　构建　45—54
　历史上的地球观　302—306
　连续宜居带　18—19
　稳定性，作为生命发展的条件　37
　宜居地球的构建　36—57
地壳　213—218
　*参见*板块构造
地壳均衡　222
《地体分析原理》（豪厄尔）[*Principles of Terrane Analysis*（Howell）]　217
叠层石
　定义　96
　化石与现生种　103
　衰退　169
　消失　142—143，193
　与海水中的氧　103—104
地外生命的找到概率　278—299
《地心游记》（凡尔纳）[*Journey to the Center of the Earth*（Verne）]　9
动物（生命）
　板块构造的阻碍　233—237
　出现的条件　170
　发展的概率　289—290
　发展的时间表　152—154
　演化　89—122
《动物的出现》（M. 麦克梅纳明和 R. 麦克梅纳明）[*The Emergence of Animals*（McMenamin, M. and McMenamin, R.）]　164
《动物学记录》（*Zoological Record*）　185
动物宜居带　20—21
多样性
　大陆分离加快种的形成　219
　对灭绝的抵抗　205
　演化
　　寒武纪爆发之后　169—170
　　科数的波动　154
　与分异性　166—169
　*参见*生物多样性
多样性分化
　奥陶纪　170
　集群灭绝的影响　175—176，186—187

E

厄温，道格拉斯（Erwin, Douglas）　152
二氧化碳

构造运动的间接影响　210，226—227
海洋沉积的排气与集群灭绝　195，200
减量　285—287
类地行星的不同含量　54—55
无板块构造时从大气层的移除　221
作为生命存在的证据　265
二氧化碳风化循环　227
二氧化碳—硅酸盐循环　19

F

翻译　67
反照率　219
放射性元素　31，104
分类等级系统　7
分异性　166—169
分子序列分析　81
分子钟　113
风化
大陆的　289
水下的　285
岩石的　227—228
辐射演化，动物门的　119，153
辐照量　26
浮游植物　128
俯冲带　215—218，231—232
复杂性
不同生物复杂性的区别　90—98
风险与多样性的权衡　202—203
与灭绝风险　188—191

G

伽马射线　182—183
钙在温度调节中的作用　228
盖娅假说　134
橄榄岩　214
冈萨雷斯，吉莱尔莫（Gonzalez, Guillermo）45，74
纲　7
哥白尼，尼古拉（Copernicus, Nicholas）xxi，303
哥白尼原理，*参见*平庸原理
戈尔德史密斯，D.（Goldsmith, D.）229，293
格尔哈特，约翰（Gerhart, John）109
格莱斯纳，马丁（Glaessmer, Martin）144
格里尔，弗兰克（Greer, Frank）8
格里夫，理查德（Grieve, Richard）201
格罗青格，约翰（Grotzinger, John）284
隔离与动物多样性　131
古杯动物　150，194
古地磁学，用于研究大陆漂移　212
古尔德，斯蒂芬·杰（Gould, Stephen Jay）144，167，193，279
古菌（域）
嗜极的　8—12，76
嗜热古菌作为原始生命　79
氧气含量增加的影响　106
自养的　11
古生代灭绝　186
骨骼的出现　161
谷神星　254
惯量交换事件　157—160
光合细菌　96，103，234
光合作用
不靠光合作用生存的微生物　5
臭氧层的影响　181
对碳-12的偏好　64—65
作为大气氧的来源　234，264
光谱信号，生命的　266—269
光系统　234
广古菌界（Euryarchaeota）8
硅石　214

H

哈勃，埃德温（Hubble, Edwin）305
哈勃空间望远镜　32
哈勃深空区　32—33
哈特，迈克尔（Hart, Michael）18
哈特曼，H.（Hartman, H.）234—236
“海盗号”探测器/项目　xiii
对地外生命的探测尝试　263
火星大气的成分测定　78
海底，作为生命环境　1—3
海底雪　2—3
海绵的细胞类型　110
海平面　210，222
海斯，P.（Hays, P.）227
海王星　208
海卫一　245—246
海洋
存续，作为生命的条件　282
在地球上的形成　55
蒸发，当太阳高度增加时　34
海洋学，对水下火山的研究　212
氦的形成　40
寒武纪
边界　141—142
集群灭绝　193—194
寒武纪爆发　112
动物化石的出现　111—112
门级演化的终结　164—166，193

随后的多样性　186
与演化节奏　153—154
之前的冰期　124
豪厄尔，戴维（Howell, David） 217
核废料场　8
核聚变　40
核糖核酸，*见* RNA
核糖体　81
“核心”家族　97—102
黑尔，阿兰（Hale, Alan） 25
痕迹化石　114，140，148—149
恒星
变星的宜居性　26
氢聚变形成氦　40
聚星系统与行星宜居性　25
能量输出变化造成的灾难性后果　178
年龄与重元素成分　44
星际信使　300—311
与太阳类似的概率　279
恒星多度　27
恒星系统的宜居带　23—28
恒星演化　45
红巨星　23，34，41
后生动物　95，109，170
花岗岩的形成　214—217
化石记录，生命起源的　xv
化学元素
创造　38—45
氦　39—40
硫，撞击地区富含的　180
镁　42—43
锰　128
星系中的相对分布　30
形成生命的　37
铀　42，53
重元素　27，30
*参见*碳；氢；铁；氧
化学自养生命　84
环节动物的分化　113
环境条件
产生生命所需的　72—76
导致真核生物演化的　102—104
维持生命所需的　xv
与动物演化　116—122
还原性大气　72
还原性化合物　234—235
黄铁矿　70
彗星
成分　62
给地球带来氨基酸　68
与地球的撞击　xix
与行星的撞击　178
火成岩　10—11
火山
火山作用
随构造运动的停止而停止　221—222
引发集群灭绝的效应　195
与陆地形成　56
火卫二　239
火卫一　239
火星
复杂生命的演化　235
火星陨石，地球上的　77—78
特征　207
行星壳的不运动性　232
卫星　239
寻找火星生命　255
重力异常　159
霍尔丹，J. B. S.（Haldane, J. B. S.） 59，68，72
霍尔姆斯，阿瑟（Holmes, Arthur） 211—212
霍夫曼，S.（Hoffman, S.） 82
霍夫曼，保罗（Hoffman, Paul） 125，132
霍伊尔，弗雷德（Hoyle, Fred） 78—79

J

基尔施纳，马克（Kirschner, Marc） 109
基尔什文克，约瑟夫（Kirschvink, Joseph） 100，125，132，158，230
基因
定义　112
基因水平转移与遗传密码的演化　85
细菌和古菌的保守性　94
用于确定多样性分化事件　113
基因组　86，166，190
极值统计　184—185
集群灭绝事件
地球上集群灭绝的历史　191—199
定义　165
二叠纪—三叠纪　165
频率　184—186
完全被水覆盖的地球上的　222
雪球地球　130
严重性及其评估　199—200
影响　186—188
与稀有地球假说　171—205
周期性　179
伽利略（Galileo） 252
甲烷　8
钾，作为地球元素　42，44
假象，寒武纪爆发的　162—164
碱基对　60

间歇泉　4
胶原蛋白的出现　156
角动量守恒　246
界　7
金属
　丰度与行星的存在　291
　作为动物生命的关键成分　45
金星的特征　206—207，232
卷曲藻属（*Grypania*）　107，130

K

卡梅伦，A. G. W.（Cameron, A. G. W.）　248，250
卡努普，R. M.（Canup, R. M.）　248
卡斯廷，詹姆斯（Kasting, James）　19，192，227，281，285，288，348
凯恩斯，R.（Cairnes, R.）　70
康德，伊曼努尔（Kant, Immanuel）　304
康韦·莫里斯，西蒙（Conway Morris, Simon）　89，114，116，146—147，168—169
柯蒂斯，赫伯（Curtis, Heber）　305
柯伊伯带　48，256
科　7
克劳德，普雷斯顿（Cloud, Preston）　58，160
克雷斯，维克托（Kress, Victor）　213
克里克，弗朗西斯（Crick, Francis）　60，69
恐龙灭绝和物种多样性　186
恐龙时代的终结　173—174
矿物
　沉积岩中微生物对矿物的利用　10
　其结构中的水　216
　*参见*金属
奎因，汤姆（Quinn, Tom）　243
扩张中心，洋底的　215

L

拉奥尔，阿里（Laor, Ari）　182
拉夫洛克，詹姆斯（Lovelock, James）　134
拉普拉斯，皮埃尔-西蒙·德（de Laplace, Pierre-Simon）　304
拉斯卡尔，雅克（Laskar, Jacques）　241
拉斯卡诺，安东尼奥（Lazcano, Antonio）　72
莱文顿，J.（Levinton, J.）　112
蓝细菌
　冰期后的繁盛　128
　从原始汤到蓝细菌的转变　71
　多细胞的　109
　与全球温度的相互作用　134
　与之类似的古老原核生物　93，103
蓝藻，*见*蓝细菌
朗内加，布鲁斯（Runnegar, Bruce）　167
劳普，戴维（Raup, David）　180，184，195，199
雷，G.（Wray, G.）　112
雷文，彼得（Raven, Peter）　199
“类地行星搜寻者”项目　268—269
　基本原理　55
类星体　31
里珀丹，罗伯特（Ripperdan, Robert）　158
利珀尔海，约翰内斯（Lippershey, Johannes）　303
连续宜居带　18
林潮（Lin, Doug）　260
林奈，卡尔（Linnaeus, Carl）　7
磷块岩　156
磷酸盐，循环利用　237
硫，撞击带来的　180
陆地形成
　地球上的　56—57，104，119
　正确的量　287
罗迪尼亚超大陆　157
洛，唐（Lowe, Don）　283
洛威尔，珀西瓦尔（Lowell, Percival）　xiv
洛温斯塔姆，海因茨（Lowenstam, Heinz）　156

M

M 型星　24，293
马古利斯，林恩（Margulis, Lynn）　98，105，134，156
马尼夸根陨石坑　196
麦金利，詹姆斯（McKinley, James）　11
麦克凯，克里斯（McKay, Chris）　234，288
麦克拉伦，迪格比（McLaren, Digby）　196
麦克梅纳明，马克（McMenamin, Mark）　147，162—163
酶　69，109
镁　44，128
门
　定义　7
　动物门的多样性分化　111—116
　寒武纪末之前的起源　155
　门级水平上创新的终结　164
　幸存与物种多样性分化　202—203
蒙哥马利，戴维（Montgomery, David）　222
锰，海洋中的氧化物沉淀　128—129
米勒，斯坦利（Miller, Stanley）　67，71，74

米勒—尤里实验　xii，83
米歇尔，海伦（Michel, Helen）178
《灭绝：坏基因还是坏运气》（劳普）[*Extinction: Bad Genes or Bad Luck* (Raup)] 185
灭绝率，现代的　198—199，308
灭绝曲线　191
冥王星　208
冥卫一　239
莫雷西，L.（Moresi, L.）231
默奇森陨石　50
木卫二的海洋　286
木卫三　239
木星　207—208，252—261
目　7
穆尔斯，埃尔德里奇（Moores, Eldredge）219
穆勒，里奇（Muller, Rich）180

N

内共生　98—99
泥盆纪集群灭绝　186，194
年的长度，化石记录中的　246
黏菌　109
黏土，作为生命的起源地　70
涅美西斯假说　180
纽厄尔，诺曼（Newell, Norman）200
诺尔，安德鲁（Knoll, Andrew）13，115

O

欧多克斯（Eudoxus）303
欧文，T.（Owen, T.）229，293

P

帕克斯，约翰（Parkes, John）6
胚种散播　78
佩斯，诺曼（Pace, Norman）73
平庸原理　vi，xxi，295，303

Q

奇克舒卢布陨石坑　196，198
《奇妙的生命》（古尔德）[*Wonderful Life*（Gould）] 167—168，280
气候
　灾难性变化　173
　自转轴倾角的影响　240
气体交换实验，“海盗1号”的　273
前寒武纪时期的生命　141
切赫，托马斯（Cech, Thomas）69
倾角，地球自转轴的　240
　对行星表面太阳能的影响　240—243
　混沌性变化　288
　无月球时的变化　243
　*参见*自转轴，地球的
侵蚀作用，地球山脉的　222
亲铁元素　249
氢
　产生于大爆炸　39
　金属氢　253
　作为地球上的痕量元素　42
球状星团　27—28
趋磁性　101—102
全球冰室　224
全球大气成分，变化的效应　176—183
泉古菌界（Crenarchaeota）8
缺氧，海洋学变化造成的　196

R

RNA
　核糖体RNA
　　用于确定多样性事件　112
　　用于研究演化速率　87
　先于DNA形成而形成　69
　在DNA合成中的功能　67
　在炎热环境中的不稳定性　84
热带海洋动物区系的多样性　220
热核聚变　40
热量
　来自大型天体碰撞的　250
　来自地球内部和板块构造的　221
　与磁场　229—230
热液喷口　3—4，82—83
　对海水化学成分的影响　119—120
《人类的宜居行星》（道尔）[*Habitable Planets for Man*（Dole）] 26
软体动物
　导致其出现的多样性分化事件　112
　灭绝危机的影响　194
　演化　147

S

萨根，多里安（Sagan, Dorion）105
萨根，卡尔（Sagan, Carl）ix，16，252，290，293
塞拉赫，阿道夫（Seilacher, Adolf）114，145，161
塞普科斯基，杰克（Sepkoski, Jack）169，180，190，195，199
塞奇威克，亚当（Sedgewick, Adam）139

三叶虫
  灭绝危机对三叶虫的影响　194
  小油栉虫属（*Olenellus*）150
  引发其出现的多样性分化事件　112，138
杀灭曲线　184—185
沙普利，哈洛（Shapley, Harlow）305
沙维夫，尼尔（Shaviv, Nir）182
山脉
  对生命起源的重要性　209
  俯冲在造山时的作用　214—215
上皮组织　110
参宿四　34
《生机勃勃的尘埃》（德迪夫）[*Vital Dust* (de Duve)]　68
生命
  板块构造的重要性　218—220，237
  高等生命，太阳系外的　263—271
  广泛存在的理由　1—14
  木星的吸积对其发展的影响　257—258
  配方　64—67
  起源环境　59—64
    其他行星上　170
  在地球上的出现　58—88
  在火星上存续的可能性　255—256
生命起源的撞击妨碍　52
"生命摇篮"观念　75
生命之树　79—88
  其模型的否定　130
  其中门数的变化　155
生态位和演化机遇　165
生物成矿作用　101
生物多样性
  板块构造的影响　209
  破坏　308
  其水平与集群灭绝　186—187
  无板块构造时的维持问题　220—224
  *参见*多样性
生物礁　181，186—188
生物介导的表面冷却　134
生物圈
  冰期的　127
  深层生物圈　10
  微生物圈，生命的保护地　176
失控的温室　183，224
施瓦茨曼，戴维（Schwartzman, David）133，288
石灰岩的形成和温度　226—228，284—286
石英岩　137
时间
  板块构造开始时间　232—233
  地球演化所需的　37—38
  生命演化所需的　20—21
  稀有事件发生频率的统计估计　185
  与灭绝风险　201
  与宜居性　31—33
"史莱姆"群落　11
嗜极生物
  可存在的深度（压力）10
  起源　79—88
  研究　4
  作为地球上可识别的最古老生命　82
  作为其他生物的祖先　76
寿命
  大质量恒星　23
  太阳　23
  行星　33—34
  与恒星大小　293
属　7
数学建模，地球与大型天体的撞击的　63
双极星云　46
双螺旋　60
水
  板块构造所需的　230
  表面水，为地球生命所需　37，208，224
  不能太多也不能太少　286
  地球水的起源　225，283
  来自撞击地球的彗星　62
  维持液态水的温度控制　223
  维持液态水的行星环境　xix
  月球缺乏水　272
水世界　222
  长期维持的后果　284
水星　206，241
水蒸气，作为生命存在的线索　265—266
斯蒂文森，戴维（Stevenson, David）258
斯蒂文斯，托德（Stevens, Todd）11
斯利普，诺曼（Sleep, Norman）63
斯普里格，R. C.（Sprigg, R. C.）144
斯泰利，詹姆斯（Staley, James）12
斯坦利，斯蒂文（Stanley, Steven）162
思想实验，地球形成的　280—282
"搜寻地外智慧"项目　269—271
酸雨　172，180
索洛马托夫，V.（Solomatov, V.）231

T

塔尔西斯高原（Tharsis）159
塔潘，海伦（Tappan, Helen）200
泰勒，弗兰克·B.（Taylor, Frank B.）210

泰勒，罗斯（Taylor, Ross） 281
泰勒斯，米利都的（Thales of Miletus） 302
太古宙 233，284
《太空绿洲》（克劳德）[*Oases in Space*（Cloud）] 160
太阳风 210，255，272
太阳元素丰度 44
太阴潮 244—245
碳
  古老岩石中的同位素比 64
  红巨星在碳元素形成中的作用 41
  作为地球上的痕量元素 44
天王星 208，241
天文生物学革命 ix—xii，xvii
铁
  带状铁地层 103—104
  对大气中氧气积聚的影响 235
  在地球上的含量 42
  在富氧环境中的贮存 101
  作为浮游植物的必需营养 128
停滞盖状况 232
通信
  细胞之间 109
  宇宙通信 300—311
同步转动，行星绕恒星 24
土卫六 208，239，276
土星 208
钍 42
托勒密（Ptolemy） 303
脱氧核糖核酸，*见* DNA

W

瓦拉伍纳统（Warrawoona series） 102
瓦伦丁，詹姆斯（Valentine, James） 119，152，190，219
腕足动物（腕足类） 138
望远镜 252，295
威瑟里尔，乔治（Wetherill, George） 249，257
微生物
  火星的 12
  嗜极的 82
  嗜热的 5—6
微生物生命
  地外微生物生命的搜寻 263
  太阳系中的 271—277
  宜居生境 58
  作为储备库 175—176
微生物宜居带 20
纬度和物种组成 220
魏格纳，阿尔弗雷德（Wegener, Alfred） 211
卫星 22—23,252
温度
  表面温度与生命的出现 132—134
  行星温度
    对演化的影响 121—122
    失控的后果 223—224
    温室效应 127—128
  雪球地球事件后的变暖 157
  允许生命存在的上限 133
  宇宙诞生早期时 39—40
  最适温度与生命形式 5
温度调节器 209，224—229
温室气体 19，195，267
温室效应 127
  大型小行星撞击后的暖化 173
  失控的 183
  行星与大天体撞击后的 53—54
  造成的全球温度 224
沃尔克，泰勒（Volk, Tyler） 134
沃克，J.（Walker, J.） 227
沃森，詹姆斯（Watson, James） 59
沃斯，卡尔（Woese, Carl） 7，79，86
沃斯有根树，生命的 79—88
《物种起源》（达尔文）[*On the Origin of Species*（Darwin）] 140

X

吸积，地球的 51—52，61
稀有地球方程 294—299
稀有地球假说 x
  检验 xvii，262—277
  与集群灭绝 171—205
系统生物学 80
细胞
  裸露的 110
  用于衡量复杂性的类型数目 190
  原核细胞与真核细胞结构对比 94—95
《细胞、胚胎和演化》（格尔哈特和基尔施纳）[*Cells, Embryos and Evolution*（Gerhart and Kirschner）] 109
细胞骨架 97，98，109
细胞核 94
细胞器 95
细菌（域）
  光合细菌 96
  化石与现生种形态的比较 189
  在恶劣环境条件下的稳定性 90
  作为原核生物 106
  *参见*蓝细菌
夏皮罗，L.（Shapiro, L.） 112

显生宙　204
线粒体　95，97
硝酸盐，循环利用　237
肖尔，斯蒂文（Shore, Steven）　133，297
肖克，埃弗勒特（Shock, Everett）　83
小壳化石　148—149
小油栉虫属（*Olenellus*）　150
小行星
　为地球带来氨基酸　68
　陨星石的来源　254
　撞击
　　尤卡坦半岛事件　171—174
　　造成行星灾难　178
小行星带　49，254
《小宇宙》（马克利斯和 D. 萨根）[*Microcosmos*（Margulis and D. Sagan）]　105
斜长石　57
新陈代谢　5，121
心宿二　34
《星际信使》（伽利略）[*Siderius nuncius*（Galileo）]　304
星系宜居带　29
星云　46，280，304
形体构型　154，167—168
行星
　出现频率　292—299
　串扰　76—78
　从宜居带抛出　21—23，259
　贫金属的　33
行星轨道的稳定性　25，260
行星核
　地核与磁场　53—54
　木星核　257
　其大小与氢和氦的吸积　258
行星际运输，微生物的　76—78
行星宜居性
　温度范围与动物生存　229
　用光谱信号识别　266
旋进　260
玄武岩　214
雪球地球　123—134
　解释其成因的倾角假说　243
　其间的灭绝事件　193
雪线，太阳系的　257
循环
　对地球大气成分的影响　54—55
　空气中的二氧化碳　226

Y

雅布隆斯基，戴维（Jablonski, David）　152
烟炱，K-T 边界处的　198
岩石
　二氧化碳风化循环　227
　其中生存的古菌　8
岩石圈　216，231
演化
　动物的　116—122
　集群灭绝的影响　175—176
　逆境的影响　131—132
　上皮组织的　110
　生命的化学演化　66
　时间尺度　21
　细菌域与古菌域的分歧　96
　影响复杂性的条件　33—34
　真核生物的
　　环境条件　102—104
　　形态和功能　109—111
演化级　92，98
演化适应　170，219—220
演化支（分支）　92
氧
　出现　103—104
　大气中的浓度变化　204
　地球丰度　43—45
　对早期生命形式的毒性　129
　所引发的动物演化　120—122，170，234
　氧气革命　105—106
　引发寒武纪爆发的临界阈值　156
　游离氧，作为生命的指示　264
养分
　沉积岩中的　10
　从大陆进入海洋的　222
　寒武纪养分的来源　156—157
叶绿体　95
铱　180，198，249
遗传密码
　核糖体 RNA 分析　112
　演化　86
宜居带
　对其范围的认识　14
　动物的，行星移出　177—178
　元素的存在情况　47
　宇宙的　15—35
疑源类　107，193
银河系　28
尤里，哈罗德（Urey, Harold）　67，197，271
铀　31，42，53
有机物
　火成岩中细菌的合成　11
　小分子，用于产生生命　66

在星际云中找到 xiii
*参见*氨基酸
有性生殖
带来的可变性 203
原生生物和藻类的 121
真核生物的 109
雨林 308—309
宇宙观 300—302
宇宙射线 181—182，229
宇宙元素丰度 42
域 7，81
域的起源 96—97
元素相对丰度 42
原核生物
内共生 98
特征 92
细菌造成氧的积累 106
原生生物的时代 107
原始汤 73
月球
出现的偶然性 288—289
环形山特征 77
起源 239—252
形成 53
远离 244—246
陨石（陨星）
SNC 77
氨基酸 50
南极洲的火星陨石 xvi，12
碳质的 48
与地球大气的撞击频率 179

Z

《在宇宙中寻找生命》（戈尔德史密斯和欧文）[*The Search for Life in the Universe*（Goldsmith and Owen）] 229
藻类，化石记录 119
造礁生物 150，194
造山 104
造生元素 49—50
《怎样建造宜居行星》（布勒克）[*How to Build a Habitable Planet* (Broecker)] 223
张，舍伍德（Chang, Sherwood） 287
真核生物
出现于全球变冷时 124
细胞类型的演化 153
胁迫下的形态特化 93
演化
环境条件 102—104
形态和功能 109—111
与原核生物相区别的特征 97—102
真核域
定义 7
动物的起源 90—91
各个谱系 96—97
特征 92
植物的出现 119
智慧的定义 295
智慧生命
其出现导致的集群灭绝 183
寻找 269—270
中生代 173—174，186—187
中子星 27，182—183
重轰炸灭绝 192
重力作用
木星的 256
由同步公转导致的潮汐效应 24
月球对地球的引潮力 244—245
重元素
定义 27
丰度与地球生命的发展 37
在星系中的位置 30
昼夜长度
变化 63
在月球形成时 251
三叠纪末集群灭绝 196
撞击频率，地球所受的 51—52，201
紫外线对生物分子的破坏 24
自养生物的发现 11
自由基 129
自转速率
木星的 252
月球引力牵引的影响 246
作为行星灾难 177
自转轴，地球的 158，240
组织，定义 110

图书在版编目(CIP)数据

稀有地球:为什么复杂生命在宇宙中如此罕见/(美)彼得·D.沃德,(美)唐纳德·布朗利著;刘夙译.—北京:商务印书馆,2021(2022.12重印)
(自然文库)
ISBN 978-7-100-20234-3

Ⅰ.①稀… Ⅱ.①彼… ②唐… ③刘… Ⅲ.①生物学—普及读物 Ⅳ.①Q-49

中国版本图书馆CIP数据核字(2021)第169392号

自然文库
稀有地球:
为什么复杂生命在宇宙中如此罕见
〔美〕彼得·D.沃德 唐纳德·布朗利 著
刘夙 译

商 务 印 书 馆 出 版
(北京王府井大街36号 邮政编码100710)
商 务 印 书 馆 发 行
北京新华印刷有限公司印刷
ISBN 978-7-100-20234-3

2021年9月第1版 开本710×1000 1/16
2022年12月北京第2次印刷 印张24½
定价:99.00元